복잡성의 과학

Science of Complexity

장은성 지음

전파과학사

차례

프롤로그

아담의 정신병

아담이 금단의 선악과를 따먹자 그에게는 눈에 보이지 않는 커다란 변화가 서서히 일어나기 시작했다. 그의 딱딱한 두개골 안의 두부같이 말랑말랑한 두뇌에서도 신피질이라는 부분이 서서히 커지고 있었지만, 두개골 안이라는 제한된 공간 때문에 이리저리 많은 주름이 잡히면서 두개골 안을 가득 채웠다. 뇌의 다른 부분은 이때까지 아담의 삶을 영위하기 위해서 각자가 맡은 여러 가지 생리적인 정보처리를 담당하고 있었지만, 새로이 커진 신피질의 일부 영역들, 특히 전두엽 부분은 아무런 할 일이 없었다.

그 무료했던 신피질은 덩치만 크고 밥만 축내는 것이 열 적었던지 갑자기 아담 자신이 누구인가 하는 의아심이 일어나게 하며, 왜 이곳에 있는지, 등등 잡다한 의심을 만들어 내어 오히려 아담을 당황하게 만들었다. 이른바 자의식의 탄생이며 선악과를 따먹음으로써 생긴 원죄 그 자체이다. 이제까지의 의식은 외부 환경을 주시할 따름이었다. 하지만 이제 아담의 의식은 아담 자신, 그리고 의식 스스로를 의식하기 시작한 것이다.

새로이 탄생한 자의식은 전에는 친근하고 자연스러웠던 모든 것들이 낯설고 이상하게만 아담에게 보이도록 하였다. 바위는 왜 이다지도 딱딱한데 시냇물은 제 몸을 가누지 못하고 주르륵 흘러내리는 걸까? 바람은 어디서 불어오는 걸까? 모든 것이 의문 투성이였다. 이러한 의문과 호기심에 사로잡혀 괴로워하는 아담은 이제는 에덴동산에 더 이상 머무를 수도 없게 되었다. 그가 살던 에덴동산의 나무들, 풍부한 열매를 제공하고 안락한 안식처가 되주던, 열대의 우림은 사라져 버린 신의 입김, 그 촉촉한 은총이 더 이상 서쪽의 대서양으로부터 불어오지 않기 때문에 모두 말라죽어 버리고 풀만 무성하게 자라는 확 트인 사바나(savanna, 熱帶草原)로 변해 가고 있었다. 확 트인 사바나는 아담에게는 너무나 낯선 광경이었다. 조심해야 할 것은 풀숲에 몸을 웅크리고 다가오는 사자나 치타, 표범, 하이에나 등의 맹수들이다. 이들 맹수들은 아직도 아프리카 세렌게티에서 멸종의 위기 속에서 근근히 살아가고 있는 것을 우리는 내셔날 지오그래픽의 『동물의 왕국』을 통해 볼 수 있다.

아담은 발돋움을 해서라도 되도록 멀리까지 사방을 경계하지 않으면 안되게 되었다. 그리고 오른손에는 항상 나무막대나 짐승의 뼈로 만든 몽둥이를 들고 있었다. 아담은 밀림에서 살 때에도 직립보행을 할 수 있었지만 이제 사바나에서는 항상 직립보행을 해야 하고 더구나 필요할 때는 두 발만으로 뛰어야 했다. 그래서 아담의 키는 점점 커지고 머리도 더욱 커지고 무거워져서 더욱 지혜로워졌다.

눈을 뜨자마자 혼자서 모든 것을 해결해야만 하는 처지가 된 자의식. 자의식은 신의 안락한 보호를 거부하는 자존심 강한 독립적인 존재이다. 하지만 그 대가는 황무지를 일구며 살아가야 하는 엄청난 시련으로 다가오고 있었다.

이렇게 지구상에 아주 지혜로운 호모 사피엔스 사피엔스라는 새로운 종이 생겨나자 지구를 포함한 전 우주는 크게 각성이 일어났다. 이 새로운 종은 자신이 살고 있는 우주의 본질을 알고 싶어했

아더 케슬러

다. 그래야만 모든 의문이 사라지고 불안한 마음도 안정될 것 같았다. 그러나 아무도 대답해 주지 않았다. 바위도 물도 나무도 옛날에는 다정하게 이야기하던 사슴도 토끼도 모두 벙어리가 되거나 이상한 울음소리만 낼 뿐이었다. 아담은 자신이 질문을 던지고 자신이 그 해답을 찾아 나서야 하는 신세가 된 것이다.

아담의 후손들은 아담으로부터 물려받은 이 히스테리성 결벽증을 안고 살아야 한다.

아더 케슬러(Arthur Koestler, 1905~83)는 고대 로마신화에 등장하는 두 얼굴의 신 야누스(Janus)의 이름을 딴 저서 『야누스』에서 이 정신병 증세는 갑자기 커진 신피질이 구피질과 부조화해서 일어난다고 진단하고 있다. 아담은 선악과 덕분에 지혜를 얻게되고 그 지혜로 자신의 죽음을 알게되자 그 죽음에 대한 공포가 심약한 그를 정신분열증 환자로 만들었다고 말하고 있다.

어떤 이는 그 증세가 매우 심해서 소크라테스처럼 멍하니 하루종일 서 있기만 하기도 하고, 그의 고집은 쓸데없이 재판관들의 비위를 거슬러 독배를 받는 화를 자초한다. 또는 에디슨처럼 천재적인 발상을 내놓는 사람도 있지만, 히틀러 같은 독재자들은 그 광기로 어리석은 군중을 충동질해서 집단적인 히스테리를 만들기도 한다. 그러나 다행히도 대부분의 사람은 그 증세가 그다지 심각하지 않아 안정된 사회 구성원이 되어 건전한 민주 사회를 형성한다.

사실 아담은 에덴동산의 단순한 털 없는 원숭이로 삶을 마치는 것과 자의식을 가지고 스스로 세상에 홀로서는 선택의 기로에 놓였던 것이다. 아담이 자의식을 갖게된 것은 필연적인 것인지도 모른다. 하지만 이브의 유혹이라는 우연한 계기가 없었다면 아담의 운명이 어떻게 되었을지 누구도 장담 못할 것이다. 이처럼 인류의 진화에는 필연과 우연이 교묘히 교차하고 있음을 성경은 상징적으로 이야기하고 있다.

자의식을 만들어 낸 인간의 두뇌는 우리가 알기로는 우주에서 가장 복잡한 시스템이다. 더구나 스스로 환경을 인식하고 거기에 적응하기 위해 부단히 새로운 전략을 모색하는 이른바 복잡적응계라고 부른다. 복잡적응계가 새로운 세계로 진화하는 것은 필연적으로 정해져 있지만 어디로 나아가느냐 하는 것은 순전히 우연이다. 그 우연이 비록 이브의 유혹이라고 해도 이브를 탓할 것이 아니고 우리의 운명은 순전히 우리의 손에 달려있다는 점을 기억해야 한다. 성경에서는 이것을 원죄라고 하지만 이것은 사실 우리의 운명이 잘되고 못되고는 그 누구의 탓도 아닌 우리 자신이라는 것을 잊지 말라는 의미라고 생각한다. 잘못되어도 우리는 어차피 그럴 수밖에 없는 원죄적 존재이고, 만일 잘 되었다면 원죄를 가진 자에게 축복이 내렸다고 겸손히 생각해야 할 것이다.

아무튼 이제 막 자의식은 자신이 복잡적응계의 일종이라는 것을 자각했다. 그리고 복잡적응계는 부단히 노력하지 않으면 엔트로피라는 괴물에게 잡혀 소멸되는 존재다. 이 책은 복잡적응계로서의 필자 자신이 소멸되지 않기 위한 부단한 노력의 소산임을 밝혀 둔다.

지적 탐구의 시작

지금으로부터 40억 년 전이라는 까마득한 옛날에 바닷물에서 박테리아 같은 아주 단순한 생명체가 탄생하였다. 박테리아들은 진화를 거듭하여 해파리, 가재 등의 무척추동물과 물고기 등의 척추동물로 그 모습을 바꾸면서 새로운 세계를 개척하여 오다가 드디어 생명의 모태인 바다를 벗어나 육지에 오르게 된다. 육지는 이제까지의 생명의 활동무대인 바다와는 너무도 다른 세상이었다. 바다 속에서는 무시할 수 있었던 중력이 엄청난 힘으로 몸통을 짓누르고 쉽게 메말라버리는 대지는 피부를 갈라터지게 하고 숨을 가쁘게 만든다. 이 거친 신세계에 적응하여 살아남기 위해 생명은 엄청난 시행착오를 거듭하여 드디어 완벽한 육상 생물인 파충류가 등장하게 되었다. 육상세계를 완전히 정복한 파충류는 거대한 공룡 등으로 크게 번성한다. 그러나 얼마 지나지 않아 그렇게 드넓던 육상세계도 비좁아지기 시작하고 생존경쟁이 치열해지자 생명은 또 다른 신천지를 찾아 나서지 않으면 안되게 되었다. 파충류에게 선택할 수 있는 새로운 세계는 육지보다 드넓고 자유로운 창공의 세계와 아직 한 번도 보지도 듣지도 못한 정신의 세계가 있었다. 일부 파충류는 다시 바다로 되돌아가기도 했지만 신천지를 찾아 나선 용기 있는 파충류들에게만 미래가 약속되었다. 파충류는 먼저 익룡으로서 창공의 세계에 도전하지만 실패하고 조류로 진화하여 창공의 세계를 정복한다. 또 다른 파충류 무리인 포유류형 파충류는 공룡이 멸종하기를 기다리다 그 빈 공간을 잽싸게 점령하여 포유류로 진화함으로써 정신세계를 정복할 준비를 하게 된다. 포유류는 우선 초원과 숲 속이라는 두 생태환경으로 나뉘어 진화되고, 숲 속의 나무에서 생활하던 영장류들은 호모 사피엔스까지 진화한다. 호모 사피엔스의 등장은 생명이 육지에 상륙했던 것만큼이나 엄청난 변화를 뜻한다. 호모 사피엔스는 육지보다, 창공의 세계보다 더 광활한 정신세계를 개척한 것이다. 이 정신세계에 대한 지적 탐구가 바로 인류의 역사라고 해도 과언이 아니다.

신천지에 들어온 자들은 누구나 그렇듯이 시행착오를 반복할 수 밖에 없다. 인류의 역사도 시행착오의 역사이다. 육지에서는 건조나 중력 등이 생명에게 커다란 위협이 되었듯이 정신세계에서는 무지로 인한 불안과 공포가 커다란 위협이다. 인류는 이 무지의 불안에서 벗어나기 위해 지식의 체계를 갖추어야만 했다. 마치 육상에 오른 생물이 건조를 막기 위해 파충류의 비늘이나 포유류의 피부조직 같은 것을 갖춘 것처럼 말이다. 인류는 먼저 신화라는 지적 체계를 갖춘다. 하지만 이것은 한계가 많다는 것을 깨닫고 보다 합리적인 새로운 지식체계를 모색한다.

고대 그리스에 탈레스(Thales, B.C. 600)라는 아담의 히스테리성 결벽증을 크게 앓고 있는 사람이 있었다. 그의 가슴속에서 끊임없이 일어나는 가장 큰 의문은 우주가 무엇이냐는 것이었다. 그는 자신의 병을 다스리기 위해 스스로 해답을 찾아야 만했다. 그리스 신화 등이 말하는 우주 창생관은 그에게는 유치하게 느껴졌다. 그는 여행을 많이 하여 각 민족마다 우주를 만든 신들이 다르다는 것을 알게되었기 때문이다. 모든 인류가 공감할 수 있는 보다 합리적인 설명이 그에게는 필요했다.

탈레스가 이제까지 보기에 물이라는 물질이 우주의 근원물질로서 가장 그럴듯했다. 물이 있어야 모든 생명이 살아가고 물은 온갖 마술을 일으킨다. 그래서 탈레스는 물이야말로 우주의 본질이라고 자신에게 대답했다.

탈레스 이후로 탈레스와 비슷한 병리 현상을 강하게 보이던 고대 그리스의 지혜로운 사람들은 탈레스의 대답이 흡족하지 못해 새로운 해답을 찾게되었다. 한마디로 고대 그리스 시대는 인류가 주술이나 신화 따위의 미신으로부터 깨어나 처음으로 세상을 합리적으로 바라보기 시작한, 위대한 이성의 탄생을 알리는 여명의 시대였던 것이다. 그 동안 쌓인 지적 경험을 재검토하는 혼란의 시대이기도 했다. 각 민족의 신화나 주술의 위력이 의심받기 시작하고 새로운 지식인들이 등장한 것이다. 이처럼 복잡적응계는 서서히 진화하는 것이 아니고 잠재력이 누적되고 누적되다가 폭발적인 변화를 보인다.

여유가 창조를 가져온다

아담의 신피질의 팽창은 질적인 것이 아니라 단순한 양적 팽창이었다. 인간과 원숭이의 유전자 차이는 1.6%뿐이며 뇌신경세포의 구조는 아무런 차이도 없다. 인간의 뇌와 원숭이의 뇌의 차이는 신경세포의 수에 있다. 특히 신피질에서도 전두엽의 신경세포의 수는 과잉이라고 할 정도로 많다. 이렇게 할 일 없이 놀고먹는 신경세포들은 새로운 할 일을 찾아 뇌 속에 새로운 상부구조를 자기조직화를 통해 형성한다. 복잡적응계는 무수히 많은 같은 구성요소를 계층적으로 재구성함으로써 새로운 상부구조를 만들어 내어 새로운 기능을 창조해 낸다. 이 새로운 상부구조가 자의식의 실체이며 언어의 중추기관이 된다.

인간은 원숭이보다 훨씬 정력적인 생명력이 강한 동물이다. 이러한 생체에너지의 여유가 더 많은 뇌 세포를 만들게 된 원동력이 되었다. 게다가 인간은 직립 하게 됨으로써 목뼈와 근육에 큰 부담을 주지 않아 얼마든지 무거운 두뇌를 가질 수 있게 되었다. 이러한 양적인 여유가 새로운 질적 창조를 이끌어냈던 것이다. 그것은 역사적인 실례에서도 찾아볼 수 있다. .

고대 그리스는 강력한 해군력으로 지중해를 제패한 식민국가가 되었다. 아테네 시민은 여기저기서 잡아온 많은 노예를 거느리게 되고 자유시민들은 할 일이 없어지게 된다. 아마도 처음에는 무료하게 빈둥거리면서 하루하루를 보냈을지도 모르지만 곧 소일거리를 찾았다. 즉 자유시민이 누리는 한가한 여유는 왕성한 학문활동과 올림픽, 연극, 조각 등의 문화예술활동으로 나타난 것이다. 이 사실은 여유 있는 신피질의 신경세포들이 자의식과 이성(理性)을 만들어 낸 것과 매우 유사하다고 하겠다.

사실 여유는 생명의 존재에게도 아주 중요한 것이다. 여유를 잃은 생명은 곧 죽음을 맞게 된다. 한마디로 건강이란 것은 여유를 뜻한다. 체력적인 여유, 정신적인 여유가 바로 건강이다. 체력의 여유가 없을 때는 과로를 피해야 하고 음주나 흡연 등도 삼가는 등 여러 가지 조심을 해야 하는 상황에 이른다. 정신적인 여유가 없을 때도 마찬가지다. 무언가에 쫓기는 듯한 강박관념에 사로잡혀 살면 불면증에 걸릴 수도 있고 결국 신경쇠약 등으로 악화되게 마련이다.

이처럼 여유를 상실할 때 생명은 고통을 느끼기 시작하고 엔트로피 증대법칙으로 서서히 붕괴되어 결국에는 파멸하고 마는 것이다. 이런 의미에는 생명의 본질은 여유라고 보아도 크게 틀린 것은 아니다. 여유는 생명의 본질이자. 창조의 원동력이다. 즉 생명은 존재하기 위해서 끊임없이 무언가를 창조해야만 하는 것이다. 매일 음식을 소화하기 위해 소화효소를 만들어내야 하고 변종의 세균이나 바이러스에 대항할 항원을 창조해야 한다. 또 정신적으로는 예술품을 창조하는 희열을 맛본다든지, 새로운 과학혁명을 일으킨다든지 해서 정신적인 만족도 얻을 수 있어야 인간은 삶에 대한 진정한 행복을 알고 건전한 사회생활을 유지하게 된다. 하지만 한국의 학생들처럼, 새로운 지식을 습득하고 그것을 완벽히 소화해서 자기의 것으로 만드는 지식창조의 기쁨을 맛볼 틈도 없이 끊임없이 시험을 위해서만 새로운 지식이든 이미 배운 지식이든 마치 장학퀴즈 형식으로 줄줄이 암기해야 할 때 그들은 결코 진정한 학문의 기쁨을 알지 못하는 가여운 인생으로 전락하고 결국에는 물질만능주의에 빠져 파국으로 치닫는 비극을 초래할 가능성이 많아지게 되는 것이다. 이처럼 여유를 즐기는 교육은 매우 중요한 본질을 암시하는 것이다.

이러한 여유가 원동력이 되어 인간은 우주의 근원을 찾아 과학이라는 학문을 만들어 내고 가꾸어왔다. 우주의 근원을 찾는다는 단 하나의 추진력으로 이루어진 과학이지만 과학이 항상 같은 모습으로 지금까지 계속되어온 것은 아니다. 과학이라는 학문 자체가 살아있는 생명체요 시스템이기 때문에 그 변화의 모습은 대단히 역동적이다. 과학은 결코 순탄한 길을 걸어온 것이 아니다. 민주주의가 투쟁과 혁명 속에서 자라온 것처럼 과학은 과학자들의 고뇌와 번민, 당혹감, 좌절, 번뜩이는 영감, 새로운 아이디어, 그리고 새로운 이론으로의 거듭남 그리고 환희 속에서 변태를 계속해왔다. 이제 20세기의 황혼 속에서 희망의 21세기를 맞이하면서 과학도 새로운 모습으로 탈바꿈하려하고 있다. 우리는 세기의 전환점에서 과학의 전환기를 동시에 맞이하고 있다. 우리의 의식도 새로운 전환기에 맞추어 대비해야한다. 그런 뜻에서 이제까지의 과학의 문제점과 새로운 과학의 개념적인 아이디어를 검토해보고 새로운 과학을 맞이하고자 이 책을 쓰게 되었다.

21세기의 과학과 한국의 미래

앞으로 21세기에 등장할 새로운 과학은 어떠한 내용일까? 지금의 과학보다 얼마나 크게 발전할까? 공상과학영화에서 보는 것처럼 놀라운 새 기술들이 과연 등장하게 될까? 아니면 지금의 기술과 크게 다를 바가 없을까?

이와 같이 즐거운 의문에 무어라고 단언할 수는 없지만 한가지만은 분명하게 대답할 수 있다. 그것은 21세기 과학의 내용에서 주된 개념은 '복잡함' 이라는 것이다. 그리고 21세기에 등장할 신기술들도 이 복잡함' 이라는 개념으로부터 파생되는 신기술들이다. 어쩌면 공상과학영화에 등장하는 나는 자동차, 쓰레기를 연료로 사용하는 엔진, 신용카드 만한 슈퍼컴퓨터, 완벽한 자동항법기술, 액체금속로봇, 인간의 모든 질병을 치료할 수 있는 의료기술 등이 등장할 수도 있다.

즉, 21세기 과학의 패러다임은 단 한마디의 '복잡함'이라는 단어에 응축되어 있다. 따라서 우리는 복잡함을 연구하는 새로운 철학과 방법을 모색하지 않으면 안 된다.

이러한 시대의 변화를 읽은 미국의 저명한 물리학자였던 페이겔스(Heinz Pagels, 1939~88)는 『이성(理性)의 꿈』 The Dreams of Reason이라는 저서에서 과학을 다음과 같이 크게 두 가지로 구분하고 앞으로 과학의 주류는 복잡성의 과학이 될 것이라고 전망했다.

- 단순성의 과학(Science of Simplicity):뉴턴역학, 결정론, 환원주의, 소립자 물리학, 계량경제학,
- 복잡성의 과학(Science of Complexity):프랙탈 기하학, 카오스, 홀론(holon)이론, 생명조류, 가이아이론

이에 덧붙여 페이겔스는 복잡성의 과학이 21세기에 정치, 경제, 문화, 군사적으로 초강대국이 되도록 이끄는 원동력이 될 것이라고 말하였다.

복잡함을 연구하는데 있어서 기존의 19세기 과학을 떠받치고 있었던 철학인 결정론, 요소환원주의 등의 한계를 재검토하고 새로운 철학을 모색해야한다. 그러한 새로운 철학으로 과학적 불가지론(나비효과, 카오스 이론), 전체주의, 홀론(holon)이론, 콜렉션니즘(Collectionism) 등이 등장한다.

방법론으로는 기존의 과학이 실재하는 자연물을 대상으로 하는 실험중심의 과학이었다면 컴퓨터가 만들어내는 가상의 인공물을 대상으로 하는 모의실험이 중심이 되어야한다는 것이다. 모의 실험에는 조그만 개인용 컴퓨터에서부터 강력한 성능을 갖추고 있는 슈퍼컴퓨터 등이 사용된다. 그리고 기존의 과학이 복잡한 현상을 무시하고 그 분석을 통해 본질을 알고자하는데 있다면 복잡성의 과학은 단순한 본질들이 어떻게 결합하고 종합되어 복잡하고 현란한 생동감 있는 현상을 창조해내는지 관심이 있다. 즉 단순성의 과학과 복잡성의 과학이 지향하는 바는 정반대인 것이다.

복잡성 과학자의 자질

페이겔스도 지적한 바와 같이 복잡성과학의 우선적인 도구는 바로 컴퓨터이다. 따라서 과학자들의 자질도 기본적으로 컴퓨터를 다룰 줄 알아야하고 필요한 작은 프로그램은 스스로 짤 수 있을 정도는 되어야한다. 실제로 복잡성을 연구하는 미국의 젊은 과학자들은 자기 분야의 전문가일 뿐만 아니라 프로그래머로서도 일류급들이다.

필자도 복잡성 과학의 중심 테마의 하나인 세포자동자(Cellular

Automata)를 연구하면서 세포자동자의 그 많은 가능성을 일일이 손 작업을 통해서 검증하기는 불가능함을 깨닫고 뒤늦게 프로그램 언어를 공부하고 있다.

또 한 가지 복잡성을 연구하는 과학자가 갖추어야할 중요한 자질은 자기의 전문분야는 물론이고 타 분야에 대해서도 깊이 있게 공부를 해야한다는 점이다.

왜냐하면 복잡성의 공통적이고 본질적인 성질은 물리학의 한 분야만이 아니고, 생물학, 화학, 인류학, 고생물학, 고고학, 경제학, 사회학, 기상학, 등 인문 및 자연계열에 폭넓게 흩어져있기 때문이다. 그야말로 학제적(學際的, interdisciplinary)인 과학자가 되지 않으면 안 된다. 이런 의미에서 한국 대학에서는 복잡성의 과학을 연구하는 일이 매우 요원할 것으로 생각된다. 한국의 교육과정은 고등학교에서부터 문과와 이과로 크게 구분하고 타 분야의 학문에 대해서는 교양정도의 내용도 가르치지 않아 왔다. 요즘에는 많이 바뀌었지만 아직도 부족한 점이 많다. 아예 문과와 이과의 구분을 없애야 한다. 고등학생을 문과와 이과로 구분하는 것은 한창 지적성장을 해야할 시기에 편식을 시키는 것과 다를 바 없기 때문이다.

그리고 대학에 가게되면 자신들만의 전문분야에 틀어박혀서 타 분야에 대해서는 눈길 한 번 주지 않는다. 이런 핀잔에 대해 자기의 전공만을 공부하는데도 시간이 부족하다고 말한다. 그러나 그렇게 바빠야 할 연구실 안에는 책을 넣어둘 책장대신에 크고 고급스런 소파가 놓여있고 교수님들은 끼리끼리 모여 앉아 커피를 홀짝이며 잡담만 하는 것을 나는 여러 번 목격했다. 곱지 않은 시어미 같은 눈으로만 봐서 그런 모습만 눈에 띄었는지 모르지만. 이렇게 고립되고 폐쇄적인 연구분위기에서는 참신한 아이디어가 결코 나오지 않는다. 복잡성의 과학을 주도하고 있는 미국의 여러 연구소에는 이러한 구습을 깨고 자유분방하게 이 분야 저 분야를 섭렵하는 젊은 과학자들이 활기찬 아이디어를 끊임없이 쏟아내고 있다.

한국이 진정 21세기를 주도하는 선진국이 되고자 한다면 지식의 편식, 학문의 근친상간을 일삼아 전문바보들을 양산하는 학문의 쇄국주의를 벗어나야 한다. 잡종강세(雜種强勢)라는 말처럼 연구원들이 자유롭게 연구주제를 선택하고 연구할 수 있게끔 재정적 지원을 아끼지 말아야 한다. 아무리 깨진 독에 물 붓기 라지만 흘러나가는 물의 양보다 더 많은 양의 물을 계속 부으면 언젠가는 독을 가득 채우게 된다. 그렇게 할 때에 페이겔스의 말대로 한국은 비로소 정치, 경제, 문화적인 초강대국이 될 것이다.

과연 '복잡함' 이라는 요술램프에는 초강대국을 보장하는 그리고 인류의 희망찬 미래를 약속하는 알라딘의 거인이 숨어있는 것일까? 필자는 복잡함 속에 그러한 거인이 숨어있다고 자신 있게 말한다. 문제는 '복잡함' 이라는 램프를 열심히 닦아서 알라딘의 거인이 펑하는 소리와 함께 뭉게구름 속에서 나오게 하는 주문을 알아내는 것이다.

제 I 부

단순성 과학

Science of Simplicity

◀ **뉴턴** (Newton, Isaac)
단순성 과학의 황제

이 책은 지금 선진 각국의 젊은 과학자들이 앞을 다투어 연구하는 복잡성의 과학이 어떤 과학인가를, 왜 복잡성의 과학이 대두하게 되었는가를 일반대중에게 알리고자 하는 의도에서 만들어졌다.

우리가 복잡성 과학의 본질을 파악하기 위해서는 복잡성 과학이 아닌 단순성 과학, 즉 기존의 과학이 무엇이었는지 분명히 해두어야 한다.

제1장 과학의 역사

복잡성의 과학을 본격적으로 소개하기 전에 온고지신의 마음으로 먼저 과학의 역사에 대해서 다시 한 번 정리해 보자. 인류의 역사가 시작된 이래 인류는 끊임없이 자연과 투쟁해왔다. 그 투쟁의 역사가 바로 과학의 역사인 것이다. 이제 막 지적 편력이 시작되는 약관의 후배들에게 일러주고 싶은 이야기는 어느 분야에서나 역사학은 매우 중요하다는 점이다. 역사는 그 학문이 추구하는 것의 본질을 암시해 준다. 수학을 공부하는 사람은 수학사를, 과학을 공부하는 사람은 과학사를 깊이 있게 이해하는 것이 그 분야의 최고가 될 수 있는 지름길임을 알아야 한다. 수학사 강좌를 선택과목으로 해두거나 어느 대학은 아예 강좌 자체도 없는 것만 보아도 알 수 있는 것처럼 한국의 지적 풍토는 너무도 역사와 전통을 무시하는 경향이 심각해서 노파심에 일러두는 이야기다.

역사는 불연속적이다.

필자가 과학의 역사에 대해 관심을 갖기 시작한 것은 대학 재학 시절 과교수님의 위상수학 강의 중에 과학의 발달 양상에 대한 내용을 듣고부터이다. 교수님은 수학의 발달양상과 과학의 발달양상을 비교하면서 양자간의 공통점으로 우리가 상식적으로 생각하는 것처럼 과학이 마치 비탈길 모양으로 연속적으로 발전하지 않고 불연속적으로 발전한다는 점을 지적하셨다.

즉 과학은 선배 과학자들의 업적을 그대로 이어받아 계속 쌓아올려 가는 것이 아니라 그렇게 쌓아올리는 데는 일정한 한계가 있기 마련이라 결국에는 새로운 아이디어를 들고 나온 천재에 의해 다시 새롭게 시작된다는 것이다. 특히 연구대상이 실재하지 않는 수학은 그러한 특성이 매우 현저하다는 점도 지적하고자 한다. 예를 들어 고대부터 근세까지 어어오던 수학은 현대에 와서 칸톨(Cantor, G.)의 집합론에 의해 완전히 재건축 되는 양상인 것이다. 즉 예전에 살아오던 초가집을 지붕만 개조해서 그 위로 2층, 3층 올라가는 것이 아니라 초가집을 완전히 쓸어 내버리고 철근 콘크리트로 다시 기초공사를 하여 5층, 10층의 빌딩을 짓는 형상이다. 그러나 이 건물은 결코 완성되지 못한다. 100여 년 전부터 아직도 공사 중인 스페인의 대성당이 있다고 하지만 수학이라는 건물은 몇천 년 동안 공사를 해도 결코 준공검사를 받지 못할 것이다. 왜냐하면 괴델(Goedel, Kurt F.)이라는 수학자가 '수학'이라는 건물은 불완전하다는 것을 수학적인 방법으로 증명하였기 때문이다.

아무튼 필자는 수학의 발전이 불연속이라는 것을 직접 경험하는 기회를 가졌다. 대학 1학년에서 2학년 1학기까지는 고등미적분학을 17세기~18세기 방법으로 공부하였다. 그런데 갑자기 2학년 2학기가 되면서 그 동안 강의를 맡으셨던 교수님께서 미국으로 건너가시는 바람에 새로 초빙된 교수님은 미적분학을 완전히 새로운 방법으로 강의하시기 시작했다. 이른바 집합론으로 증명하는 미적분학이었다. 그때 필자는 무려 200년 이상의 시간을 초월하는 충격을 받았다. 그러니까 엊그제까지만 해도 17~8세기의 방법 즉 직관적이고 임시방편적이라 증명의 방법이 일관되게 확립되어 있지 않아, 그때그때 수학자의 비상한 아이디어를 필요로 하는 지극히 난해한 미적분 공식을 이해하고 증명해야하는 처지였는데, 갑자기 집합이라는 하나의 개념만을 이용해서 거의 비슷한 수법으로 일관되게 즉 매우 기계적이고 논리적인 증명방법으로 미적분공식을 다시 이해하고 증명해야만 했다. 이것이 19세기의 집합론이 확립된 이후의 20세기 현대수학의 모습이었다. 그야말로 200년이라는 시간 간격을 단 한 학기에 맛보아야 했던 것이다. 당시 수학과 학생들은 대부분 그 충격을 견디지 못하고 새로운 강의에 적응하지 못하는 눈치였다. 그도 그럴 것이 우리는 아직 집합론을 충분히 이해하지 못하고 있었기 때문이다. 다행히도 필자는 1학년 때부터 논리학(집합론은 사실상 수학의 논리학 그것도 명제논리학과 술어논리학에 해당한다)을 부지런히 공부하였고, 집합론에 대해서도 많은 관심을 가지고 있었던 터라 쉽게 새로운 수학적 수법에 적응하였다. 이처럼 수학은 매우 불연속적으로 발전하기 때문에 이것을 납득하지 못하는 수학자들은 새로운 수학적 수법이 등장하면 크게 반발하는 경우도 있다. 예를 들면 집합론을 창시한 칸톨에 대해 그의 스승이었던 크로네커는 그런 것은 수학으로 인정할 수 없다고 크게 화를 냈으며 대부분의 동료들도 그를 무시하였다. 이 때문에 칸톨은 그의 업적에 비해 좋은 교수직도 얻지 못하고, 새로운 수학과의 싸움 그리고 동료들의 비판에 맞서 외롭게 투쟁하다가 결국 정신분열증에 걸려 쓸쓸한 최후를 맞았다. 이제까지의 과학 발전사를 간단히 도표로 정리하였다.

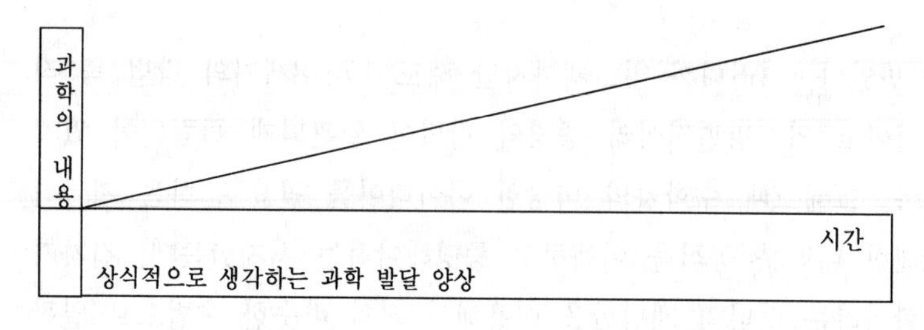

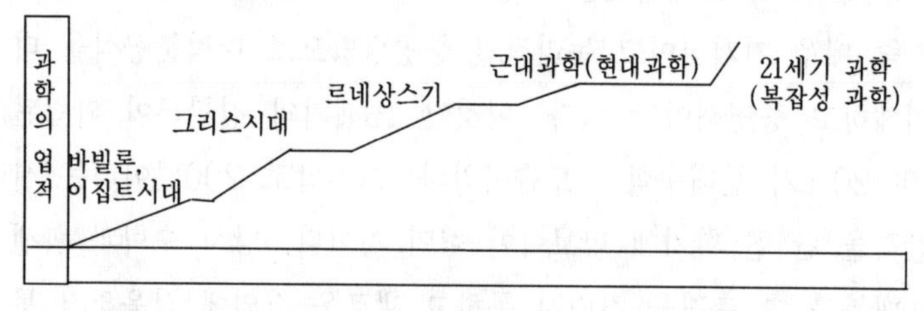

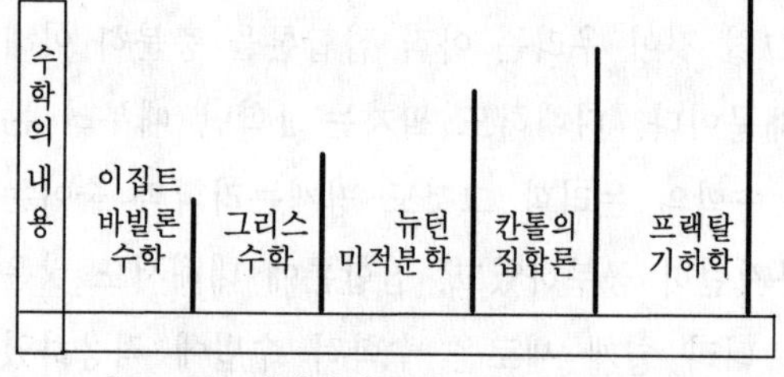

※ 이 도표는 과학사가들의 견해에 따라 달라질 수 있다.

1. 과학의 탄생

동물적인 본능으로만 살아오던 인류의 선조가 사고능력을 획득하면서 물 속에서만 살던 생물이 마치 육지로 상륙하는 것처럼 새로운 지성의 세계에 발을 들여놓았다고 다시 한 번 강조한다.

인간은 잡식성이어서 생물학적으로는 집단 생활이 필요한 다른 동물과는 달리 혼자서도 살 수 있다. 그러나 그것은 인간이 아니고 단순한 생물학적인 존재에 지나지 않는다. 인간이 인간다워지기 위해서는 집단생활이 필요하다. 그래서 인간은 씨족이나 민족이라는 문화단위를 만든다.

어느 민족이나 처음 지성의 세계에 들어오면 모든 것을 신화적으로 생각하게 마련이다. 김용운 교수의 『일본의 몰락』이라는 책에서 처음 민족이 형성되는 시기에는 민족의 무의식이라는 민족의 원형(原型)이 형성되고 이 원형의 내용을 상징하는 신화적 세계관이 구축된다고 말하고 있다. 비록 미신적인 신화라도 아무렇게나 만들어지는 것이 아니고 그 민족이 처한 자연환경에 조화되는 신화가 형성된다. 예를 들어 농경환경에 처한 민족은 농업에 대한 신들을 주신으로 하며 유목민은 그들의 방랑생활을 이끌어주는 절대자를 상상한다.

이러한 신화가 형성되는 데에도 일정한 규칙에 의해 그 상징 시스템이 형성된다는 것을 인류학자 레비-스트로스가 밝혔다.

신화시대

풍요롭던 열대 우림에서 쫓겨나 황량하고 잔혹한 사바나에서 살아남기 위해 오스트랄로피테쿠스들은 서로 협력해야만 했고 그것을 유지하기 위해서는 굳은 공동체 의식을 강화할 필요가 있었다. 그래서 씨족의 기원과 그 전래를 구전하기 시작하고 서로 지혜를 공유하기 위해 동굴에서 잦은 집회를 갖고 일사불란한 움직임으로 사냥에 임해야 했다. 인류의 조상은 단순한 동물적 본능으로 살아가는 시대를 마치고 신화시대에 들어선 것이다.

번개를 던지는 제우스신 등이 묘사되어 있는 그리스·로마신화나 중국의 신화 등에서 볼 수 있는 것처럼 신화시대에는 대부분의 자연현상을 깊이 이해할 수 없었기 때문에 유난히 불가사의한 자연현상들, 예를 들면 홍수, 번개, 화산폭발 등은 모두 초월적인 힘을 지닌 신들의 조화였다고 믿었다. 물론 과학이 신의 영역까지 침범할 정도로 발전했다고 하는 현대에도 신화는 남아 있다. 대표적으로 UFO신화가 그것이다. 그 외에도 기(氣)라든가 텔레파시 등의 현대과학으로도 설명할 수 없는 더구나 가끔 우연히 경험하게 되는 불가사의한 현상들은 도처에 남아 있다.

하지만 현대는 선사시대와 같은 미분화된 상태의 신화시대와는 분명 다르다. 신화시대에는 의술만 보아도 수준 높은 과학적 처방으로부터 신비로운 물건이나 주술적인 주문, 의사가 검은 돼지를 보면 환자는 죽고 흰 돼지를 보면 살게 된다는 등의 미신까지 온갖 치료 방법이 총동원되어 사용되었다. 안타까운 마음에서 그러했겠지만 이것이 오히려 환자를 악화시키는 경우도 있을 정도였음에 분명하다.

또한 불안한 미래에 대한 예언도 극히 합리적인 예언에서부터 바위가 갈라지거나 거북 등껍질이 갈라지는 모습에서부터 별의 움직임, 환각제에 취한 무녀의 소리 등 온갖 방법이 총동원되었다.

이렇게 신화시대는 단순한 경험과 주술이 뒤범벅된 시대였다. 고대 이집트, 바빌로니아, 인도, 중국의 문명권에서는 아주 고도의 과학기술을 가지고 있었다. 이들은 모두 피타고라스의 정리를 알고 있었으며, 그 정리를 이용하여 농토를 정확히 정리하고 분배하였으며 피라미드나 신전 등의 웅장한 건축물도 축조하였다. 하지만 미신도 지배적이었다. 고대인들은 현대과학으로도 쉽게 밝힐 수 없는 불가사의한 기술을 발휘하면서도 동시에 극히 원시적인 상태에 있었다고 말할 수 있다.

아무튼 신화시대를 살아가던 원시인류는 모험과 실험 정신으로나 날이 늘어나는 온갖 경험과 지식 그리고, 현자들의 가르침으로 점차신화의 시대를 벗어나게 되었다. 즉, 그리스의 여명기를 맞아 인류는 크게 각성하였다. 바빌로니아와 이집트의 문명을 이어받은 고대 그리스인들은 그들이 전수받은 온갖 잡다한 상식과 지식들을 곧이곧대로 믿지 않고 증명이 가능한 것만 진리로 인정하고 믿기로 하였다. 그리하여 그들은 활발하게 증명 활동을 시작한 것이다.

따라서 그들은 처음으로 우선 증명의 방법을 분명하게 확립하지 않으면 안되었다. 이렇게 해서 서구 지성사의 고향이라 일컫는 그리스 문명이 태어난 것이다.

정보혁명과 과학의 탄생

고대 문명에서 폭발적으로 늘어나는 잡다한 지식은 실로 방대한 것이었다. 알렉산드리아의 무제이온이라는 도서관에는 엄청난 분량의 서적이 보관되어 있었다고 한다. 박학다식한 박사나 승려들이 그 도서관을 관리하고 운영하였을 것이다. 그런데 너무 많은 지식은 사실상 그다지 쓸모가 없다. 그때그때 필요한 지식을 바로 찾아서 쓸 수 있도록 정리되어 있지 않는다면 많은 지식은 오히려 방해만 될 뿐이다. 게다가 서로 상충되는 내용의 것까지 있다면 점점 혼란을 초래하는 지경에까지 이를 것이다. 즉 지식이 쌓일수록 지식을 정리할 필요성이 높아진 것이다. 하지만 새 술은 새 부대에라는 말처럼 지식에 대해 새로운 관점을 가진 사람들을 필요로 한다. 즉 기존의 지식인은 무조건 경험을 기록하고 보관하는 데에만 익숙할 뿐 그것을 활용한다는 측면을 생각하지 못하는 것이다. 그들은 돌인지 보석인지도 모르고 그저 커다란 지식 보따리를 힘들게 끌어안고 있는 형상인 것이다. 즉 지식 중에서도 표면적인 것과 보다 일반적이고 본질적인 것이 있는데 이들이 뒤섞여 있는 상황인 것이다. 이제까지는 들에 나가 온갖 구슬과 보석을 가득 주워 모아 온 상황인 것이다. 이제는 이들을 분류하고 정리하여 일관된 체계로 지식의 구조를 만드는 것이다. 구슬이 서말이라도 꿰어야 보배라는 말처럼 아무리 많이 공부하고 알아도 그것을 일관되게 정리하지 못한다면 아무짝에도 쓸모가 없다. 우리의 학교교육은 이런 점에서 크게 실패하고 있다고 지적하고 싶다.

고대 이집트인이나 바빌로니아인이 경험과 지식을 긁어모으는 역할을 했다면, 그리스인들은 이들 지식을 넘겨받아 정리해서 잘못된 것은 버리고 가장 보편적인 지식을 원리로 삼아 순서대로 지식을 연역해 나가는 작업을 해낸 것이다. 즉 체계적인 지식이 탄생한 것이다. 이러한 지식의 체계를 우리는 학문(Science)이라고 부른다. 이렇게 그리스인들이 지식을 정리해 버리자 그 방대하던 지식 보따리는 푹석 줄어들었다. 즉 비슷한 내용은 하나로 통합하고 상충되는 것은 어느 것이 진실인지 가려내어 정리하기 때문에 그 양이 줄어들 수밖에 없는 것이다. 게다가 지식을 열람하고 활용하는 것도 훨씬 편리해졌다. 즉 정리되지 않은 책방에서 필요한 책을 찾는 일보다는 분야별로 잘 정리된 서점에서 책을 찾는 일이 더 빠른 것이다.

신화시대의 인간들은 물, 얼음, 안개는 서로 다른 것, 즉 다른 물질로 생각했을 것이다. 그러나 이제 우리는 이들을 따로따로 생각하지 않고 물(H_2O)이라는 물질의 서로 다른 존재 상태로 이해하고 있다. 즉 3가지를 기억하고 있어야 할 것을 한 가지만 기억하면 되는 정보 압축이 일어난 것이다.

이처럼 과학은 현상(現象)과 본질(本質)에 관한 학문이다. 우리가 경험하고 관찰하고 실험할 수 있는 것은 현상뿐이다. 그리고 직접 경험하기 어렵고 실험하기 어려운 본질은 현상을 관찰하고 실험한 결과로부터 논리적으로 추론하는 것이다. 그렇게 해서 얻은 본질이 과연 옳은지 알아보아야 한다. 즉, 그 본질로부터 생길 수 있는 아직 경험하지 못한 새로운 현상을 예측하고 과연 그 현상이 나타나는지 실험으로 확인함으로써 옳다는 것을 인정받게 된다. 이렇게 해서 인류는 직접적인 경험을 통하지 않고도 정보를 얻을 수 있는 방법을 알아낸 것이다.

이것은 바로 정보혁명이다. 지금 20세기말에 정보화 혁명이 일어났다고 하지만 사실은 이미 2,000년 전에 이러한 제1차 정보혁명이 일어났던 것이다. 그리고 인쇄술의 발명으로 제2차 정보혁명이 일어났으며, 컴퓨터 발명으로 제3차 정보혁명이 일어난 것이다.

동양 문명권에서도 처음에는 잡다한 지식을 모으는 작업이 있었다. 그러나 불행하게도 그것을 정리해 줄 그리스인의 역할을 할 후계자가 나타나지 않은 것이다. 결국 동양문명은 정체되고 서구 열강이 들어올 때까지 긴 낮잠에 들어가 버린 꼴이 되었다. 아프리카 열대밀림의 원숭이들 중에서 사바나를 만난 원숭이들은 인간으로 진화하게 되지만 그렇지 못하고 밀림에 남게 된 원숭이들은 침팬치가 되었던 것과 유사하다.

아무튼 새로 탄생한 과학은 신화시대의 주술이나 마술, 점술가들의 예언을 모두 대신하려고 나섰다. 탈레스가 언제 일식이 일어나리라는 것을 정확히 예언함으로써 전쟁을 종식시킨 이야기는 과학의 위력을 유감없이 발휘하였던 유명한 예이다.

이렇게 과학이라는 새로운 지식의 체계가 탄생한 것은 크게 두 가지 의미가 있었다. 즉 하나는 정보혁명이요, 둘은 인류를 미망(迷妄)의 신화에서 깨어나게 한 것이다.

과학-정보 창조 시스템

이처럼 우리 인류의 역사를 돌이켜 생각해 보면 아주 엄청난 변화를 겪어왔다는 것을 알 수 있다. 처음 원시사회는 단순히 수렵 채집에 의해서 그날 벌어 그날 먹는 식으로 살아왔다. 이 시절의 생활은 그야말로 암담한 실정이다. 만일 먹을 것을 하나도 구하지 못하면 쫄쫄 굶어야 한다. 이런 불안하고 불규칙한 생활로부터 인류는 농경 문화를 발견함으로써 이제 식량을 대량으로 획득해서 저장하고 보다 안정된 삶을 누릴 수 있게 된다.

그리고 산업사회가 되면서 더욱 생산성이 높아지고 더욱 규칙적인 삶을 구가한다. 너무나 규칙적인 삶에 염증을 느낀 나머지 찰리 채플린의 『모던 타임즈』 같은 현대사회를 비판하는 영화가 등장할 정도로 인류의 생활은 매우 기계적인 것이 되었다고 할 수 있다.

그리고 이제 우리는 다시 새로운 시대 정보화 사회를 맞이하고 있다. 과거 원시 사회에서 농경 사회로 변하면서 삶의 방식이 급변했던 것처럼, 그리고 농경 사회에서 산업 사회로 급변했던 것처럼 이제 산업 사회에서 정보화 사회로 급변하는 시대에 살고 있다. 급변하는 시대에 그 변화에 적응하지 못한 자들은 도태되고 마는 것이다. 생명의 역사에서 지구환경의 급변에 대처하지 못한 많은 생물종이 멸종되었다. 캄브리아기 바다의 지배자였던 절지동물 아노말로칼리스, 쥬라기 육상의 지배자였던 파충류인 공룡, 그리고 원시 채집시대의 네안데르탈인, 그리고 산업 사회에 적응하지 못한 대지주나 귀족들의 몰락, 그리고 새로운 정보화시대에 적응하지 못한 공룡에 비유되는 거대 컴퓨터 생산업체 IBM의 몰락 등 그 예는 숱하게 많다.

오늘날 정보화시대에 가장 중요하고 절실하게 필요한 것이 무엇이라고 생각하는가? 그것은 날마다 쏟아져 나오는 새로운 정보, 범람하는 정보를 빠른 시일 내에 신속하게 처리하고 정리하는 일이다. 대량의 정보를 빠르게 처리하기 위해서 등장하는 기술이 바로 '정보 압축' 기술이다. 정보 압축은 정보의 알맹이는 전혀 손상시키지 않으면서도 정보량은 작게 압축해 내는 환상적인 기술인 것이다.

우리는 정보 압축의 기술을 과거의 역사를 더듬어 봄으로써 배울 수 있다.

다시 되풀이 하지만 원시인들은 개개의 지식을 서로 별개의 것으로 생각했다. 즉 그러나 고대 그리스인들은 지식들 사이에 매우 밀접한 관계가 있다는 것을 발견했다.

그리고 그들은 가장 기본적인 지식으로부터 다른 지식들을 하나하나 필연적으로 유도해 낼 수 있다는 것을 알게 되었고, 그 지식들을 차례로 정리하여 하나의 체계를 세워 나가려고 노력했다. 이러한 노력의 결정체가 바로 저 유명한 유클리드 기하학원본이다. 기하학원본은 경험하지 않고도 선험적으로 알 수 있는 아주 자명한 지식을 공리(公理, axiom)로 선택하여 이 공리들로 기하학에서 필요한 정리를 차례차례 유도(증명)해 나간다. 이러한 정신은 작도 문제에서도 보인다. 그리스인은 오로지 자와 컴퍼스만 사용하여 어떤 도형이라도 그려낼 수 있다고 믿었다. 즉 개개의 도형에 대한 지식을 따로따로 알고 있을 필요 없이 오직 자와 컴퍼스만 다룰 수 있다면 모든 도형에 대해서 아는 것과 마찬가지라고 믿은 것이다. 그들은 지식 중에서도 가장 본질적인 지식이 있다고 믿었으며, 수많은 지식을 이 기본적인 지식으로 압축하여 버린 것이다.

이렇게 지식들간에 서로 연역적인 관계가 있다는 것으로부터 이제 개개의 지식을 따로따로 번거롭게 기억해야 했던 것을 통일적으로 기억할 수 있고, 필요한 지식을 쉽게 찾아낼 수 있고, 더구나 이제까지 경험으로는 전혀 알아낼 수 없었던 보편적인 지식도 얻게 되었다. 즉 새로운 지식을 창조해 내는 지식창조 시스템을 만들어 낸 것이다. 이것은 그야말로 혁명적인 일이었다. 이 시스템 덕분에 이제 개개의 지식을 외울 필요도 없게 되었고, 경험에 의지하지 않고도 필요한 지식을 구할 수 있게 되었기 때문이다. 이것이 바로 인류가 겪은 첫번째 정보혁명인 것이다. 과학은 스스로 그 내부에서 정보를 창조한다.

2. 과학의 역사

여기서는 복잡성의 과학이 탄생하기까지의 과정에만 초점을 맞춘 간략한 과학사를 소개하는 것으로 그치겠다. 보다 깊은 과학사 공부를 원하는 독자는 다른 과학사 책을 권한다. 과학사는 마치 한편의 소설처럼 재미있는 분야이기도 하다.

아리스토텔레스의 육안(肉眼)의 과학

아리스토텔레스(Aristoteles, B.C. 384~322)는 고대 그리스의 철학자로 유명하지만 과학자로서도 중요하다. 아리스토텔레스의 육안에 근거한 과학이 17세기 근대과학이 등장하기까지 근 2,000년 동안 서양인의 정신세계와 일상생활을 지배하였기 때문이다. 인류의 과학사상 그렇게 오랜 세월 동안 뼛속 깊이 영향을 남긴 과학자는 아직까지는 없었다. 그만큼 아리스토텔레스의 과학관을 극복하는 것도 처절한 투쟁이 될 수밖에 없는 것이지만…….

아리스토텔레스는 과학의 본질을 참으로 확고하게 만든 과학의 시조이다. 즉 자연현상을 오로지 경험을 통해서 확인해야 한다는 것을 분명히 하였다. 즉 과학이라고 불리는 학문은 무릇 자연의 현상(형이하학)은 오로지 자연의 것(형이하학)으로만 설명해야 한다는 것이다. 예를 들어 화산이 폭발하는 자연현상을 지신(地神)이 노해서 그렇다는 식으로 형이상학적인 힘을 빌어서 설명하는 것은 무의미하다는 것이다. 결국 노한 지신을 달래기 위해 아리따운 처녀를 재물로 바치는 어리석은 행동을 일삼는다.

인간의 눈으로는 결코 경험할 수 없는 지신의 초월적인 힘으로 설명하는 것은 과학적 설명이 아닌 것이다. 화산폭발은 지각 아래의 용암이 분출 압력을 이겨내지 못하고 지표 밖으로 터져 나온 것이라고 설명하는 것이 과학적인 설명이다. 즉 우리는 땅을 깊이 파 내려가면 녹아 흐르는 용암을 볼 수 있을 뿐 지신은 커녕 그의 흔적도 찾을 수가 없다.

아직도 아리스토텔레스의 이 과학선언을 이해하지 못하는 과학자들이 있다. 즉 '창조과학회'라는 것을 결성한 과학자들이 그들인데 그들은 생물의 존재를 초월적인 신의 섭리에 의한다고 주장하며, 더구나 그것을 과학적으로 증명하겠다고 기염을 토한다. 생명의 존재가 신의 섭리라는 것을 신학적으로 증명하고 설명한다면 납득이 가지만 과학적으로 하겠다니 무언가 모순을 느끼지 않을 수 없다. 과학적이라면 신의 힘을 배제시켜야 하면서 동시에 다시 신의 힘을 개입시키는 그야말로 패러독스가 아닐 수 없는데 말이다.

아리스토텔레스의 물리학은 착각하기 쉬운 육안에만 의존하는 불충분한 상식적 관찰결과를 철학적인 이론에 억지로 두드려 맞추어 일반화한 독단적인 부분이 많다. 예를 들어 물체가 땅에 떨어지는 것은 원래의 고향인 지구로 돌아갈려는 것이라고 생각하여 무거운 물체가 보다 빨리 떨어질 것이라고 주장했다. 하지만 이 주장은 유명한 갈릴레이의 피사의 사탑 실험에 의해 부정되었다. 아리스토텔레스도 물질이 고향을 찾는다는 식의 의식적 행동을 한다고 애니미즘적인 생각을 하고 있는 것이다.

그러나 생물학은 주의 깊은 관찰로 고래와 물고기를 구분하는 등 그 분류가 아주 엄밀하였다. 아리스토텔레스의 과학체계는 그야말로 방대하고 빈틈없이 잘 짜여져 있어서 오랜 세월에도 끄떡하지 않는 훌륭한 건축물처럼 2,000년의 시공을 지내온 것이다.

그러나 아리스토텔레스에 의해 탄생한 신생아인 과학의 성장은 그다지 순조롭지 못하였다. 이른바 중세암흑기에 들어선 것이다. 아마도 인류의 정신사를 가장 강하게 지배하고 있는 신(神)의 존재는 그만큼 컸던 것이다. 중세 1,000년 동안 인류는 막 태어난 과학이란 신생아는 돌보지 않고 신학에 몰두하였다. 다행스럽게도 아라비아인들이 마치 양아버지처럼 아리스토텔레스의 과학을 성장시키고 있었다.

아리스토텔레스의 과학을 비판하여 더욱 발전시키지 않고 그것을 경전(經典)시하여 모셔 둘 뿐 창조적인 연구자질을 신학을 연구하고 기독교를 전도하는데 소비해야만 했다. 그렇게 수도원의 구석에서 근근히 목숨을 연명해 온 과학이 드디어 청년이 되어 나타났다. 이른바 르네상스 시대이다.

갈릴레이의 렌즈의 과학

아리스토텔레스의 과학의 한계가 인간의 육체에만 의존했기 때문에 지워진 것이라면 갈릴레이로부터 시작된 근대과학은 그 한계를 벗어난 새로운 과학인 것이다. 즉 아리스토텔레스가 인간의 육체적인 경험만을 바탕으로 할 수밖에 없었기 때문에 관찰력이 좋은 사람과 나쁜 사람간의 의견 차이가 생길 수밖에 없고 표준적인 관찰결과를 수립하기 어렵다는 것이다.

즉 아리스토텔레스의 과학은 지극히 주관적인 색채가 강한 과학이라면, 갈릴레이의 과학은 훨씬 객관적이다. 즉 수치화된 표준적인 관측도구를 이용함으로서 누구나 같은 관측결과를 공유할 수 있게 되었다. 그다지 관찰력이 안 좋은 사람이라도 현미경 시야라는 제한된 영역만을 관찰하는 것은 쉬운 일이다.

렌즈의 발명

유리는 이미 상당히 오래 전부터 그릇이나 장신구로 사용하고 있었지만 대개 이물질 때문에 불투명하였다. 15세기에 들어 이탤리에서 투명한 유리를 얻게 되면서 렌즈를 만들 수 있게 되었다. 그리고 렌즈는 안경 따위로 이용되었다. 망원경이 언제 발명되었는지 분명하지 않지만 1608년에 네덜란드의 안경장인 리퍼세이(Hans Lippershey, ?~1619?)는 우연히 볼록렌즈와 오목렌즈를 조합하여 보면 먼 거리의 물체가 가까이 보이는 것을 알았다. 그리고 실용적인 망원경을 처음으로 만들었다. 이것은 주로 군사상의 필요로 유럽 각지에 전파되었다. 갈릴레이는 파리의 친구를 통해서 망원경의 이야기를 듣고 그 제작에 착수했다. 그는 망원경의 과학적 가치를 알고 매우 활발하게 사용하였다. 1609년에는 망원경으로 최초로 천체를 관측하였다. 육안으로는 알 수 없었던 우주의 신비가 30배율의 렌즈를 통해서 처음으로 밝혀지게 되었다. 아리스토텔레스는 그 학설에 의해 달은 완전한 구형이라고 주장하였다. 하지만 갈릴레이가 관찰한 달에 대한 스케치는 표면에 요철이 많은 것이 보인다. 그것을 지구에 빗대어 산과 바다라고 불렀다. 그리고 그 그림자의 길이로 산의 높이를 계산하기도 했다.

나아가 목성의 둘레에 4개의 위성이 있음을 발견했고 그는 토스카나 대공국의 지배자 메디치 가의 이름을 이 위성에 부여했다. 현재는 이오, 유로페, 가니메데, 카리스트로 불린다. 그는 태양의 흑점도 발견했다. 갈릴레이와 동시에 흑점을 발견한 독일의 천문학자 샤이나는 흑점을 대기의 오물로 인한 것이라고 생각했다. 그러나 아리스토텔레스의 학설을 믿지 않던 갈릴레이는 흑점이 태양 표면의 것이라고 확신하고 샤이나를 반박했다.

이 시기에 망원경만 발명된 것이 아니고 현미경, 온도계, 기압계, 시계 등 인간의 경험을 보다 정밀하고 정확하게 만들어 주는 과학도구들이 속속 발명되어 과학의 발전에 엄청난 가속이 붙었다.

아리스토텔레스는 예리한 관찰력으로 온갖 사물을 관찰하고 그 본질을 규명하려고 노력했지만 그는 자신의 생각이 옳다는 것을 확인하기 위한 실험을 하지 않았다. 그러나 갈릴레이는 철저한 실험으로 자신의 생각을 증명하고 확인하였으며 특히 망원경을 사용하여 육안에만 의존했던 인간의 관찰 영역을 비약적으로 확대시켜 주었다.

갈릴레이는 아리스토텔레스보다 실험을 더욱 엄밀하게 했다. 즉 과학의 정량화이다. 실험 데이터를 수치로 나타내어 쉽게 비교 분석할 수 있게 한 것이다.

렌즈 연마기술은 계속 비약적으로 발전하여 보다 고배율의 렌즈가 만들어지고 보다 먼 곳, 보다 작은 세계까지 들여다볼 수 있게 되었다. 렌즈의 발명으로 망원경과 현미경이 활발하게 제작되고 과학자들이 새롭게 열린 경험의 세계를 관찰하고 정리하느라 여념이 없었다. 레벤후크라는 아마추어 과학자는 손수 제작한 간단한 현미경으로 최초로 미생물의 세계를 들여다보는 행운을 잡는다.

렌즈 연마기술은 도제 식으로 전수되어 오늘날에도 독일에서 가장 정밀한 렌즈를 제작하며, 그 전통을 이어오고 있다. 렌즈의 가공 기술과 정밀도는 날이 갈수록 향상되어갈 뿐만 아니라 새로운 빛, 즉 전자파 등의 발견으로 전파망원경, 전자현미경이 개발되고, 더 나아가 입자가속기까지 등장하여 물질의 궁극적인 모습까지 보게 된 것이다.

망원경과 현미경은 분석의 도구이다. 크든 작든 자연을 기본 요소로 분해하여 보여줄 뿐이다. 이 분석의 도구 위에 요소환원주의라는 과학의 방법론이 통용된 것이다.

20세기말까지의 근대 과학은 육안이 렌즈에 의해 확대된 렌즈의 과학인 것이다. 그러나 렌즈로 들여다보는 세계는 극히 한정된 영역이고 따라서 단순할 수밖에 없었다. 이것이 갈릴레이에 의해 비롯된 제2차 과학 혁명의 한계인 것이다.

과학연구의 조직화

이제까지의 과학 연구는 아리스토텔레스 같은 천재들에 의한 개인적인 연구가 주된 것이지만 개인의 힘에는 한계가 있었으므로 연구자 집단이 필요하게 되었다. 아리스토텔레스의 사변적인 과학과는 달리 실험중심의 과학은 조직적인 연구집단이 요청되었다.

과학에 관심이 있는 귀족이나 부르조아는 살롱에 과학자들을 초대해 여러 가지 문제를 논쟁하는 장소를 제공했다. 베이컨은 뉴 아틀란티스에 솔로몬 관이라는 과학의 대 연구소 설립을 꿈꾸었다.

본격적인 과학자집단은 메디치 가가 후원하는 아카데미아 델 치멘토(실험학회 1657~67)이다. 이 플로렌스 학회의 멤버는 토리

첼리의 제자나 친구 등 10여 명이었다. 그들은 주로 온도나 기압, 소리에 관한 실험을 하고 공동으로 보고서를 작성했다.

1662년에는 최초의 근대적인 과학학회인 런던왕립협회가 발족되었다. 여기서 뉴턴이 성장하고 17세기말에는 최고의 명성과 권위를 획득했다.

실험실, 기계실, 천문대, 광학실, 도서실 등을 갖추고 장비로는 망원경, 사분의, 중력측정장치, 해심측정기 등이 있었다.

이때에도 아직 직업적인 과학자는 거의 없었다. 연구회원은 다른 직업을 가지고 있었다. 그 대부분은 귀족이나 대 상인이었다. 협회의 경비는 회비 등으로 충당했다. 회원은 선거로 회장, 부회장, 이사 및, 서기를 갖추고 이들이 협회를 운영했다.

이 협회는 과학에 관심이 있는 사람들이 자주적으로 결성한 것이라서 왕이나 귀족 등의 개인적인 사정으로 연구 목적이나 방법 등이 좌우되지 않았다.

이 점에서 보면 한국의 연구소는 대부분 국가나 대기업이 인위적으로 세운 것으로 연구원들의 사명의식은 저조하고, 연구비의 지원은 부족하며, 연구원들은 가시적인 성과만 올리기에 급급하여 좋은 성과가 나오기 어렵다는 것을 지적해 두어야겠다. 한국이 진정으로 과학기술 강국이 되려면 과학에 진정한 관심을 가진 사람들이 모여 결성된 과학학회가 창설되어야 한다.

아무튼 이제 과학은 개인의 것이 아니고 집단의 것이 되어 보다 엄밀한 객관성을 확보하게 되었다.

현대-컴퓨터의 과학

렌즈가 눈이라는 육체적인 능력을 확장시켜 주는 도구에 지나지 않는다면 컴퓨터는 사고의 도구이다. 인간의 뇌에만 한정되어 이루어지던 사고를 뇌의 외부에서도 할 수 있는 가능성을 열어 놓은 것이 컴퓨터이다. 지금의 컴퓨터는 비록 스스로 사고하는 능력은 없지만 인공지능은 스스로 사고할 수 있는 완벽한 외부의 뇌인 것이다.

육체의 도구와 사고의 도구는 질적인 차이를 가져올 수밖에 없다. 이 질적인 차이가 바로 단순성의 과학과 복잡성의 과학이라는 차이로 이제 드러나는 것이다. 아리스토텔레스의 과학이나 갈릴레이의 근대과학은 모두 단순성의 과학이다. 인간은 매순간 하나의 경험밖에 하지 못한다. 따라서 복잡한 현상을 연구하는 것은 매우 어렵다. 비상하게 기억력이 좋다면 여러 가지 경험을 한꺼번에 하겠지만 말이다. 이 인간의 기억력 한계를 컴퓨터가 극복시켜 주어서 인간은 컴퓨터를 통해 복잡한 현상을 자세히 경험할 수 있게 되었다고 말할 수 있다.

컴퓨터의 역사를 보면 알겠지만 애초에 컴퓨터는 단순히 수치 데이터만을 처리하기 위해서 만들어졌다. 즉 컴퓨터는 전자 주판인 것이다. 엄청나게 많은 수치를 정확한 정밀도로 매우 빠르게 계산해 내었다. 그런데 막강한 계산력을 갖춘 컴퓨터는 수치 데이터만 처리하는 계산기만으로 머무르지 않고 여러 방면으로 활용되고 응용되기 시작하였다.

먼저 엄청난 데이터를 저장하고 분류 정리하는 데 이용되고, 예술가들의 창작을 돕는 도구로 활용되고, 과학자들이 엄청난 돈을 들여 복잡한 실험실을 만들어야 가능할 대규모의 실험을 컴퓨터 속의 간단한 모의실험으로 대신할 수 있게 해주었다. 가상 현실, 가상 실험실의 등장이다.

지금 과학자들은 생물이 진화의 산물이라는 점을 의심의 여지없이 믿고 있다. 그러나 진화론은 아직도 정설이 아니다. 가설에 지나지 않는다. 길게는 몇억 년 짧게는 몇백만 년이라는 엄청난 시간을 필요로 하는 진화 현상을 결코 실험으로 확인하여 보여줄 수 없기 때문이다. 아무리 강력하고 설득력 있는 이론이라도 그것이 실험으로 검증되지 않는 한 과학은 정설로 인정해 주지 않는다. 그런데 진화를 실험할 방법이 생겼다. 그것은 가상 생태계를 컴퓨터 속에 만들어 놓고 시간을 아주 빨리 가게 해준다. 마치 오랜 시간 동안 서서히 일어나는 꽃이 피는 모습이나 구름이 흘러가는 것을 필름에 그대로 담아 놓았다가 필름을 빨리 감으면서 스크린에 비추어 보면 그 전체적인 변화 양상을 쉽게 관찰할 수 있는 것과 같다.

반복하지만 렌즈를 비롯한 온갖 관측 도구들은 단순히 육안의 세계 즉 감각의 세계를 확대시켜 준 것에 지나지 않는다면, 컴퓨터는 이성의 세계 즉 사고의 세계를 확대시켜 준 것이다. 부처는 오감 〔불교식으로 말하면 오식(五識)〕을 차단하여 무념무상(無念無想)의 세계로 들어가 이성의 세계를 확대하여 정각(正覺) 즉 깨달음을 얻었다고 한다.

현대의 과학자는 컴퓨터를 이용하여 이성의 세계를 확장하고 있는 것이다. 플라톤이 갈구했던 이데아의 세계를 컴퓨터로 열어 가고 있는 것이다.

컴퓨터는 우리가 예전에는 결코 상상할 수 없는 것을 보여줄 수 있다.

요즘의 SF영화는 대부분 컴퓨터 그래픽이 특수 효과를 담당한다. 『터미네이터2』 *Terminator*에 등장하는 액체로봇, 『인디펜던스데이』 *Independence Day*에서 보는 거대한 우주선과 백악관 폭파 장면, 『볼케이노』 *Volcano*의 도시 한복판의 용암 분출 장면, 『스타쉽 트루퍼스』 *Starship Trupers*의 거대한 수백만 마리의 외계 곤충들, 영화감독들은 입을 모아 말한다. 이제 남은 것은 상상력의 문제라고!!

영화만이 상상력의 문제가 아니다. 과학자도 이제 자신의 상상력의 한계가 어디인지 생각해 볼 때이다. 상상력이 빈곤한 과학자는 과학자로서 성공을 보장받지 못하는 시대이다. 그저 열심히 실험하고 노력한다고 해서 되는 시대는 서서히 지나가고 있다.

3. 새로운 과학의 시대로

과학은 혁명적으로 발전한다.

앞에서 과학은 불연속적인 혁명적 발전을 거듭한다고 말하였다. 쿤의 『패러다임론』에 그 이유를 자세히 설명하고 있지만 그런 이유 중의 하나가 바로 새로운 관찰 도구의 획득이 아닌가 생각한다.

과학(경험과학)이 경험을 바탕으로 하는 한, 경험이 과학지식의 근원인 한, 전에 없던 새로운 경험의 세계가 열리게 되면 과학은 변할 수밖에 없다. 이러한 일은 비단 과학만의 일은 아니다. 정치 경제 모든 인간사의 세계도 마찬가지다. 쇄국적인 조선시대의 정치인은 조선이라는 세계에 대해서만 정치를 생각하면 충분하였지만 조선말이 되어 세계 열강이 들이닥치자 정치역학이 크게 변하게 되는 것과 같다.

인간의 경험세계가 연속적으로 확대되어 가는 것이 아니고 새로운 관찰도구를 통해 비약적으로 확대되기 때문에 과학은 혁명을 통해 발전하게 된다.

이제 과학의 미래는 무엇인가? 상상해 보자. 상상을 도와주기 위해 다시 한 번 과거의 과학을 정리해 보자.

처음에는 단지 현상의 관찰에만 머물렀던 것에서 여러 현상들의 배후에 숨어있는 공통적인 본질을 추구한다는 체계적인 학문으로 정립된다. 필자는 이것을 과학의 탄생 또는 제1차 과학혁명이라고 부르고 싶다. 즉 아리스토텔레스의 '육안의 과학'은 제1차 혁명인 것이다. 눈으로 볼 수 있는 세계만을 이론의 대상으로 삼은 것이 그 특징이다. 갈릴레이에 의한 제2차 혁명은 직접 눈으로 볼 수 없는 세계도 실재한다는 것을 인정하게 만들었다. 처음에 갈릴레이가 망원경으로 관측한 달의 모습을 사람은 믿지 않았다. 어떻게 직접 눈으로 볼 수 없는 것을 믿겠는가? 망원경에 무언가 귀신이 장난을 부리는 거겠지 하는 반발이 있었다.

그리고 이제 컴퓨터에 의해 제3차 과학 혁명이 시작되었다. 이 혁명에서도 마찬가지 반발은 있다. 로렌츠가 컴퓨터를 이용해 일기예보를 하다가 카오스(chaos)를 발견했을 때 로렌츠 자신도 믿지 못했다. 지금 사람들은 컴퓨터가 만들어 내는 세계를 가상현실이라고 부른다. 하지만 인간이 직접 바라보는 현실이라는 것도 사실은 우리의 뇌가 뇌 안에 가상으로 만든 세계에 대한 모델을 보는 것에 지나지 않는다. 즉 현실을 직접 보는 것이 아니고 현실에 대한 모델만을 보는 것이다.

어차피 우리는 칸트가 밝힌 것처럼 물자체(物自體, Ding an sich)를 보지는 못한다. 우리는 우리의 감각 기관이 만든 가상적인 뇌 안의 모델만을 볼뿐이다. 우리에게 애당초 진짜 현실은 없는 것이다. 컴퓨터가 만든 현실은 가상 현실이라고 부르기보다는 '인공현실'이라고 부르는 것이 개념적으로 옳지 않을까?

가상현실 ─┬ 자연(가상)현실 : 인간의 뇌가 만든 세계모델
　　　　　└ 인공(가상)현실 : 컴퓨터가 만든 세계모델

아무튼 렌즈를 통해서 본 세계가 진실인 만큼 컴퓨터를 통해서 보는 세계도 진실이다. 이제 제4차 과학혁명이 기다리고 있다. 아니면 더 이상 과학의 진보는 끝장인지도 모른다. 문제는 독자 여러분의 상상력의 문제인 것이다.

분석도구들의 극치

육안으로부터 시작된 자연관찰의 역사는 자연을 낱낱의 것으로 분석하는 도구를 제작하는 역사였다. 렌즈에서 입자가속기까지 인간은 자연을 분해할 만큼 해버렸다. 이제 이렇게 분해된 기본 요소들을 다양하게 조합해 봄으로 해서 새로운 것을 창조하고 싶어할 것이다. 그러나 그 조합의 방법은 결코 단순한 것이 아니다. 우선 가상으로 조합해 보고 그 결과를 예측해 보고 싶다. 무엇으로 그것을 할 수 있을까? 이제 과학자들은 새로운 도구를 기다리지 않으면 안 된다.

분석도구의 극치는 원자 하나 하나까지 마음대로 조립할 수 있게 되었다. 이른바 나노테크놀러지(nanotechnology)의 등장이다. 분석만 하던 시대에서 분석의 극에 이르자 이제는 합성의 시대, 종합의 시대가 시작되려는가 보다. 가상의 세계를 합성해 내는 가상현실에서부터 분자나 원자를 임의로 결합하여 이제까지는 존재하지 않는 신기능을 지닌 재료의 등장, 분자기계의 등장으로 의료기술, 반도체공학 등 이곳저곳에서 혁명이 일어나고 있다. 이 작은 혁명들이 종합되어 복잡성 과학이라는 혁명이 시작된 것이다. 앞으로의

새로운 과학혁명도 새로운 과학의 도구가 등장하기까지 기다려야 할 것이다.

새로운 과학의 시대로

컴퓨터가 새로운 과학을 태어나게 하였다. 우리가 과학사를 되돌아본 것은 단순히 과거의 과학을 아는 것에 있는 것이 아니다. 새로운 과학을 깊이 이해하고 거부감 없이 받아들이기 위해서이다. 복잡성 과학이라는 새로운 과학은 기존의 과학과는 상충되는 면도 있어서 낯설게 느껴진다. 하지만 아무리 새로운 과학이라도 과거의 것과 완전히 단절된 것은 아니다. 과거의 것의 연장선상에서 컴퓨터라는 도구가 덧붙여진 것에 지나지 않다는 점을 명심하라. 새로운 복잡성의 과학 때문에 과거의 것을 모두 폐기처분하는 것은 아니다.

사랑을 시작하는 연인끼리는 서로 상대방의 과거에 대해 알기를 원한다. 그것을 듣고 한없이 행복해 한다. 마치 상대방과 예전부터 잘 알고 지냈던 사이가 되는 것 같은 착각이 들지도 모른다. 또는 그 숱한 날들을 사랑하는 사람과 함께 할 수 없었던 것에 대한 안타까움인지도 모른다. 상대의 과거를 알아야만 지금의 상대를 미래의 상대로서 앞으로 사랑할 수 있기 때문이다.

우리는 과거의 과학의 모습을 알고 새로운 과학의 시대로 앞서서 나아가야 한다. 지금 새로운 과학에 뛰어드는 것을 망설이는 사람이 있는가? 주저하지 말라, 용기를 가지고 고백하라. 복잡성 과학, 그대를 이 한목숨 다 받쳐 사랑한다고!

제 2 장
단순성의 과학

앞에서 훑어보았던 과학의 역사에서 아리스토텔레스로부터 20세기까지의 과학이 바로 단순성의 과학이다. 이제 우리는 이 단순성 과학의 본질을 자세하게 살펴보고자 한다.

과학사의 시대구분

시간이 갈수록, 성장할수록 우리의 시야는 점점 확대되어 간다. 즉 우리의 세계관이 넓어지는 것이다. 그 전에는 보이지 않았던 것을 보게 됨으로써 전체적인 모습을 다시 재정립하여야 한다.

우리는 이제까지 과학을 그냥 과학이라고만 불렀다. 그러나 우리가 복잡성의 과학에 눈을 뜨게 되자 이제까지 과학의 전부라고 생각했던 것이 사실은 지극히 좁은 범위의 단순성의 과학에 지나지 않는다는 것을 깨닫게 된 것이다. 아니 깨달아야만 한다.

단순성의 과학은 이제까지 우리가 과학이라고 불러오던 것을 말한다. 좀더 정확하게 규정하자면 단순한 시스템을 연구하는 것이 단순성의 과학이다. 단순한 시스템은 선형적이고, 요소환원적이며 결정론적이다. 물론 아리스토텔레스의 지적 세계를 완전히 무시하고 그의 학문이 몽땅 단순성의 과학이라는 범주에 들어간다고 주장하는 것은 아니다. 지금도 아리스토텔레스의 숭배자들이 있는데 그들은 아마도 필자에게 아리스토텔레스의 철학은 결코 단순한 게 아니라고 따질지 모른다. 그렇다면 곤란하다.

당연히 아리스토텔레스의 사상체계는 웅장하며 그 지적 세계는 풍부하고 다양하다. 하지만 자연과학이라는 작은 영역만을 본다면 그리고 아무리 그가 2,000년 후에 나타날 복잡성의 과학을 예견할 만큼 뛰어난 지견이 있었다 해도 그 시대의 제약은 그가 단순성의 과학을 세울 수밖에 없게 했으며, 오늘날 우리가 보는 복잡성의 과학에서 말하는 여러 가지 구체적인 내용은 없다는 의미에서이다.

실제로 이미 플라톤이나 레오나르도 다빈치, 포앙카레 등은 카오스 현상을 잘 알고 있었으며, 포앙카레는 구체적으로 카오스 현상을 수리적으로 분석하고 있다. 하지만 그들이 모두 복잡성의 과학을 본격적으로나 의식적으로 연구했다고 하기에는 무리가 있는 것이다. 역사가가 뚝 잘라서 어디서부터 어디가 고대, 중세, 근대라고 말할 수 없지만 그러한 구분이 필요한 것처럼 어디까지나 필요에 의한다는 점이다. 그래서 그것을 통틀어 단순성의 과학이라고 정리해 두는 것이 좋다는 의미이다. 그것이 바로 시야의 확대를 가져오기 때문이다.

1. 단순성의 과학이란 무엇인가?

자연은 단순하다

1분 이내에 간단하게 말하라, 그럴 수 없다면 침묵하라! 이것이 사교계에서 이제까지의 미덕이다. 웅변이나 연설도 단순명쾌할수록 지지를 많이 받는다. 영국 속담에 정직이 최선의 정책이라는 말도 그 뜻이다. 거짓말은 새로운 거짓말을 기하급수적으로 만들어내어 너절한 변명을 늘어놓기 일쑤이다. 말도 안 되는 변명을 줄줄이 늘어놓는 부패한 우리나라 정치인들을 보더라도 진실은 단순함 속에 숨어있다는 것을 쉽게 알 수 있다.

자연을 대상으로 하는 과학자들의 이론도 단순명쾌할수록 높이 평가받는다.

자연은 단순하다.(Nature is simple.)

자연은 기하학처럼 명쾌하다. 이것이 이제까지 과학자들의 신념이고 자연관이었다. 이 신념에 따라서, 자연을 설명하기 위한 과학자들의 이론도 단순명쾌할수록 높게 평가되었다. 뉴턴의 운동방정식이나 아인쉬타인의 상대성이론은 대칭성을 갖춘 아름다운 이론이다. 되도록 적의 수의 원리를 가지고 자연의 모든 현상을 깔끔하게 설명한다. 이것은 이제까지 과학자들 간의 상식이었다.

실지로 뉴턴의 운동방정식이나 아인쉬타인의 방정식을 보라. 얼마나 간단명료한가!!

F(힘)=ma(질량×가속도)　　E(에너지)=mc^2(질량×광속도^2)

뉴턴의 운동방정식　　　　　　아인쉬타인 방정식

우리가 항상 쓰고 있는 힘의 본질에 대해서 뉴턴의 방정식만큼 간단명료하게 설명할 수 있는가!! 어떤 물체가 내는 힘이란 것은 그 물체의 질량에다 지금 그 물체가 가지고 있는 가속도를 곱한 것이라고 간단하게 정의했던 사람은 뉴턴 이전에는 없었다.

또 우리가 항상 쓰고 있는 여러 가지 에너지에 대해서 아인쉬타인만큼 간단하게 설명했던 사람은 없었다.

그리고 이 신념을 바탕으로 오늘날 20세기의 위대한 과학시대를 열어옴으로써 그들의 신념이 옳다는 것을 실증하였다. 즉, 뉴턴의 운동방정식을 이용해서 운동하는 물체의 무게와 힘의 관계를 계산하여 자동차를 만들 때 엔진의 마력을 결정할 수 있는 것이다. 계속해서 뉴턴의 과학은 기차, 자동차를 만들어내고, 우주선을 쏘아올렸으며, 아주 간단한 스위치 회로를 이용해서 엄청난 계산능력을 자랑하는 슈퍼컴퓨터를 개발했고, 그리고 아인쉬타인의 방정식을 이용해서 저 가공할 핵무기를 개발했으며, 히로시마와 나가사끼의 비극을 초래하기까지 했지만 2차 대전을 연합군의 승리로 이끌게 했음은 모두가 잘 아는 사실이다.

누군가 숲을 밭으로 만들기 위해 나무를 베어 없애라고 두 하인에게 일을 시켰다. 한 사람은 일일이 나무의 가지를 하나하나 잘라내어 한 그루 한 그루의 나무를 베어냈다. 다른 한 사람은 나무의 밑동만을 잘라 거목을 일시에 쓰러뜨렸다. 주인의 눈으로 볼 때 후자 쪽이 일을 잘하는 것으로 보인다. 그는 자연의 본질 즉 나무의 근간을 잡아 빠른 시간에 숲을 없애 버렸다. 가지를 일일이 자를 것이 아니라 근간이 되는 줄기만 자르면 모든 가지가 잘린 거나 마찬가지다. 자연현상을 설명하는 데도 하나의 원리로 모든 것을 설명할 수 있다면 그것이 가장 좋은 것이다. 이 하나의 원리가 바로 절대진리라고나 할까?

자연 정복관은 이처럼 자연을 단순하게 보아 넘긴다. 적을 제압하는데 적의 급소를 적은 병력으로 공격함으로써 쉽게 제압하는 것과 같다고나 할까! 삼국지에 보면 조조는 70만 대군의 원소 군을 맞아 어떻게 대적할까 궁리하던 중 스파이를 통해 군량미 저장소를 알게 된다. 조조는 즉시 특공대 몇 명만을 보내 엄청난 군량미를 태워 버림으로써 70만 대군을 하루아침에 알거지로 만들어 쉽게 제압하였다. 급소를 당하면 아무리 거대한 괴물이라도 꼼짝 못한다. 고대 그리스 이래로 인간에게 자연은 단순한 것이었다. 하지만 그것은 서양인의 관점이고 동양인의 눈에는 자연은 어슴푸레한 안개 속에 가려진 신비롭고 불가사의한 기(氣)의 흐름으로 매우 복잡한 존재였다. 이처럼 풍토는 인간의 사고를 지배하는 가장 중요한 요소인 것이다. 이런 이유 때문에 복잡성 과학의 내용은 상당 부분 동양의 철학과 일맥상통하고 있다.

왜 무엇이 단순한가?

단순성의 과학은 단순한 시스템을 연구하는 과학이라고 했지만, 막상 단순하다는 말은 매우 막연하다. 무엇이 왜 단순하다는 것인가? 먼저 단순함이 무엇인가 대강이나마 분명히 해두어야 한다. 이제까지 단순하다는 말을 아무런 정의도 없이 줄기차게 사용하여 왔다. 하지만 꼬치꼬치 따지기 좋아하는 독자라면 대뜸 도대체 어떤 조건을 만족해야 단순한 것이라고 하는 것인가? 하고 질문할 것이 뻔하다. 단지 이제까지 단순하다는 말은 상식적인 의미로 사용하여 왔다. 즉 복잡함의 반대라는 의미이거나 한눈에 파악할 수 있는 것, … 흔히 패션디자이너들이 사용하는 심플한 디자인이라는 뉘앙스 정도로 이해해도 상관은 없다. 하지만 단순성의 과학이 되면 정말 이야기가 달라진다. 과학은 분명한 조건을 제시해 줄 것을 요구하기 때문이다.

이제 단순성이 무엇인지 좀더 분명히 해두자. 물론 아직도 수학적인 정확한 정의는 아니라는 점을 양해해 주기 바란다. 물론 수학적으로 단순성이 정의되어 있지도 않지만 말이다.

단순한 시스템

단순한 시스템 즉 단순계(單純系)는 어떻게 이루어져 있을까? 어떤 요소들로 이루어져야 단순하다고 할 수 있는가 이런 입장에서 생각해 보자.

먼저 구성요소가 어떤 것이든 둘 이하인 것은 단순한 것이다. 흔히 멜로 드라마에서 삼각 관계는 복잡하다는 말도 있지만 실제로 물리학에서도 삼각 관계는 대부분 해답을 찾을 수 없다. 즉 천체물리학도가 자주 접하는 3체 문제가 그것이다. 뉴턴역학에서는 2체 문제만을 다룬다. 하지만 태양계는 분명히 수성, 금성, 지구, 목성, 토성 등의 여러 개의 행성들로 구성되어 있고 더구나 소행성이라는 무수히 많은 바위 덩어리들도 태양계의 구성요소이다. 따라서 정확하게 지구의 공전궤도를 계산하기 위해서는 비록 미약하기는 하지만 이 모든 구성요소들의 인력을 계산에 넣어야 한다. 그래서 제기된 문제가 태양계의 안정성에 대한 문제이다.

하지만 포앙카레는 3체 문제만 되어도 결코 해를 구할 수 없다는 것을 증명하였다. 즉 구성요소가 3개만 되어도 벌써 복잡한 현상이 나타난다는 것이다. 그러나 어떤 것이라도 구성요소가 단 둘뿐인 것은 그 결말이 단순하다. 청춘 남녀도 단 둘만 남겨 놓으면 답은 간단하게 나와 버린다. 즉 완전히 결별하든지 결혼하든지 둘 중 하나다. 하지만 셋이 되면 그야말로 한편의 드라마가 시작되는 것이다.

두번째 단순한 것은 구성요소가 아무리 많아도 좋지만 그 구성요소들간에 거의 아무런 상호작용이 없는 것은 단순한 시스템이다. 예를 들어 모래더미가 그것이다. 수많은 모래알이라는 구성요소로 이루어져 있지만 모래알끼리는 아무런 상호작용이 없기 때문에 모래더미에서는 어떤 복잡한 현상도 자기조직되어 나타나지 않는다. 때로는 일정한 용기내의 기체나 은하계처럼 엄청난 수의 요소로 구성된 경우도 있다. 이 경우는 통계적 평균화로 그 성질을 논의한다. 이에 대해 복잡계는 에이전트라고 부르는 상호작용이 적당한 복잡한 요소로 구성되어 있으며, 그 수는 중규모 정도이다. 아무튼 반대로 복잡한 것은 이 단순한 것을 제외한 대부분의 시스템이다. 복잡한 시스템의 구성요소는 학자에 따라 에이전트라고 이름 붙이기도 하고 홀론이라고 부르기도 하며, 관계자, 바이오 홀론, 세포 자동자라고 부르기도 한다. 이들은 모두 어느 정도 상호작용이 있으며, 그 상호작용은 알맞은 여건이 주어지면 활발해진다.

단백질도 생체시스템의 에이전트이다. 대개 단백질은 30℃ 근방에서 가장 활발한 활동을 보인다. 그러나 모래알은 수 1,000℃ 이상의 온도가 아니라면 아무런 상호작용도 없다.

단순한 모양만을 연구하는 기하학-유클리드 기하학

우리가 중학교에서 배우는 유클리드 기하학은 자와 컴퍼스로 그릴 수 있는 삼각형이나 원같이 단순한 모양(도형)에 대한 수학이다. 이 기하학은 이들 간단한 도형들에 관한 성질 등을 조사하고 그들 사이의 관계를 설명하는 것이 목적이다. 이 기하학은 이 세상의 모든 모양(도형)에 대해서 그 성질을 조사하고 알고자하지만 이 기하학에는 내재하는 한계가 있다. 그 한계를 상징하는 것이 바로 '3대 작도난문'이다. 자와 컴퍼스를 유한 번 사용하여 그릴 수 없는 간단한 도형이 존재한다는 것이 그 내용이다. 하물며 복잡한 모양이야 말할 것도 없다.

즉, 나뭇잎이나 깨진 유리조각처럼 불규칙하고 우연히 형성된 모양에 대한 해석은 속수무책이다. 구름이나 솜털같이 보풀보풀한 모습에 대해서도 마찬가지다. 이러한 모습들은 자연에서 쉽게 볼 수 있는 모양인데도 불구하고 모양의 학문이라는 기하학은 전혀 손을 댈 수 없다는 것이다. 이것이 유클리드 기하학의 한계다.

온갖 모양을 수리적, 또는 논증적으로 연구하는 학문인 기하학은 모양의 기본요소는 무엇인가? 도형의 기본요소는 무엇인가? 하는 의문부터 추구하고 있다. 물론 두말 할 것도 없이 도형의 기본요소는 점(點)이다. 그러나 점은 너무도 단순하다. 이것만으로 온갖 모양의 도형을 설명하게 된다면 너무나 설명이 길어지고 복잡할 것이다. 즉 모든 물질의 성질을 규명하는 데 원자만을 이용해서 설명하라면 화학자로서는 난감해질 것이다. 수백만 가지의 물질의 성질을 설명하는 데는 원자보다는 분자라는 덜 기본적이지만 원자보다는 훨씬 안정적이고 더욱 다양한 단위가 필요한 것이다. 즉 기하학의 원자가 점이라면 온갖 모양을 만들어 내는 기본적인 분자를 필요로 한다. 기하학의 분자란 점들의 배열 방식을 말하는 것이라고 해 두고 싶다. 즉 '직선'이란 점들이 오로지 정확하게 앞뒤로 배열된 것이고, 원이란 일정하게 약간씩 좌로나 우로 그 배열이 휘어지는 것이라고 볼 수 있다. 점들의 배열 방법에는 이 두 가지 방식 이외는 생각할 수 없다. 물론 이런 주장은 정확한 수학적인 주장은 아니다. 단지 기하학을 원자론적으로 나름대로 해석해 본 정도라 하겠다.

기하학의 기본적인 분자는 직선과 원이라고 그리스의 수학자들은

생각했던 것이 아닐까? 이 두 개의 분자만으로 모든 도형을 구성할 수 있다고 믿었음이 분명하다. 그래서 그들은 곧 온갖 기하학적 모양을 자와 컴퍼스만을 가지고 작도하는 문제에 매달리기 시작한다. 이것이 2,000년 동안 수학자들을 괴롭힌 작도의 3대 난문의 시작이라고 필자는 생각하고 싶다.

뉴턴의 미적분학도 단순한 모양을 연구하는 것에 지나지 않는다. 미적분학은 유클리드 기하학보다는 좀더 복잡한 모양을 연구대상으로 하고 있다. 즉 자와 컴퍼스로만 그릴 수 없는 도형도 연구의 대상이 되었다. 그것은 함수라는 것을 사용함으로써 가능하게 된 것이다. 하지만 여전히 본질적으로 단순한 즉 미분가능한 곡선만을 연구한다는 것이다.

아마도 중학교에서 기하학을 배운 학생들은 곧 이런 의문을 가질 것이다. 처음에 시작할 때는 모든 모양을 설명해 내겠다는 패기로 시작하고서는 겨우 삼각형, 사각형, 원 등의 아주 단순하고 시시한 모양만을 설명하는 데 그치고 만다. 시시하다고 투덜대는 학생도 있을 것이다. 반복하지만 사실 우리 주위에는 온갖 복잡하고 불가사의한 모양이 가득하다. 추운 겨울 아침 창가에 피어 있는 얼음꽃, 이리저리 얽히고 설킨 나무잎맥의 모양, 번개의 모습 등 이런 무질서하면서도 복잡한 모양을 설명할 새로운 기하학이 등장하였다. 이 기하학은 어느 곳에서도 미분 불가능한 기묘한 도형 등을 연구한다.

만델브로트라는 수학자는 자연의 복잡하고 아름다운 모습들에 대해서도 수학적으로 처리할 수 있는 길을 모색해 내었다. 만델브로트는 컴퓨터로 이런 복잡한 모양에 대한 알고리즘이나 확률값을 조사해 냈다. 즉 복잡한 모양도 수리적으로 해석할 수 있다는 것이다. 그러한 새로운 기하학을 프랙탈 기하학이라고 한다. 한마디로 프랙탈 기하학은 복잡한 도형에 대한 기하학이라고 할 수 있다. 이 기하학에서는 자와 컴퍼스만을 고집하지 않는다.

유클리드 기하학이 직선과 원호만을 도형을 만드는 기본요소로 생각한데 대해서 프랙탈 기하학은 다음 그림과 같은 다양한 모양의 생성자(generator)를 기본요소로 하고 있으며, 이들 요소를 유한 번만 사용하는 유클리드 기하학에 대해서 프랙탈 기하학은 무한 번 사용한다는 특징이 있다. 이러한 이유로 프랙탈 기하학은 자와 컴파스 대신에 컴퓨터 그래픽이라는 새로운 작도 도구를 사용한다. 즉 단순함은 단순한 요소를 유한 개만 이용하는데 복잡함은 비록 단순한 것이라도 무한 번 사용함으로써 나타난다는 것을 알 수 있다. 즉 단순과 복잡의 차이에 무한이 숨어있는 것이다.

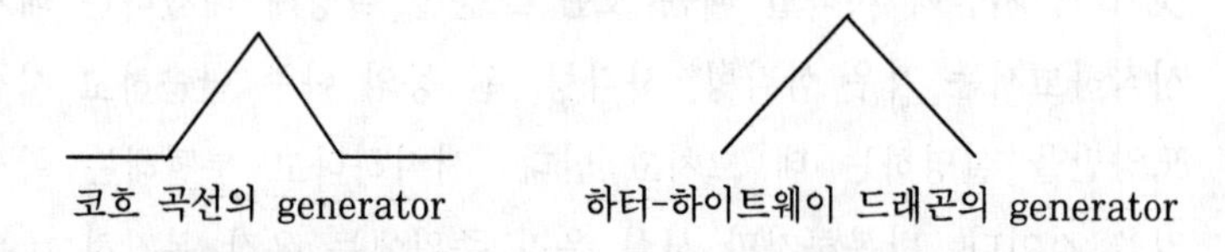

프랙탈 기하학에 대한 더 자세한 내용은 『프랙탈과 카오스』를 참조하기 바란다. 기하학도 컴퓨터가 등장함으로써 단순한 기하학으로부터 복잡한 기하학으로 변해 가고 있는 것이다.

2. 단순성 과학의 특징

인과율

고대의 철학자들은 존재의 본질을 찾기 위해 숱한 세월을 고민하였다. 하지만 아무도 만족할 만한 것을 얻을 수 없었다. 그래서인지는 몰라도 무언가 방향에 잘못이 있다고 생각했는지 만일 우리가 존재의 본질을 찾았다 해도 그것을 어떻게 알아볼 것인가? 하는 의문을 품었다. 즉 우리가 존재의 본질을 못 찾은 것이 아니고 바로 앞에 두고 못 알아보는 것은 아닐까? 하는 의심인 것이다. 이른바 인식론 문제의 대두이다.

인간의 인식이란 인과율에 바탕을 두고 있다. 인과율이란 원인이 있으면 반드시 결과가 있다는 것이다. 우리가 어떤 결과를 이해한다 또는 알았다는 것은 그 원인을 찾았을 때이다. 다음 두 노인의 대화를 보자.

A노인 : 자네 저기 가는 저 젊은이를 아나?
B노인 : 암, 알고 말고 저 건너 마을 김가의 장남이라네

즉 젊은이를 안다는 것은 그 젊은이를 만들어 낸 원인을 안다는 것이다. 우리에게 원인은 이미 알고 있는 기지의 사실이다. 미지의 것은 이 기지의 사실과의 어떤 관계에서 파악한다. 즉 기지의 것과 반대되는 것인가, 아닌가 또는 상하 관계인가, 애증의 관계인가 등 이것이 우리의 인식 원리이다. A노인이 모르는 미지의 젊은이를 잘 아는 김가와 부자 관계를 맺어줌으로써 비로소 알게 된다.

원인이 기지의 사실이라는 이야기는 과거의 것이라는 이야기다. 결과는 당연히 미래의 것이다. 찰나의 현재에 서 있는 우리는 과거

의 원인으로부터 미래에 어떤 결과가 나오는지 보는 것이다. 당연한 이야기지만 하나의 원인은 오로지 하나의 결과만을 반드시 만든다. 사실 어쩌면 하나의 원인이 두 개 이상의 결과를 만드는 지도 모르지만 어째든 우리는 하나의 결과밖에 보지 못한다. 이것은 무엇을 의미하는가? 조금만 수학적 소양이 있는 사람이라면 이것은 바로 함수라는 것을 깨달을 것이다. 그렇다! 인식론은 수학에서 함수로 표현되는 것이다. 함수란 일의 대응이다. 즉 하나의 원인은 오로지 하나의 결과를 반드시 만들어야 일의 대응이 성립한다. 원인의 집합과 결과의 집합에는 일의 대응이 성립하는 것이다.

실물(원인)과 그것을 찍은 사진(결과)을 비교해 보라. 어김없이 일의 대응이 이루어지고 있다. 즉 실물을 사진기가 인식하여 필름에 그 모델을 만드는 작업은 바로 일의 대응인 것이다. 인식의 원리는 이처럼 우리의 뇌 안에 실물에 대한 모델을 만드는 작업인데 이 작업이 바로 함수(일의 대응)이다.

우리는 하나의 원인이 동시에 두 가지 결과가 되어 나타날 때 매우 혼란스러움을 느낀다. 즉 귀신이 곡할 노릇이라는 것이 바로 그것이다. 같은 시각에 어떤 사람이 상당한 거리를 두고 있는 두 마을에서 발견되었다면 그 두 사람 중 하나는 분명히 가짜이거나 유령이라고 밖에 생각할 수 없는 것이다.

단순성의 과학은 철저하게 이 인과율을 신봉하는 과학이다. 명탐정 홈즈, 형사 콜롬보 모두 이 원리를 이용해서 범인을 추적한다. 즉 알리바이 증명으로 교묘하게 숨어 있는 범인을 찾아내는 것이다.

그런데 복잡성의 과학은 이 인과율이 적용되지 않는 현상을 보여준다. 즉 하나의 원인이 두 가지 이상의 결과를 만들 수 있다는 것이다. 예를 들면 창발현상이나 로렌츠의 나비효과가 그것인데 아무리 똑같은 조건을 주어도 항상 똑같은 결과를 가져오지 않는다. 참으로 불가사의하다.

선형성

수학시간에 함수를 배울 때 선형함수라는 말을 들어본 적이 있을 것이다. 선형이란 원인(독립변수)이 변한 만큼 결과(종속변수)도 변하는 것이다. 즉 1차 함수는 가장 전형적인 선형함수이다. 단순성의 과학은 선형성을 중요하게 여긴다. 선형성은 예측하기가 쉽기 때문이다. 즉 원인의 변화정도만 알면 결과가 얼마나 변할 것인지 함수 식을 이용해서 쉽게 계산할 수 있다.

그리고 꼭 1차 함수가 아니더라도 일단 함수관계가 성립하면 조금더 시간이 걸릴지라도 결과를 계산할 수 있다. 그러나 여러분이 알다시피 주식시장에서 주가변화를 결정하는 법칙은 없다. 즉 주식값이 변하는 곡선그래프를 아무리 보아도 그것을 하나의 함수 식으로는 나타내지 못한다. 주식시장은 피드백효과가 있기 때문에 비선형적인 변화를 자주 보인다. 평범한 사업가를 자살로까지 몰고 가는 주식의 대 폭락 사태 등이 그 전형적인 사태의 하나이다.

단순성의 과학에서는 피드백효과를 그다지 고려하지 않는다. 따라서 선형적인 것만을 다룬다고 할 수 있다.

안정성

대부분의 단순계는 안정되어 있다. 안정이라는 말은 에너지준위가 밑바닥이라는 의미이다. 즉 웅덩이 안에 들어간 골프공은 위치에너지가 밑바닥이다. 따라서 스스로 움직이지 않는다. 이것을 안정적이라고 말한다. 하지만 봉우리 위에 있는 골프공의 위치에너지는 크기 때문에 조금만 균형이 무너져도 아래로 굴러 내린다. 즉 불안정한 상태에 있는 것이다. 단순계는 시스템이 단순해서 그런지 몰라도 내부에 에너지를 저장하지 못하고 아무리 주변에서 에너지를 공급해 주어도 엔트로피 증대법칙에 따라 외부로 에너지를 산일하고 스스로 가장 안정한 상태, 즉 주변과 평형상태를 이루어 버린다. 이것은 나중에 시스템론에서 이야기하는 폐쇄계 즉 외부와 그다지 상호작용이 없는 시스템의 특징과 같다. 즉 폐쇄계는 단순계의 일종인 것이다.

그러나 복잡계는 다르다. 복잡계는 결코 안정상태를 바라지 않는다. 복잡계는 자꾸만 불안정상태로 나아가려고 한다. 생명은 복잡계의 대표적인 예인데 생명은 끊임없이 먹이를 먹어대어 내부에 에너지를 비축한다. 즉 에너지준위가 높은 상태를 유지하려고 노력하는 것이다. 안정상태는 스스로 아무 것도 할 수 없는 상태이지만 불안정한 상태는 필요할 때 그 불안정성을 이용해서 능동적인 적응을 보일 수 있는 것이다.

단순성의 과학은 평형상태인 안정상태만을 연구해 왔다. 불안정한 것이 어떤 경로를 거쳐 결국 안정상태에 이르게 되는 지에만 관심을 보였다. 불안한 경제현상에 대해 관료들은 인위적인 방법으로 안정을 강요하기 일쑤였던 것이 한국의 경제정책이었다. 즉 관료들은 단순성의 과학만 알고 안정만을 강요하였다. 그러나 그것이 오히려 거꾸로 경제를 더욱 불안하게 만들었다는 것을 한국의 관료들은 결코 깨닫지 못한 것 같다. 아니 알았다 해도 이미 손쓸 수 없는 지경이 되어 버린 것인지도 모른다. 20세기말 한국경제의 위기는 경제현상의 복잡성을 단순성의 경제학으로 단순하게 생각한 데 있는 것이다. 이제 새로운 시대에 맞는 경영자가 필요하다. 즉 안정을 바라기보다는 항상 참신한 아이디어가 나오는 불안정한 상태를 유지하는 제어력을 갖춘 경영자가 필요하다. 우리는 이제 맨땅 위에서 사는 것이 아니라 높이 매달린 줄 위에서 줄타기를 하는 시대에 살고 있는 것을 알아야 한다. 결코 안정을 바랄 수 없다. 불안정한 상태를 유지할 균형감각이 절대로 필요한 시대이다.

요소환원주의

현상은 복잡하다. 하지만 본질은 간단하다. 뉴턴은 온갖 우주공간의 가스와 난무하는 소립자들 여러 가지 모양의 소행성들과 태양계의 행성 자기장의 분포로 이루어진 복잡한 모양을 하고 있는 태양계를 간단한 질점(質點)으로 파악하였다. 즉 질점이 태양계의 요소이다. 이들 질점들간의 만유인력으로 태양계의 복잡한 운동을 해석한 것이다.

인식작용은 일종의 함수라고 말했다. 인간의 인식의 메커니즘이 함수라는 숙명을 갖고 있다면 인간은 대상을 파악하는 데 요소환원주의를 선택할 수밖에 없다.

요즘 복잡성의 과학을 소개하는 책을 보면 요소환원주의는 이제 더 이상 아무짝에도 쓸모 없어 용도 폐기되어야 할 것이라는 분위기이다.

하지만 이것은 오해를 불러일으키기 쉽다. 복잡성의 과학이라고 해서 단순성 과학의 모든 것을 무시하는 것은 아니다. 복잡성의 과학은 단순성 과학을 하부구조로 삼아 보다 높이 건축되는 새로운 과학일 뿐이다. 아무리 현미경이 발명되고 컴퓨터가 그럴듯한 가상현실을 만든다 해도 인간의 눈알을 뽑아내지는 않는다.

극단적인 사고는 금물이다. 자동차를 굴리는 자가운전자들은 신형의 자동차가 나오면 아직도 잘 달리는 자신의 차를 버리고 그 신형의 차를 운전해 보고싶어 안달이 난다. 컴퓨터 사용자도 마찬가지로 신형의 펜티엄II 프로세서가 발표되면 그것을 단 컴퓨터를 사용해 보고싶어 발광하게 된다. 이것은 인지상정이라 해도 간과할 수 없는 것은 신형자동차이든, 컴퓨터든 그 내부구조는 구 모델의 것을 그대로 전수 받고 있다는 점이다. 아무리 복잡성의 과학이 신선한 방법론을 들고 나와도 여전히 단순성 과학의 방법론들은 유효한 것이다. 단지 좀더 세련되고 확장되었다는 것으로 이해하기 바란다.

상의하달(上意下達)

요소환원주의의 궁극적 목적은 자연을 단순히 분해하는 것이 아니다. 분해된 그 기본 요소로부터 원래의 자연을 그대로 복구하는 것이 궁극의 목적이다. 그렇게 되었을 때 우리는 비로소 자연을 완벽하게 이해한 것이다. 원시인들은 자연동굴에서 기거하다가 그 자연동굴을 분석하여 동굴을 구성하는 기본요소는 작은 돌이고, 그것들이 용암이 흘러내릴 때 단단히 결합되어서 동굴을 이루었다는 것을 알아냈다. 그러한 자연동굴을 흉내내어 먼저 네모 반듯한 벽돌을 굽고 그 벽돌들을 진흙이나 석회반죽 따위로 결합시켜 인위적인 동굴 즉 주택을 만든 것과 같다.

이처럼 요소환원주의는 자연을 기본요소로 나누고 그 기본요소들을 재배치하여 재구성할 수 있다는 즉 자연을 설계할 수 있고, 그것으로 인공자연을 만든다는 웅대한 구상이 전제되어 있는 것이다.

그런데 자연을 설계한다는 것은 무엇을 뜻하는가? 설계도를 그려본 사람이라면 알겠지만 설계도란 되도록 상세할수록 좋은 설계도다. 설계도는 부품 하나 하나의 규격을 정확히 정해 준다. 공장의 공원에게 무턱대고 어떤 물건을 만들어달라고 하면 퇴짜맞기 일쑤다. 깔끔하게 그려진 설계도를 건네주고 그대로 물건을 만들어달라고 하면 그 물건이 공장에서 만들어져 나온다.

즉 설계자의 지시사항대로 공원은 기계적으로 움직이면서 물건을 만들어낸다. 설계자는 상부직위에 있고 직책도 더 높다. 기계적으로 움직이는 공원은 자신의 의사와는 아무 상관없이 단순 반복적인 작업으로 똑같은 부품을 설계도대로 만들기만 하면 된다.

군대조직도 공장조직과 마찬가지로 움직인다. 작전참모가 세운 작전대로 개개 군인은 움직이면 된다. 그곳이 죽을 자리일지라도 작전명령대로, 그곳을 사수해야만 하는 것이 군대라는 조직이다.

이처럼 요소환원주의의 정보전달방식은 위에서 아래로 가는 상의하달(上意下達 ; top-down) 방식이다. 정보전달이 상부에서 하부로 가는 지시형태의 정보인 것이다. 이런 방식은 개개의 요소들의 특성을 잘 알고 있을 때에 가능하며, 유효한 방법이다.

창조론자들은 이 세상을 하나님께서 일일이 창조하셨다고 말한다. 즉 설계자이신 하나님이 설계도대로 일일이 모래알 하나, 풀 한 포기, 새 한 마리, 아담의 생김새 하나 하나를 일일이 만들어내었다고 주장한다. 이것은 위에서 아래로의 창조인 것이다. 과연 하나님은 이런 골치 아픈 방법으로 세상을 창조하셨을까? 전지전능하신 하나님께서는 그런 일도 전혀 골치 아픈 것이 아닐지도 모르지만 창조의 역사로 볼 때 그다지 좋은 방법이라고 생각되지 않는다. 지주가 직접 농사를 짓기보다는 많은 소작농이 88번 손이 가는 번거로운 농사를 짓는 것이 자연스럽기 때문이다.

이에 대해 진화론자들은 하나님은 지혜로우신 분으로 손가락 하나로 빅뱅을 터뜨림으로써 우주가 스스로 자발적으로 진화되어 오늘날에 이르는 아래에서 위로 즉 하의상달(下意上達 ; bottom-up)의 창조가 진행되었다고 주장하는 것이다. 즉 진화론자와 창조론자들이 벌이는 논쟁은 창조주가 누구냐는 논쟁이 아니라 창조의 방법에 대한 논쟁인 것이다. 즉 진화론자들이 하나님의 권능을 무시하는 것이 아니다.

요소환원주의적인 위에서 아래로의 일방적인 지시는 개개 요소들의 자율성을 빼앗아 활력을 잃게 한다. 한국 정치현실에서 보듯이 상부지시대로만 움직이는 아랫사람들은 복지부동으로 몸조심하는데 여념이 없고, 그것은 결국 조직을 마비시켜 버리며, 권력 말기에는 상부지시 사항을 이행하지 않는 권력누수 현상을 가져온다. 이것이 단순성 과학의 본래적인 한계이다.

결정론

젊은이들이 즐기는 당구게임은 뉴턴 역학의 결정론을 그 밑바탕에 깔고 있다. 흔히 당구를 잘하려면 물리 공부를 열심히 해두는 것이 좋다고들 말한다. 사실 당구게임에서 당구공의 움직임은 거의 정확하게 물리학의 법칙을 따른다.

다음 그림에서 보는 것처럼 A의 흰 공을 큐대로 쳐서 B, C의 빨간 공을 맞추어야 할 때 어느 방향으로 얼마만한 힘으로 흰 공을 쳐야하는지 순간적으로 계산해야 한다.

이때 흰 공이 굴러가는 경로는 뉴턴의 운동방정식에 따라 결정론적으로 결정되어 있다. 만약 그렇지 않다면, 즉 실수는 전혀 없이 공을 같은 방향, 같은 힘으로 치는데 어느 때는 이쪽으로 가고, 어느 때는 저쪽으로 가서 통 종잡을 수 없다면 당구게임은 이루어 지지 않는다.

이에 대해 포카나 화투놀이는 처음부터 우연성을 밑바탕에 깔고 있다. 우연성을 전제로 하고 그 위에서 얼마나 좋은 전략을 세우는가가 승패를 좌우한다.

지금 마찰력이 0인 당구대에서 굴러가는 당구공의 위치 p와 순간속도 v를 알고 있다면 그 당구공의 미래의 위치와 속도는 물론 과거의 속도와 위치도 정확히 알 수 있다. 이것이 뉴턴 역학의 세계이며, 이렇게 뉴턴 역학은 시간에 대해서 가역적이고 결정론적이다.

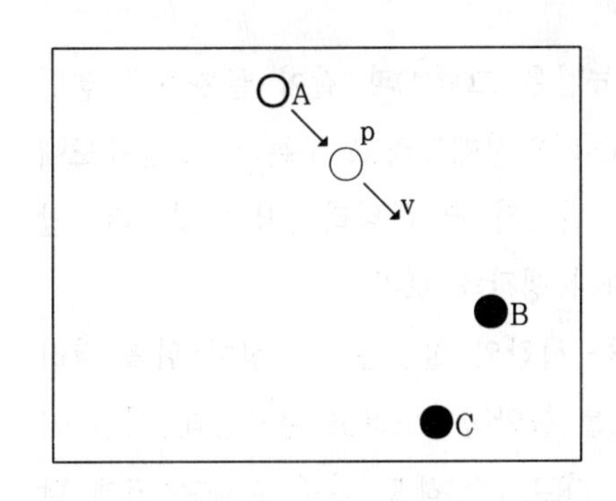

이러한 뉴턴 역학의 사상을 이어받은 라플라스는 어떤 시각에서 우주를 구성하는 모든 원자의 위치와 순간속도를 알고 있고, 이들 데이터를 아주 빠른 시간 내에 뉴턴의 운동방정식에 넣어 계산해 낼 수 있는 악마와 같은 지성을 갖춘 자가 있다면 그는 우주의 과거와 미래를 모두 알 수 있다고 믿었다. 이러한 전지전능의 초인을 라플라스 악마라고 부른다.

물론 인간은 우주의 모든 원자의 운동상태를 한순간에 모두 알아낼 수 없고 또 안다고 해도, 그것을 모두 계산해 낼 능력이 없다. 때문에 인간에게 미래는 알 수 없는 것이고, 불안한 것이다.

라플라스는 아마도 우주를 거대한 당구대로 생각하고 그 당구대를 무수한 원자들이 마치 당구공처럼 굴러다니면서 서로 부딪치기도 하며, 모이고 흩어지는 운동을 하고 있다고 생각했는지 모른다. 즉 라플라스 악마는 우주에서 가장 당구를 잘하는 자이다.

결정론의 붕괴

결정론적인 우주는 마치 기차가 기차레일을 달리는 것과 비슷하다. 즉, 기차는 앞으로도 뒤로도 레일을 따라 달릴 수 있다. 하지만 현실은 그렇지 않다. 기차는 한 번 지나온 시간의 철길을 다시 되돌아갈 수 없다. 철길을 지나오기만 하면 그 철길은 사라져 버리기 때문이다. 철길은 오로지 앞만을 향해 안개 속으로 놓여 있다. 따라서 앞도 확실히 볼 수 없다. 그렇다고 다시 뒤로 되돌아갈 수도 없는 상황인 것이다.

그리고 그 시간의 철길을 뉴턴은 그림(1)과 같이 골짜기에 놓인 것으로 생각했다. 이러한 궤도를 안정궤도라고 부른다. 안정궤도에서는 초기조건이 조금 달라도 결과가 크게 달라지지는 않는다. 앞에서 말한 안정성 이야기를 다시 생각해 보라.

그러나 사실은 우리가 달리는 시간의 철길은 산등성이 위를 달리고 있는 것이다. 이러한 궤도를 불안정궤도라고 부르는데 이런 궤도에서는 초기 값이 미세하게 다르기만 해도 나중 결과는 크게 달라진다. 즉 불안정성은 카오스현상을 초래한다.

그리하여 뉴턴 역학의 전당을 떠받치던 3개의 무한대(∞) 기둥인

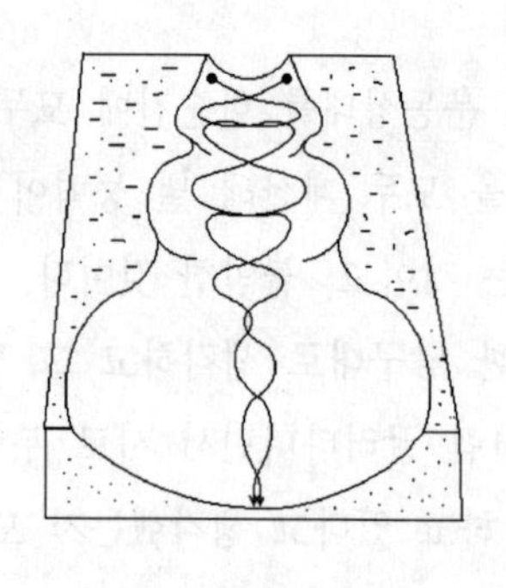

(1)

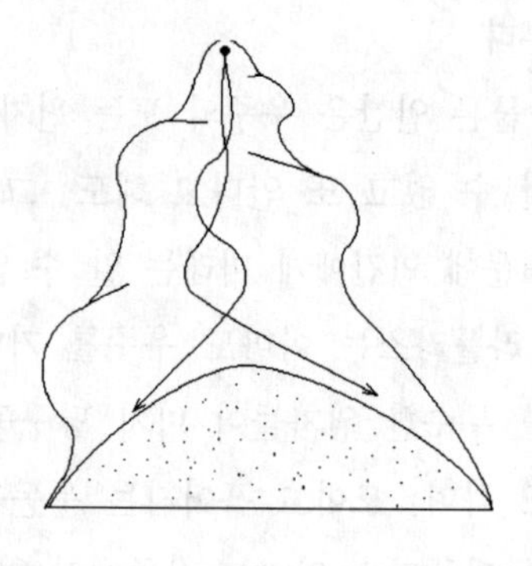

(2)

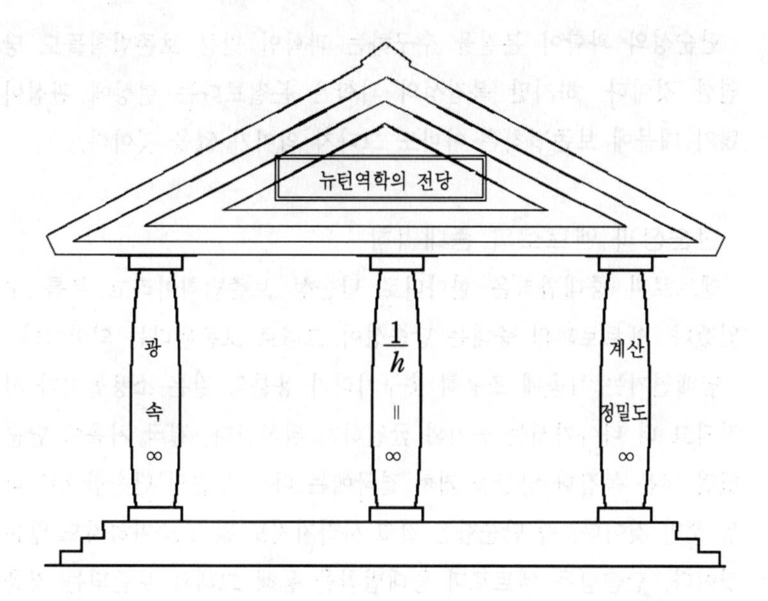

광속 무한대(∞), 에너지는 무한분할 가능성 즉 1/h=∞(h는 플랑크 상수), 측정과 계산의 정밀도 무한대(∞)가 모두 상대성이론, 양자역학, 카오스이론에 의해 붕괴되었다. 결정론이 무너진 것이다.

단순성은 인과율적이고 안정적이기 때문에 결정론적일 수밖에 없었다. 하지만 인과율이 성립하지 않고 불안정한 시스템이 비결정적인 것은 너무도 당연하다고 하겠다.

단순성 과학의 법칙들

보존법칙

단순성 과학의 법칙들은 대개 단순성을 유지하는 법칙들이다.

즉, 보존법칙은 처음의 것이 어떤 변화과정을 겪는다 해도 전체적인 양은 아무런 손실 없이 보존된다는 내용이다. 즉, 질량보존의 법칙, 에너지보존 법칙이 그것이다.

단순성의 과학이 본질을 추구하는 과학인 만큼 보존법칙들도 당연한 것이다. 하지만 복잡성의 과학은 본질보다는 현상에 관심이 많기 때문에 보존법칙은 아마도 그다지 의미가 없을 것이다.

단순성과 엔트로피 증대법칙

엔트로피 증대법칙은 한마디로 단순성 보존법칙이라고 부를 수 있겠다. 엔트로피의 증대는 단순성이 그대로 보존된다는 의미이다.

담배연기는 처음에 조용히 솟구치다가 용틀임 같은 소용돌이가 시작되고 더 나아가서는 공기와 균일하게 뒤섞인다. 결국 처음에 단순했던 것은 복잡한 양상을 거쳐 결국에는 다른 모습의 단순함으로 바뀔 뿐인 것이다. 즉 단순함은 결코 사라지지도 않고 증가하지도 않는 것이다. 단순함은 엔트로피 증대법칙을 통해 그대로 보존되는 것을 보여준다. 하지만 복잡성은 다르다. 복잡성은 증가하기도 하고 감소하기도 한다. 즉 복잡성은 보존되지 못하는 것이다. 복잡성은 여건만 갖추어지면 임계점까지 복잡성이 증대해 가는 복잡성 증대법칙이 있다. 어떤 생물이든지 그 생물이 갖는 가능성 안에서 최대로 복잡해질 때까지 진화한다. 그 진화의 극에 이르면 생물은 자신을 부정하고 멸종의 길로 접어들기 시작한다. 즉 단숨에 복잡성이 감소해버리는 것이다. 이것이 죽음, 파멸이라는 카타스트로피적인 현상이다.

단순성 과학의 한계

탈레스에서 비롯된 자연철학은 자연을 되도록 적은 수의 근원으로 많은 것을 설명할 것을 바랐다. 이러한 바람이 고대 그리스 수학의 완결 본이라는 유클리드 기하학에 잘 반영되어 있다. 이 기하학은 가능한 적은 수(5내지 6개)의 원리(공리)로 이론의 기초를 잡고 기하학에 대한 모든 정리를 논리적으로 유도하여 그 전체적인 구조를 엮어 나간다. 그 튼튼하고 아름답고 탄탄한 구조는 보는 이로 하여금 감탄을 금할 수 없게 만든다.

이 전통을 이어받은 과학자들은 복잡한 현상에 대해서는 되도록 간단한 현상으로 단순화시키거나 단순한 것만 연구했다. 그래서 간단한 현상에 대해서는 속속들이 알게 되었다. 간단한 현상은 바로 뉴턴 역학에서 다루는 대부분의 역학적인 현상이다. 예를 들면 당구의 천재가 당구대 위의 당구공으로 부리는 마술은 모두 뉴턴 역학으로 설명할 수 있는 것이다. 당구대 위의 당구공은 많아야 10개 미만이다. 10개의 당구공들이 어떻게 움직이게 될까 하는 것을 예측할 수 있고, 그러한 예측을 바탕으로 당구게임을 즐기는 것이다.

그러한 예측이 빗나가는 것은 당구공을 치는 기술이 부족해서이지 당구대 안의 역학이 복잡해서 예측이 어렵고 따라서 복잡함 때문에 예측이 빗나가는 것이 아니다. 당구공을 치는 기술을 잘 연마하여 조심스럽게 적당한 힘으로 당구공을 치기만 하면 얼마든지 자신의 예측을 적중시킬 수 있을 만큼 당구대의 역학은 간단하다. 이러한 스릴감이 당구를 처음 시작하는 사람들을 당구에 흠뻑 취하게 한다. 너무 복잡하고 어렵다면 어느 누구도 재미를 느끼지는 못할 것이다.

과학자들은 체질적으로 간단한 것을 좋아한다. 우리가 보기에는 무척 복잡한 수식을 이용하여 연구하기를 좋아하는 것처럼 보이지만 사실은 복잡하고 애매한 것을 체질적으로 싫어하는 과학자들은 가장 간단하면서도 본질적인 내용을 기술할 수 있는 표현수단으로서 수식을 이용하는 것이다. 그래서 과학자들은 "자연은 단순하다."고 몇 번이고 강조한다. 이것이 요소환원론의 배경이 되기도 한다.

요소환원론 등장의 진정한 이유는 정의(定義)에 있다. 예를 들어 물이란 무엇인가고 묻는 질문에 그것은 차가운 액체라고 대답하는 것은 무언가 부족하다고 느낄 것이다. 누구나 인정할 수 있도록 물의 화학적 구조 즉 H_2O라고 정의하는 것이다. 즉 물을 구성하는 요소를 열거함으로써 가장 좋은 정의를 내릴 수 있기 때문이다. 수학에서 집합론은 이런 요소(원소) 열거법으로 집합을 정의하기도 한다.

요소환원론에 의하면 자연은 간단한 요소들로 분석할 수 있고 그 요소들의 관계로 자연의 모든 현상, 겉으로 보기에는 복잡한 현상이라도 결국에는 간단한 요소들의 성질로 되돌려서 설명할 수 있다고 생각했으며, 이 신념에 따라서 자연을 이해하기 위해 자연의 기본적인 구성요소를 찾는 데 혈안이 되다시피 하였다. 그리하여 그들은 온갖 분야에서 이 기본적인 요소를 찾아 칼질을 해왔다. 그 최첨단 분야가 소립자 물리학이다. 그들은 작은 도시 만한 크기의 입자가속기라는 어마어마한 장치를 가지고 소립자들을 깨부수고 있다.

이처럼 20세기는 단순성의 과학이 극치를 이룬 때였다. 하지만 이제 21세기를 눈앞에 두고 단순성의 과학이 한계를 드러내기 시작한 것이다. 실지로 1960년대 이후로 단순성의 과학으로부터 어떤 새로운 기술도 나오지 않고 있다. 예를 들면 지금의 슈퍼컴퓨터도 1940년대에 개발된 스위치회로를 단지 실리콘칩이라는 소재로 바꾸고 속도와 용량만 증가시켰을 뿐 본질적으로 기술적인 내용에서 진전은 없는 것이다. 그리고 인류의 에너지 문제를 궁극적으로 해결할 핵융합발전소라든지, 슈퍼컴퓨터로도 해결할 수 없는 여러 가지 과학상의 어려운 문제를 해결해 줄 인공지능, 초전도기술 등 과학자들이 호언장담했던 시간이 훨씬 지났음에도 불구하고 어느 것 하나 실현되지 못하고 있다.

이렇게 단순성의 과학이 한계를 보이기 시작하자 세계 여러 곳에서 이러한 한계에 대한 위기의식의 표출로 우리보다 월등한 과학기술을 지닌 외계인이 와서 우리를 침공한다는 영화 『인디펜던스데이』가 많은 관객의 시선을 모았으며, 또 미국의 오지에서는 마음씨 좋은 외계인이 우리를 구원해 줄 것이라는 사이비 종교가 등장하고, 서점에서는 UFO에 관한 서적이 베스트셀러가 되고, 기(氣)라든지 초능력에 대한 관심이 20세기 과학시대라는 명성에 어울리지 않게 튀어나오고 있다.

이 모든 현상이 단순성 과학에 대한 한계에서 비롯된 혼란인 것이다. 정치계에서도 권력 말기의 레임덕현상이라고 불리는 권력누수현상이 일어나서 사회적인 혼란이 가중되고, 온갖 유언비어가 나돌며, 점쟁이들이 온갖 예언을 해대는 광적인 상태로 치닫는 것과 비슷하게도 단순성 과학의 권력누수가 일어나고 있는 것으로 보인다.

과학계 내에서도 현재 과학의 한계를 인정하고 신과학운동 등이 이미 일어났다. 그 신과학 운동이 이제 복잡성의 과학이라는 구체적인 모습으로 등장하고 있는 것이다. 복잡성의 과학은 더 이상 단순화할 수 없는 자연의 본질에 대한 반성에서 비롯된 것이다. 복잡한 것을 복잡한 그대로 바라보면서 새로운 관점에서 새로운 논리를 구상해야 된다는 것이 복잡성 과학의 기조이다.

제 Ⅱ 부

복잡성의 과학

◀ **랭턴**
뉴턴이 단순성 과학의 황제라면 필자는 복잡성 과학의 황제로 랭턴을 꼽고 싶다.

1부에서 막연하게 이야기했던 복잡성 과학을 2부에서는 보다 구체적으로 소개한다. 미리 고백하지만 복잡성 과학은 이제 막 태어난 신생분야이다. 아직 학문이라는 타이틀을 달만큼 정리되어 있지 않다. 그런 이유로 내용이 부실하고 산만하다고 느끼는 부분도 적지 않을 것이다. 그러나 그 모든 책임은 필자의 천학과 아둔함에서 비롯된 것임을 밝혀둔다

제 1 장 패러다임 시프트

세기의 전환점, 과학의 전환점

우리는 지금 세기의 전환점인 20세기말에 서 있다. 우연의 일치인지는 몰라도 과학계에서도 구시대의 과학, 지난 20세기를 이끌어온 근대과학의 막이 서서히 내리고 있다. 거대하면서도 정교한 근대과학은 인간을 달나라로 올려보냈고, 찬란한 자동차문명, 전자문명을 이룩했다. 그 화려한 성과의 이면에는 근대과학의 한계도 있다. 자연의 돌이킬 수 없는 파괴와 오염으로 인류전체의 생존이 위협받고 있으며, 최첨단의 의료기술로도 고치지 못하는 불치의 암, 에이즈 등 신종 전염병이 창궐하고 있다.

인류문명의 성장의 한계를 예고하는 여러 가지 지표와 그로 인해 초래될 파국적인 대 혼란 앞에서 근대과학은 뼈저리게 자신의 무력함을 느끼고 있다.

아름답게 피어오르는 담배연기

여기 한 장의 사진이 있다. 불이 붙은 채로 재떨이에 놓여 있는 담배에서 피어오르는 담배 연기를 찍은 사진이다. 담배연기는 처음에는 곧바로 올라간다. 그 모습은 마치 굴뚝을 지나가는 것처럼 보인다. 기세 좋게 피어오른 담배연기는 힘이 다했는지 어느 지점에서부턴가 미묘하게 좌우로 흔들리다가 소용돌이치거나 용틀임을 하는 것처럼 갈라지면서 사방팔방으로 퍼져 가는데 마치 추상화같이 아름답기 그지없다. 그 아름다움은 순간적인 것으로 곧 다른 추상화가 연이어 그려진다.

그리고 담배연기는 더욱 엷어져서 허공 속으로 희뿌옇게 빨려 들어가 버린다. 이 아름다운 담배연기의 행동에 대해서 수학자는 수리적으로 설명하려고 시도한다. 처음 곧바로 피어오르는 부분은 유체역학적으로 잘 설명된다. 그것은 수도관 속을 조용히 흐르는 정상류라고 부르는 것과 같다. 그리고 허공 속으로 희뿌옇게 흩어지는 부분은 담배 연기가 개개의 미립자로 취급되어 공기 속으로 확산되어 가는 과정임으로 통계역학으로 잘 설명할 수 있다.

그러나 그 중간부분 소용돌이치고 용틀임하는 부분에 대한 수리적인 해석이 난감하다. 이 부분은 유체역학의 난류에 해당한다. 담배연기가 어떤 3차원 곡선을 그려갈지 도저히 원인을 알 수 없고, 안다고 해도 예측할 수 없다. 바로 이런 부분에 대해서 과학은 자신의 한계를 깨닫기 시작하고 과학의 자기반성을 통해 이제까지 단순하게 보았던 대상을 새로운 관점에서 접근할 필요를 느끼기 시작

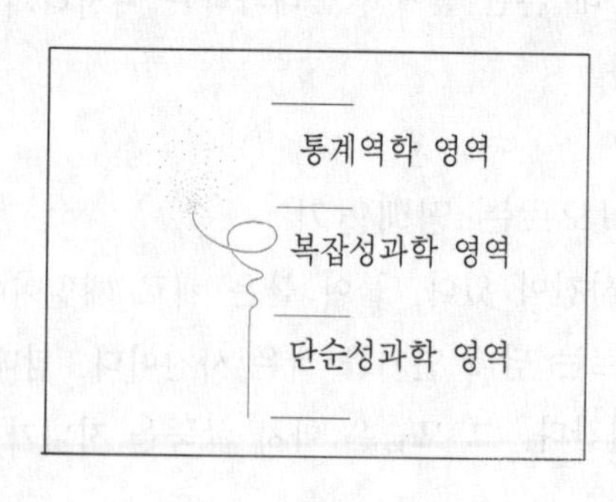

한 것이다.

그래서 등장한 것이 복잡성의 과학이다. 기존의 단순성의 과학으로는 도저히 해결할 수 없는 숱한 문제들에 대해서 복잡성의 과학이 한 가닥씩 실마리를 풀어가기 시작하고 있다.

이제 인류의 미래는 복잡성의 과학에 달려 있다고 해도 과언이 아니라고 생각한다.

1. 시대의 변화를 읽자

자연은 복잡하다.

우리가 몸담고 살아가는 자연은 본래 복잡한 것으로 도처에서 다양한 복잡성을 볼 수 있다. 불교에서 말하는 어디에나 부처가 있다는 말과 일맥상통한다. 아무리 하찮은 길거리에 굴러다니는 돌멩이라도 수없이 많은 성분으로 이루어져 있으며 그들이 비록 무작위로 결합되어 있다고 해도 모래알처럼 쉽게 흩어지지 않고 단단한 돌멩이를 만들고 있는 데에는 나름의 물리적 화학적 결합력이 복잡하게 얽히고 섞여 있어서 그 성분들을 붙들어매고 있다는 것을 의미한다.

들판에 피어있는 이름 모를 꽃도 전투기보다 더 많은 부품으로 이루어진 복잡한 조직체라고 주장하는 어떤 과학자도 있었다. 그 사람의 주장은 전투기도 그것을 만든 창조자가 있는데 하물며 이 꽃을 만들어내신 이가 없겠는가 라는 논리로 창조론을 주장하는 창조과학회의 과학자였다. 아무튼 자연은 복잡한 것이다.

『귀타귀』라는 홍콩의 영화를 본 적이 있는데 사람을 괴롭히는 귀신을 잡는 데 역시 귀신을 이용한다는 기발한 발상의 영화이다.

그런데 만일 귀신의 존재를 인정하지 않는 사람은 귀신을 잡을 방법을 생각할 수 없으며, 따라서 결코 귀신을 잡을 수 없다.

귀신의 존재를 인정하고 귀신을 잡는 방법을 생각할 때 귀타귀라는 발상이 나온다. 복잡한 자연을 복잡한 그대로 바라보려고 하지 않고 어떻게 해서든지 단순화시키려고 한다면 결코 복잡한 자연의 참모습을 이해할 수는 없다. 복잡한 자연을 그대로 인정하고 그 복잡성을 잡아내려고 노력해야 한다.

물론 인간이 귀신을 상대할 수 없는 것처럼 유한한 인간이 결코 복잡함을 그대로 상대할 수는 없다. 그래서 복잡함을 잡는 데에도 귀신 잡기와 마찬가지로 복잡함을 이용하는 것이다.

수학에서는 이러한 수법이 자주 사용된다. 프랑스 수학자 코오시가 연속을 정의할 때 무한소라는 괴물이 가장 골치 아팠다. 그래서 그 유명한 입실론-델타(ε-δ)법이 등장한다. 즉 ε이라는 무한소를 δ라는 무한소로 상대하게 함으로써 수학자는 이제 팔짱을 끼고 연속인가 아닌가 판단하면 된다. 언제든지 δ가 ε을 쫓아갈 수 있다면 그것은 물론 연속이다. 그리고 어떤 점에서 더 이상 δ가 ε을 쫓아가지 못하게 되면 바로 그 점이 불연속점이라는 이야기가 된다. δ는 ε을 추적하는 추적장치로서 수학자는 δ의 발신신호만 기다리면 되는 것이다. 칸톨이 무한을 잡는데 가장 잘 알려진 가부번 무한을 이용하여 다른 종류의 복잡성을 해석한 것처럼 우리에게 가장 친숙한 복잡성을 하나 선정하여 자세히 연구하고 그것을 기준으로 다른 복잡성을 탐구하는 것이다.

즉 귀신은 귀신으로 잡고, 무한은 무한으로 잡으며, 복잡한 것은 복잡한 것으로 잡는 것이다.

복잡한 것에 익숙한 사람들

요즘의 신세대들은 복잡한 것에 익숙하다. 신세대들이 즐겨듣는 노래는 노랫말을 매우 빨리 지껄이는 형식의 랩송으로 거의 노래가 아니고 잡음으로 들릴 정도이다. 그리고 신세대들은 복잡한 액세서리의 패션에 복잡하게 염색한 머리에 복잡한 오락실의 게임을 즐긴다. 복잡하고 현란할수록 인기다. 흑백의 단순명쾌함을 싫어하고, 컬러풀하고 다양하다 못해 혼란(카오스)한 것을 좋아한다. 그들이 즐겨먹는 음식도 복잡하다. 피자나 햄버거, 여러 가지 성분이 혼합된 혼합음료, 그들의 문화를 한마디로 필자는 복잡한 문화라고 부르고 싶을 지경이다. 혹 그런 면으로 보려고 해서 그런지는 모르지만 간단한 것에는 쉽게 싫증내는 거야 동서고금을 통해 마찬가지겠지만 예전에는 단순함 속에서도 무언가를 찾아내는 묘미를 즐기는 느긋함이 있었지만 지금은 모두 뜨거운 냄비 속에서 튀는 콩들처럼 서로를 볶아대는 것같이 복잡하고 혼란함이 더해 가는 양상으로 보인다. 사실 복잡한 것을 만들어내는 바탕에는 단순함이 있다. 신세대의 사고방식은 지극히 단순하고 직설적이다. 그들은 깊이 있게 머리속으로 생각하는 것을 거부한다. 곧장 실천으로 옮기고 곧 그 결과를 보고 싶어한다. 정보화사회에서 내일 무엇이 어떻게 바뀔지 모르는 상황에서 오히려 당연한 사고패턴인지도 모른다. 신세대의 책임감 없는 단순 경박함이 전체적으로 더욱 복잡한 양상을 더해 가는 것이다. 그들은 책임을 다하고 싶은 지도 모르지만 변화의 속도는 그럴 여유를 주지 않고 있는 것이다.

사회 분위기가 문화전반이 복잡한 것을 추구하는 흐름이라서 그런지 모르지만 가장 보수적인 과학계에서도 젊은 사람들을 중심으로, 그 속에는 노벨상을 탄 나이 지긋한 원로학자들도 끼어 있지만, 복잡한 것을 추구하는 양상으로 가고 있다.

2. 복잡성의 과학

왜 복잡성의 과학인가?

예전에도 복잡함, 즉 복잡한 현상은 있었다. 우리 주변은 늘 복잡한 것들로 가득하다. 그런데 왜 새삼스럽게 과학자들은 복잡함에 대해서 그렇게 관심을 갖는 것일까?

사실 이제까지 과학자들은 복잡한 것은 어렵기 때문에 되도록 그것을 무시해 왔다. 그러나 이제는 그것을 외면할 수 없게 된 것이다. 20세기에 들어와 극미한 물질세계를 파헤치는 양자역학까지는 아무리 복잡한 현상도 간단한 몇 개의 기본 요인을 찾아내어 연구할 수 있다고, 굳게 믿고 있었다. 우리의 눈으로 볼 때 자연은 분명히 다양하고 복잡하다. 이러한 자연의 복잡한 양상은 복잡한 물리학의 법칙으로 만들어진 것이 아니고, 단순한 몇 개의 법칙이 오랜 동안 반복적으로 작용해서 만들어진 것이다. 따라서 되도록 대상을 단순화시키려고 노력했다. 이러한 연구 태도는 뉴턴 역학에 상징된다. 뉴턴은 모든 물질운동을 만유인력의 법칙 하나로 설명할 수 있다고 주장했다.

'천재는 복잡한 것을 단순화시켜서 볼 줄 안다.'

는 말도 이런 생각을 반영한 것이다. 그러나 이제는 그럴 수가 없다. 하찮다고 생각했던 요인들도 알고 보니 아주 막대한 영향력을 행사한다는 것을 알게 된 것이다. 그것을 바로 로렌츠의 '나비효과'

에서 극명하게 보여주었다. 오늘 서울의 거리를 날아다닌 나비 한 마리가 일으킨 공기의 작은 요동이 내일 뉴욕의 날씨를 결정하는 요인이 될 수 있다는 내용이다. 그런데 이 세상은 나비 같은 온갖 존재로 가득 차 있다.

컴퓨터와 통신기술의 발달로 우리가 감당할 수 없을 만큼 정보가 범람하는 불확실성의 시대임을 실감하는 요즘이다. 하찮은 정보 하나가 엉뚱한 나비효과를 일으킬 수 있기 때문이다. 뉴턴은 나비 같은 하찮은 요인을 성공적으로 배제시키고 근대과학의 금자탑을 세웠으나, 알고 보니 그것은 수많은 자연현상 가운데 지극히 예외적인 것이었다. 이제 과학자는 복잡한 자연의 현상을 복잡한 그대로 파악하지 않으면 안 되는 것이다.

괴델의 불완전성정리는 이미 몇 개의 단순한 공리(公理)로부터 수학의 전반적인 체계를 완성할 수 있다는 공리주의, 유한주의가 환상임을 보여주었다. 21세기의 과학은 복잡한 것을 복잡한 대로 파악하는 혁명가들에 의해 새롭게 태어나고 있다. 이들 혁명가들은 새로운 천재관으로 바라보아야 한다.

'천재란 간단한 것으로 복잡한 것을 만들어내는 재능이다.'

간단한 것에서 복잡한 것을 창발시키는 능력이야말로 참으로 창조적인 것이다. 미래는 결정되어 있기 때문에 예측해야 하는 것이 아니고 미래는 결정되어 있지 않기 때문에 창조해 나아가야 한다.

복잡함이란 무엇인가?

복잡성에 대한 과학적인 정의는 아직 내려져 있지 않지만 복잡함에 대해서 먼저 그 대강의 개념을 파악하지 않으면서 계속 이야기를 이끌어나갈 수는 없다.

복잡(複雜)은 한자말 그대로 '겹쳐있고, 뒤섞여 있어서 번거로운' 것이다. 우연의 일치인지는 몰라도 영어의 콤플렉스(complex)도 이러한 의미를 가지고 있다.

접다(to fold)를 뜻하는 plicare에서 한 번(sim) 접었다는 뜻의 simplex라는 말이 어미변화를 하여 단순을 뜻하는 simple이 나온다. 그리고 plex에 com이라는 접두사가 붙어 두 번 이상 접었으니 복잡하다는 것을 뜻하게 된 것이다.

한문의 복잡과 영어의 컴플렉스는 모두 종이나 옷감 따위를 이리저리 접은 것에서 복잡함을 느껴서 나온 말임을 알 수 있다. 실제로 카오스이론에서 자주 등장하는 짜장면 반죽 변환(馬蹄변환이라고도 부른다)은 단순히 밀가루 반죽을 이리저리 접는 조작으로 매우 복잡하고 예측할 수 없는 운동을 보이는 실례로 자주 등장한다.

복잡성은 이렇게 단순함(단순하지만 선형이 아닌 비선형이다. 선형의 반복은 그대로 선형일 뿐으로 아무런 복잡성을 만들어 내지는 못한다)의 반복으로 만들어 낼 수가 있다. 프랙탈 도형도 자기닮음 변환을 무한히 반복시켜 얻은 결과라는 점도 같은 맥락이다.

그럼 무엇을 복잡하다고 할 수 있는가? 우리는 벽돌은 단순하고 벽돌집은 벽돌보다 복잡하다고 말한다. 벽돌과 벽돌집은 무슨 차이가 있는 것인가?

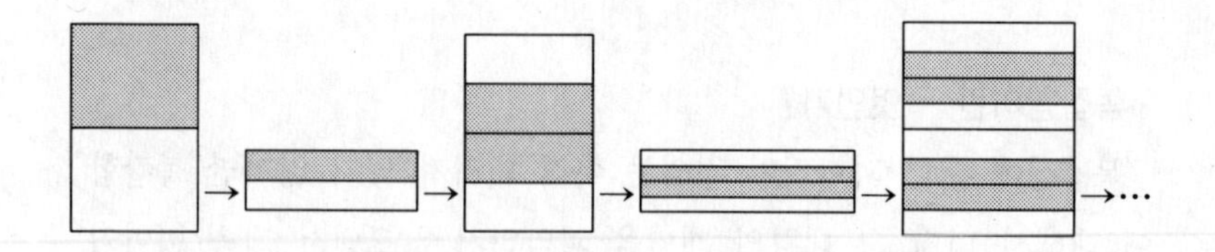

벽돌집같이 복잡한 것은 내부구조를 가진다. 따라서 벽돌같이 내부구조가 없는 것은 단순하다고 말한다. 당구공도 내부구조가 없기 때문에 단순하다. 데모크리토스는 원자를 마치 당구공 같은 것으로 생각하여 내부구조가 없는 그래서 더 이상 분석할 수 없는 가장 간단한 존재의 기본이라고 생각했음에 틀림없다. 물론 원자에는 내부구조가 있다는 것이 20세기초에 러더퍼드(Ernest Rutherford, 1871~1937 영국의 실험물리학자) 등에 의해 밝혀졌고, 지금은 겔만에 의해 알려진 쿼크 같은 소립자야말로 내부구조가 없는 가장 단순한 존재라고 믿고있다. 실지로 겔만은 『쿼크(Quark)와 재규어(Jaguar)』라는 저서에서 쿼크를 단순성을 대표하는 것으로 쿼크 덩어리인 재규어 즉 표범을 복잡성을 대표하는 것으로 말하고 있다.

그러나 가장 단순한 것은 자기자신 이외의 성분은 포함하지 않는 것이라는 케슬러의 말을 빌리면 그것은 크기가 없는 존재일 수밖에 없다. 크기가 있는 것은 더 작은 부분으로 나누어지고 부분은 원래의 자기자신은 아니기 때문이다. 따라서 케슬러는 복잡한 것은 자기자신 이외의 성분으로 만들어진 것이라고 말하고 있다. 그리고 복잡성을 띠는 시스템을 복잡계라고 부르기로 한다.

복잡계(複雜系)

복잡계는 복잡한 체계의 줄임 말이다. 그런데 '복잡한 체계'는 둥근 사각이라든가 야윈 뚱보, 추한 미녀처럼 서로 모순적이라는 느낌이 들것이다.

'복잡(複雜)'이라는 말은 앞서 말한 대로 겹쳐 있고, 뒤섞여 있어서 번거로운 것이다. 일상적으로 '아주 복잡하다'고 할 때는 처음에는 하나둘 정도의 단순한 것이었는데 점점 이리저리 꼬이면서 처음

것조차 기억할 수 없게 될 때의 상황이다. 그래서 혼란스러워지고 결국 분석이 불가능하고 이해하기 어렵다는 뉘앙스가 생긴다. 이에 대해 "저 집단은 매우 체계적이다"라는 용법에서처럼 '체계(體系)'라는 말은 잘 분석되고 정리되어서 질서가 잡혀 있다는 의미이다.

즉 복잡계란 분명히 시스템이지만 그 구조와 메커니즘이 복잡해서 잘 알 수 없다는 것이다. 예를 들어 하나의 복잡계인 개구리 한 마리를 해부용 칼을 들이대어 분석해 보자.

개구리는 골격계를 중심으로 순환계, 소화계, 신경계 등이 서로 밀접하게 연관되어 잘 조직된 시스템이라는 것을 알 수 있다. 그러나 그것뿐이다. 이것으로부터 살아 있는 개구리가 어디로 뛰어갈지는 아무도 예측할 수 없다. 톱니바퀴 식 시계를 분해해 본 사람은 시계의 초침과 분침이 각각 다른 속도로 회전하는 이유를 알 수 있다. 이처럼 단순계는 분해하여 그 기본 요소를 알면 전체 행동을 이해할 수 있다. 하지만 복잡계는 아무리 세부적으로 그 기본 요소를 분석해도 여전히 그 시스템의 전체 행동은 이해할 수 없다. 컴퓨터 한 대를 이해했다고 해서 인터넷을 이해할 수 없는 것처럼 말이다.

복잡계는 데카르트이래 전가의 보도처럼 여겨진 분석적인 방법이 통하지 않는 괴물인 것이다. 분석을 통해 단순한 요소로 환원할 수 없기에 복잡계라고 부르는 것이다.

그럼 단순계와 복잡계는 보다 구체적으로 어떻게 구분하는가?

복잡계의 종류

복잡계란 말 그대로 복잡성을 갖는 시스템이다. 즉 단순계의 반대말이다. 복잡한 시스템(complex systems)은 요소의 성질을 단순 조합하는 것만으로는 전체를 추측하는 것이 원리적으로 불가능하다. 복잡한 시스템이라도 그 특성상 여러 가지가 있다. 우선 크게 다음과 같이 복잡성의 측면에서 시스템을 분류할 수 있다.

- 계
  - 단순계 : 둘 이하의 요소로 구성된다.
  - 복잡계 : 3개 이상의 요소로 구성
    - 단순복잡계 : 요소간의 결합이 강하거나 너무 약하다.
    - 복잡적응계 : 요소간의 결합이 적당하다.

눈송이나 전기회로기판같이 복잡한 것은 단순복잡계라고 부른다. 이들은 말 그대로 단순하게 복잡할 뿐이다. 단순 복잡계는 바로 번잡계라고 말하기도 한다. 번잡계는 불필요하게 반복적인 것이 있어서 겉으로 보기에 복잡하게 보이는 것이고, 실질적인 복잡성은 결여되어 있는 셈이다. 따라서 처음에 보인 복잡성을 제거해서 단순한 요소로 환원시킬 수도 있다.

그러나 복잡성 과학의 주된 연구 대상인 복잡적응계(Complex Adaptive System ; CAS)는 말 그대로 실질적인 복잡성으로부터 환경에 적응하는 능력을 보이는 시스템이다. 단순한 시스템은 결코 환경에 대한 적응성을 보이지 않는다. 단순계는 결정론적이기 때문에 아무리 비평형 상태에 있어도 그 거동은 맹목적이고 기계적일 뿐이다.

복잡적응계는 스스로 환경에 적응하기 위해, 학습하고 진화하는 능력이 있는 시스템이다. 복잡적응계의 대표적인 예가 생물이다.

복잡적응계(複雜適應系, CAS)

미국 뉴멕시코주의 산타페는 미국, 인디언, 멕시코, 스페인 문화가 뒤섞인 인구 6만 정도의 작은 도시이다. 1848년에는 미국 - 멕시코 전쟁결과 미국령이 되었지만, 주변에는 현재도 원주민들이 살고 있다.

이곳에 1984년에 복잡적응계를 연구하고자 하는 순수한 열정으로 몇몇 과학자와 젊은이들이 산타페 연구소(SFI)라는 민간 연구소를 만들었다. 초대 소장은 조지 코엔이다.

단순성의 과학에서는 자연과학을 물리학, 화학, 생물학 등으로 구분하여 연구하고 있지만, 자연은 결코 물리적이지도, 화학적, 생물학적인 것도 아니다. 자연은 그저 복잡할 뿐이다. 따라서 자연을 깊이 이해하기 위해서는 분야별로 따로따로 연구하는 것보다 물리적인 측면 화학적인 측면 생물학적인 측면을 동시에 보면서 연구해야 한다. 이런 이유 때문에 어느 대학의 학부나 학과에 소속되어 있는 조직으로는 복잡성 과학을 연구하기 어렵다.

그래서 복잡성 과학을 연구하는 사람들은 어느 곳에도 구속받지 않는 자유로운 연구소를 세워야겠다고 생각했다. 그것이 SFI이다. 이 연구소의 창설자들은, 원래 로스알라모스에 있는 연구원들이다. 로스알라모스는 SFI에서 차로 2시간 거리지만, 여기서 제2차 세계대전 때 원자폭탄이 극비로 만들어졌다. 로스알라모스를 방문하던 겔만이, 그곳의 연구자들과 점심식사 뒤의 커피타임에서, 새로운 연구 목표에 대해서 이야기하다가 SFI 연구소의 아이디어가 나왔다. 이렇게 하여 SFI가 설립된 것이다. 이즈음에 인공생명의 창설자 랭턴이 로스알라모스 연구원으로 영입되었다. 당시 랭턴은 일류 대학을 졸업한 것도 아닌 무명의 아마추어 과학자였다. 단지 파머의 강력한 요청이 있었을 뿐이었다.

이곳 연구원들은 복잡적응계(CAS)를 카스라고 부르지 않고 씨에이에스로 부르면서 단순한 복잡계(CS)와 의도적으로 구분한다.

복잡적응계의 특징

1. 초 병렬적으로 작용하는 무수히 많은 요소(에이전트라고 부른다)로 구성되어 있으며 제어는 중앙집중 방식이 아닌 분산처리 방식이다. 더구나 각 에이전트의 기능은 처음부터 특별하게 정해져 있지 않으며 단지 유한 개의 가능성만을 가지고 있다가 시스템의 발달과 함께 특정 가능성만 발현되어 그 기능이 정해진다.
2. 복잡적응계는 많은 계층구조를 가지며 각 계층은 자기닮음의 기능을 보인다. 즉 각 에이전트는 내부구조를 가지고 있다.
3. 복잡적응계는 내부에 외부환경에 대한 모델을 자기조직적으로 구성하여 외부세계를 파악한다.
4. 복잡적응계는 개방시스템이며 더구나 평형에서 멀리 떨어진 비평형상태에 있다. 평형상태나 평형 근방에 있는 시스템은 엔트로피 증대법칙에 의해 내부 엔트로피가 최대가 될 때 죽어 버린다.
5. 창발성을 갖는다. 요소환원적으로 설명이 불가능한 현상이다.
6. 자기조직화 특성을 갖는다.
7. 임계성을 갖는다.

이것으로 복잡적응계의 특징을 모두 망라한 것이라고 단언할 수는 없다. 복잡적응계는 아직 연구 중이고 그 실체가 확실히 파악되지 않은 상황이다.

복잡도(複雜度)

복잡함에는 정도가 있다. 약간 복잡하다. 매우 복잡하다는 말에서처럼 복잡성에는 서열이 있다. 내부구조(부분)가 있는 것을 복잡하다고 한다면, 내부구조의 차이에 의해 복잡성의 정도를 매길 수 있다.

내부구조가 모두 같은 것은 아니기 때문에 복잡함에는 정도가 있다. 서민들의 집은 내부구조가 단순하다. 가장 간단하게 방과 부엌의 구별도 없는 방 한 칸 짜리 집에서부터 방과 부엌이 구별된 집, 다시 방이 안방과 거실로 구분된 집 등으로 점점 내부구조가 복잡해진다.

여기서 우리는 복잡함을 결정하는 것이 무엇인지 다시 정리해 보자. 우선 내부구조가 복잡하다는 것은 그만큼 부품의 수, 즉 요소의 수(사용된 벽돌의 수)가 많다는 것이다. 요소의 수로 복잡성의 서열을 정하면 다음과 같다.

벽돌 < 방 < 집

더구나 벽돌은 방을 구성하는 요소로 사용되고 방은 집을 구성하는 부분이 된다. 이것으로부터 다음과 같이 말할 수 있다.

'부분은 전체보다 덜 복잡하다.'

부분의 복잡성이 전체에 반영되기 때문에 전체는 항상 부분보다는 복잡할 수밖에 없다. 더구나 이들 삼자의 관계는 기능 면에서도 복잡성의 서열이 일치한다. 벽돌의 기능은 무척 단순하다. 다른 벽돌과 모르타르에 의해 결합되어 벽이 될 뿐이다. 하지만 그러한 벽돌로 이루어진 방은 벽돌보다는 더 많은 기능을 가지고 있다. 즉 사람이 거주할 수 있다. 그리고 방이 결합하여 만들어진 집은 방보다 더 많은 기능을 갖는다. 즉 방과 방 사이의 생활공간을 만들어 사람이 일상생활을 영위하는 데 불편이 없게 한다.

우리는 이제까지 막연하게 직관적으로 단순한 것과 복잡한 것을 구분해 왔지만 이제는 보다 논리적으로 단순성과 복잡성을 구분하고 그들간의 서열도 매길 수 있다.

복잡성과 엔트로피

복잡성의 과학이 과학다워지려면 먼저 복잡함이 정의되어야 하고 정량화되어야 한다. 즉 복잡함이 모두가 인정할 수 있는 공유개념으로 자리잡아야 하며, 더 나아가 복잡한 정도를 측정할 수 있고 수치로 그 정도를 나타낼 수 있어야 한다.

이러한 작업에 팔을 걷고 나선 것은 그래스버거(Grassberger)와 크러치필드(Crutchfield) 등이다. 이들은 그림 (1)과 같이 복잡성을 엔트로피의 함수로 나타내야 한다고 주장한다. 이것은 엔트로피가 아주 높은 경우나 낮은 경우는 모두 복잡하지 않다는 우리의 직관과 일치하기는 하지만 복잡성을 단순하게 엔트로피로 측정할 수 있다는 말이 되기 때문에 복잡성을 너무 단순하게 보고 있다는 약점이 있다.

따라서 그림 (2)처럼 복잡성이 독립변수이고 엔트로피가 오히려

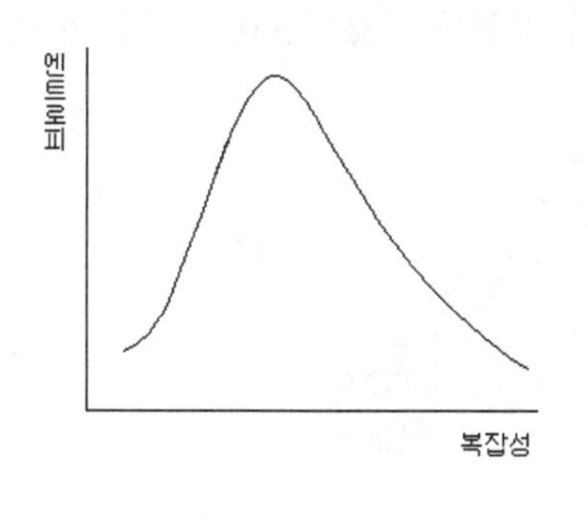

(1)

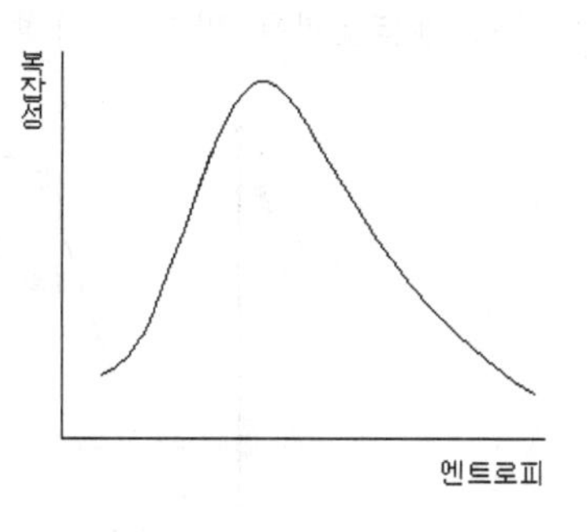

(2)

종속변수인 것이다. 원래 절대적인 복잡성은 존재하지 않고 관측자에 따라 상대적으로 정의된다. 즉 관측자의 지식이나 정보에 따라서 복잡함이 정해지기 때문에 같은 엔트로피 값을 갖는 대상일지라도 복잡성을 다르게 느낄 수 있다. 즉 같은 말이라도 듣는 사람에 따라서 전혀 달라진다. 인간의 언어는 정보량의 측면에서 보면 어느 정도의 엔트로피를 갖고 있다. 이 엔트로피는 정보이론에 의해서 정량적으로 계산된다. 그러나 말의 의미를 해석하는데는 제각기 다르다.

또 하나 같은 관측자에게도 엔트로피가 최대인 경우와 최소인 경우 복잡성은 일치하지 않는다. 즉 엔트로피 최대인 경우가 최소인 경우보다 더 복잡하다는 것이다.

그림에서 보는 것처럼 순수한 물, 증류수는 엔트로피도 낮고 복잡성도 없다. 여기에 아미노산, 핵산, 포도당 등의 유기물이 녹아서 만들어진 콜로이드 용액은 증류수보다 엔트로피가 높고 그리고 증류수보다 복잡하다. 그리고 화학진화가 계속되어 콜로이드 용액에서 코아세르베이트가 생기고 그리고 우리가 아직 모르는 어떤 과정에 의해 최초의 원시 생명체인 단세포생물이 탄생한다. 세포는 내부의 엔트로피를 밖으로 퍼내기 때문에 콜로이드보다 더욱 엔트

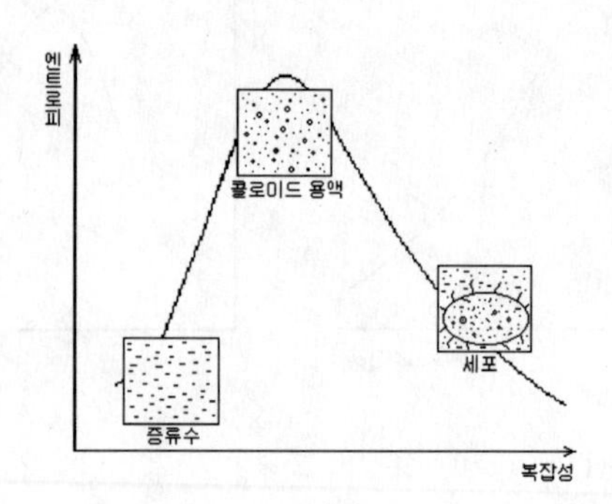

로피가 낮아지고 콜로이드 용액보다 더욱 복잡한 시공간적인 구조 즉 동적 구조를 보여준다.

수학에서 여러 가지 무한을 비교하는 데 어느 하나의 무한을 기준으로 삼고 있다. 그것은 자연수 집합이라는 가부번 무한이다. 수학자들은 이 무한이 가장 작은 무한이라고 주장하면서 여기서부터 여러 무한을 비교해 나간다. 복잡성도 우리가 직접 취급할 수 있는 개념이 아니라고 앞에서 말했다. 따라서 우리는 기준이 될 만한 가장 친근한 복잡성을 가지고 다른 복잡성을 비교하는 방법을 택해야 한다.

아무리 큰 수라도 인간이 셈할 수 있다면 무한이 아닌 것처럼 인간의 눈에 의해 그 내부구조가 해명되면 그것은 결코 복잡한 것이 아니다. 자동차 내부나 복잡하다고 하는 전투기 내부도 인간이 설계도를 그릴 수 있기 때문에 결코 복잡한 시스템이 아니다. 즉 위에서 아래로 방식으로 구성된 것은 결코 복잡한 것일 수가 없다. 아무리 유한한 요소로 이루어졌더라도 그들이 반복적으로 무한한 관계를 갖는다면 그것은 복잡한 시스템이 되어 버린다. 단순 반복적인 피드백은 엔트로피를 낮추고 시스템을 계층화시킨다. 계층화의 정도도 복잡성을 보는 한 가지 측면이 될 것이다. 이에 대한 이야기는 시스템론에서 본격적으로 다루어야겠다.

보통 복잡도

복잡성은 절대적인 것이 아니고 상대적인 개념이다. '~보다 복잡하다'는 말에서 알 수 있는 것처럼 말이다. 우리는 데모크리토스가 했던 것처럼 내부구조가 없는 원자나 쿼크같이 세상에서 가장 단순한 것을 상상할 수는 있다. 그러나 이 세상에서 가장 복잡한 것을 상상하기란 쉽지 않다.

아무튼 우리는 복잡성의 서열을 매기기 위해 복잡도의 지표를 정해야만 하는데 무엇이 가장 좋을까? 머레이 겔만은 쿼크와 재규어에서 한 시스템의 복잡도를 다음과 같이 규정하고 있다.

예를 들면 전화로 자동차를 구입을 문의하는 손님에게 자동차의 구조나 성능을 설명할 때 두 사람은 같은 언어를 사용하고 지식수준도 같다면 자동차를 설명하는 가장 짧은 문장의 길이로 그 자동차의 복잡도를 정한다. 이러한 복잡도를 겔만은 '보통 복잡도'라고 부르고 있다. 물론 자동차의 기본적인 구성요소를 어느 수준으로 규정하느냐에 따라 문장의 길이는 달라진다.

자동차의 엔진부, 차체부, 구동부, 조종장치부까지만 설명할 수도 있다. 그러나 보다 세밀한 손님은 엔진을 구성하는 피스톤, 밸브, 크랭크축 등의 부품이 어디에서 어떤 재료로 제조되었는지 알고 싶어할지 모른다. 더욱 세심한 손님은 부품의 금속조직까지 조사하고 싶어할지 모른다. 만일 미세한 균열이 있다면 큰일이니까! 그래서 금속원자 수준까지 조사할지도 모를 일이다.

이렇게 시스템을 어느 수준까지 관찰해야 하는지를 결정하는 것을 조시화(粗視化) 수준을 결정한다고 말한다.

더구나 복잡성은 양적인 변화가 아니고 질적인 변화를 수반한다. 대머리에 머리카락 하나가 돋아난다고 해서 대머리가 아니라고 할 수 없는 것처럼 모래더미에 모래알 하나를 더 추가했다고 단순한 모래더미가 갑자기 복잡해졌다고 말할 수는 없다.

이처럼 복잡성은 양적 증가만으로는 나타나지 않는다. 무언가 질적 변화가 필요하다. 앞에서도 말한 것처럼 복잡은 두 번 이상 접은 것이다. 여기서 접었다는 것은 바로 계층성을 의미하는 것이다.

계층성이 주어질 때 시스템은 질적 변화가 일어나고 복잡성이 나타난다.

주의력의 조시화

처음 외국어를 배울 때 우리는 외국문자 하나 하나에 대해 주의를 기울인다. 외국문자가 아직 기억되어 있지 않아 매우 낯설기 때문이다. 일본어를 모르는 사람은 다음 일본 문장을 보면서 문자 하나 하나를 독립적으로 바라본다.

You are beautiful.

あなたはうつくしいです。

|Y|o|u| |a|r|e| |b|e|a|u|t|i|f|u|l|.|

|あ|な|た|は|う|つ|く|し|い|で|す|。|

그러나 1년쯤 지난 후에 우리는 외국문자 하나 하나에 완전히 익숙해진다. 그래서 특별히 주의할 것이 없으면 문자 하나 하나를 세세히 들여다보지 않게 된다. 이 단계가 되면 이제 문장을 문자 단위가 아니고 단어 단위로 바라보게 된다.

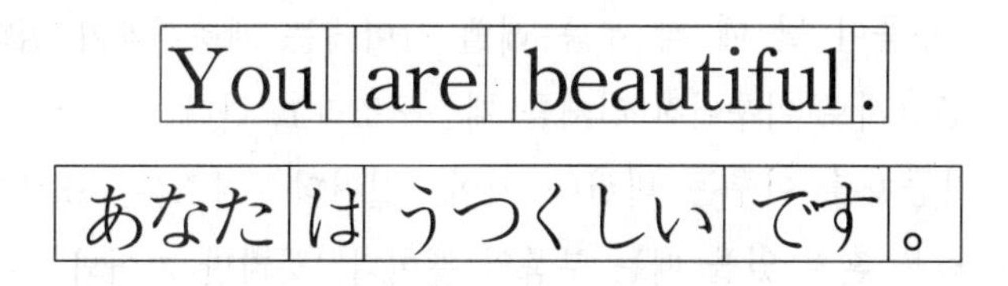

이 단계에서는 익숙한 단어와 모르는 단어가 뒤섞인 문장을 읽을 경우 모르는 단어 앞에서 멈추게 되고 그 단어에 온 신경이 쏠리고

그 의미를 알아내고자 기억을 더듬는다든지 사전을 찾게 된다.

이처럼 이때는 이미 익숙한 문자에는 주의하지 않고 보다 큰 덩어리인 단어의 단위에 주의를 기울인다. 작은 단위는 무시하고 큰 단위를 보는 경향이 바로 조시화 경향이다. 그리고 다음 단계는 문장 단위로 보게 되어 일본어가 능숙하게 된다.

あなたはうつくしいです。

이런 조시화 경향은 계층구조와 관련이 있다. 우리의 인식구조는 이처럼 대상을 계층적으로 파악하여 하부계층에서 상부계층으로 이해해 가는 경향을 가지고 있다.

계층 구조의 마술

자동차 공장에서 자동차의 조립과정을 보자. 먼저 가장 작고 기본적인 기계 요소인 나사나 스프링, 축 등이 결합하여 피스톤, 크랭크축, 핸들, 클러치, 바퀴 등의 보다 큰 부품을 만들고 이들이 모여서 엔진, 변속기, 조종장치, 주행장치를 만들고 이들이 차체를 기본골격으로 하여 결합하면 자동차가 완성된다.

이렇게 어떤 부품이 다른 것의 부품이 되고 그것이 다시 다른 것의 부품이 될 때 각 부품 레벨 사이에는 계층관계가 있다고 하고 계층관계로 이루어진 전체를 계층구조라고 한다.

자동차를 이루는 바퀴나 기어, 실린더, 피스톤, 크랭크축 등의 부품은 혼자 있을 때는 부품일 뿐이다. 하지만 기어와 실린더 피스톤 크랭크축이 결합되면 엔진이 만들어지고 엔진은 부릉거리는 소음을 내면서 힘차게 크랭크축을 돌린다. 즉 이제까지 피스톤이나 실린더 등에서는 볼 수 없는 새로운 기능이 마술처럼 나타난다. 그리고 다시 엔진과 차체와 바퀴가 결합하면 고속도로를 신나게 달릴 수 있게 된다. 이처럼 부품이 새롭게 결합될 때마다 계층이 올라가고 새로운 기능이 나타난다.

이번에는 해부학 책을 보자. 사람은 오장육부와 골격계, 근육계, 신경계가 밀접하게 연관되어서 피부라는 한 겹의 가죽으로 둘러싸인 통일체라고 말하고 있다. 현미경을 들이대어 좀더 세밀하게 살펴보면 각 기관은 조직세포들로 구성되어 있고, 조직세포는 핵, 미토콘드리아, 골기체 등의 세포 소기관으로 구성되며 세포 소기관은 단백질, 지방, 핵산 등의 고분자로 이루어지고 단백질은 아미노산으로 구성되어 있다. 다시 아미노산은 탄소, 질소, 수소, 산소 등의 원자로 이루어지고 원자는 원자핵과 전자로 구성되어 있고 원자핵을 구성하는 양성자는 우리가 지금 물질의 궁극의 입자라고 생각하는 쿼크로 이루어진다. 이렇게 보면 사람이란 결국 쿼크 덩어리에 지나지 않는다고 할 수 있다. 하지만 사람은 분명히 쿼크 이상의 것이다. 만일 사람이 쿼크 덩어리에 지나지 않는다면 살인자들이 태연하게 살인을 한 것이 아니고 쿼크 덩어리를 부수었을 뿐이라고 말할 수 있을 지도 모른다.

이처럼 인간사는 사람 마음먹기에 달려 있다. 그 마음의 메커니즘은 MRI 등을 이용하는 뇌연구로 밝혀지게 되고, 그 뇌의 활동은 생체조직이 만들어 내는 것이고 생체조직에서 보이는 신진대사, 생식, 발생, 유전, 면역 등의 생명현상은 핵산과 단백질, 비타민 등의 유기물의 화학반응으로 환원되고 화학반응은 분자간의 전자기력의 상호작용으로 환원되고 전자기력은 전자나 쿼크 같은 소립자간의 상호작용으로 환원된다.

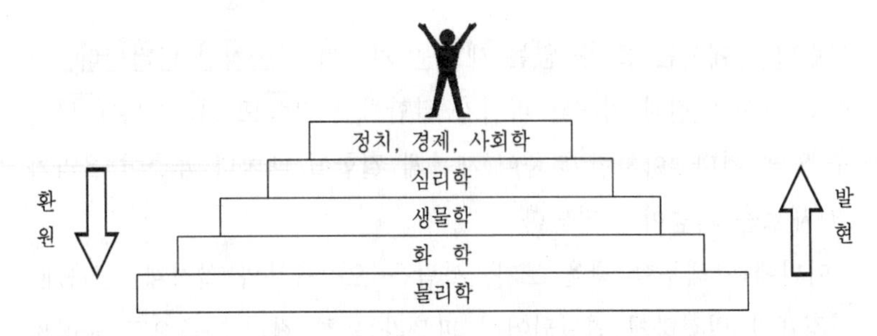

결국 인간사의 사랑과 미움, 부귀영화를 향한 권력투쟁과 전쟁, 천기의 운행을 비롯한 이 우주 안의 모든 것은 결국 소립자의 상호작용에 지나지 않는 것이다.

이 믿음이 엄청난 돈을 들여 소립자물리학을 연구하는 까닭이기도 하다.

이것이 이제까지의 단순성 과학의 믿음이다. 그래서 단순성 과학은 그림에서 보는 것처럼 과학을 차례차례 환원되는 것으로 계층성을 부여하고 가장 기본이 되는 과학으로 물리학을 중요시한다. 과연 인간세상은 단지 쿼크 덩어리의 상호작용에 지나지 않는 것일까?

산 개구리와 죽은 개구리

개구리를 죽이자마자 무언가가 달아나 버린다. 개구리의 영혼이라도 달아난 것일까? 실제로 미국의 어느 과학자는 영혼의 무게를 재었다고 한다. 아직 살아있는 모르모트의 무게를 잰 다음 피 한 방울 뽑지 않고 모르모트를 죽여 그 무게를 정밀하게 재어 보니 약간 무게가 줄었다는 것이다. 그 차이가 바로 모르모트 영혼의 무게라는 것이다. 하지만 과학자는 UFO라든가 귀신, 영혼 따위의 확인되지 않은 존재를 언급해서는 안되므로 그가 잰 것은 영혼의 무게가 아니고 생체조직의 결합력을 잰 것이라고 고쳐 말해야 한다.

결합력은 에너지이고 아인쉬타인에 의해 에너지도 질량을 가지고 있다는 것은 모두 아는 것이다. 모르모트가 죽으면 생명을 유지하기 위한 생체조직 사이의 조직세포들 사이의 세포 속의 유기물질들 사이의 미묘한 결합력이 차례차례 빠져나간다. 결합력을 잃은 생체조직은 그 순간부터 분해되고 썩기 시작한다.

한 민족의 몰락은 그 민족 구성원 전체의 죽음이 아니라 그 민족의 결합력, 언어라든가 풍습 따위의 그 민족 고유문화의 상실인 것이다. 바로 결합력이 계층구조를 만들고 있다.

살인자가 사람을 죽이는 것은 단지 쿼크 덩어리를 부순 것이 아니고 쿼크 덩어리로부터 차례차례 계층적으로 주어지는 결합력을 없애버린 것이다. 사람의 급소는 최고 상층구조의 결합부이다. 이곳이 풀리면 다음 계층의 결합부도 차례차례 풀려나가 버린다.

쿼크 세 개가 모이면 양성자가 되고 양성자는 쿼크에서는 볼 수 없는 새로운 성질이 마술처럼 나타난다. 그것은 전자를 붙잡아 원자를 만드는 것이다. 다시 원자들이 서로 결합하여 단백질 같은 유기 물질이 되면 신진대사, 면역, 생식 등의 생명 기능이 나타난다. 그리고 이들 기능의 복합체로서 사람은 숨을 쉬게 된다. 가장 단순한 쿼크에 계층성이 차례로 주어지면 복잡한 생명체가 된다. 사람의 숨이 끊어지면 이들 유기물질간의 결합이 사라지고 계층성이 무너지면서 단순한 물질로 되돌아간다. 계층성은 단순함과 복잡함을 이어주는 가교인 것이다.

쿼크(단순성)—계층성→재규어(복잡성)

전설에 의하면 옛날 산골에 숨어살던 스님이 공양을 받은 밥알을 많이 모아 그것을 반죽하여 소와 호랑이 모습이 뒤섞인 짐승 모양을 만들고 거기에 주문을 걸어 불가사리라는 쇠붙이를 먹이로 하는 맹수를 만들었다고 한다. 아마도 스님이 걸었던 주문도 계층성의 주문이라고 생각한다.

계층구조가 올라갈수록 복잡성이 증가하는 것은 당연하다. 겔만은 보통 복잡도만으로는 성이 안 찼는지 실효 복잡도라는 개념을 내세운다. 실효 복잡도란 계를 설명하는 데 사용된 스키마의 크기로 정의하고 있다. 스키마란 여러 가지 모양의 삼각형을 모두 삼각형으로 인식하는 삼각형의 기준을 말한다. 필자의 생각으로는 실효 복잡도는 계층구조와 관련이 있다고 생각된다. 이러한 내용은 앞으로 더욱 연구되어야 할 것이다.

복잡성 증가의 법칙

열역학 제2법칙은 엔트로피 즉 무질서도가 시간이 갈수록 증가해 간다고 주장하고 있다. 더구나 시간의 본질 즉 시간의 화살은 바로 엔트로피 증대의 방향을 결정하고 있다는 것이다. 즉 시간의 흐름은 엔트로피가 증대하는 방향으로만 흐르며 그 역도 마찬가지라고 주장하는 과학자들이 있다. 우주 안에서 시간과 함께 무질서가 스스로 증가해 가듯이 우주 안에서는 복잡성도 스스로 증가해 간다.

복잡성은 질서라는 씨줄과 무질서라는 날줄이 엮어내는 비단과도 같은 것이다. 복잡함은 증가하기도 하고 감소하기도 한다. 그러나 대부분의 과학자는 복잡성이 증가하는 것이 자연스러운 것이라고 생각한다.

복잡성 증가의 예로 '성장'이 있다. 즉 단 하나의 수정란이 분열을 거듭하여 여러 종류의 세포로 분화하여 조직과 기관을 만들어낸다. 여기서 보더라도 복잡성이 증가하는 기본적인 원동력은 자기복제이다. 단순한 것을 많이 복제해 내어 새로운 계층구조를 형성함으로써 보다 복잡한 것을 만드는 것이다.

단순→복제→복잡

폴 데이비스는 『우주의 청사진』이라는 저서에서 이 복잡성의 증가를 복잡성 증대의 법칙이라고 이름지었다. 그리고 그는 엔트로피 증대법칙이 복잡성 증대법칙과 모순되지 않는다고 말한다. 즉 두 법칙은 서로 양립할 수 있다.

하긴 복잡성이 질서와 무질서로 엮어지는 것이라면 무질서의 증대는 분명 복잡성의 증대를 초래할 수밖에 없다.

창발성(創發性)

이제까지의 단순성의 수학은 그 누가 보아도 자명한 원리(수학에서는 특별히 공리라고 부르기도 한다), 예를 들면

"전체는 부분보다 크다."

라는 등의 의심할 여지가 없는 절대 진리라고 생각되는 것으로부터 매우 신중하고도 용의주도하게 우리가 수학 시간에 공부하는 공식 등을 유도하거나 증명한다.

놀부 심보를 가진 그 누군가가 그 증명과정을 트집잡기 위해 의심의 눈으로 '만약에 그렇지 않다면 어떨까?' 하고 반례를 찾아보려고 해도, 처음 출발점인 공리로부터 필연적으로 그러한 공식이 나올 수밖에 없다는 것을 결국에는 인정할 수밖에 없게 된다. 공식이 틀렸다고 한다면 그것은 처음의 공리도 잘못되었다고 밖에 말할 수 없다. 흔히 한국의 정치인들이 토론을 할 줄 모른다고 말하는데

그것은 처음부터 모두가 인정하는 공리를 설정하지 않기 때문이다. 쌍방이 모두 인정하는 전제 아래서 대화가 진행된다면 결국에는 반드시 타협점이 나오게 마련이다. 그러나 한국의 정치인들은 곧잘 쌍방이 인정하는 전제를 자신들의 실익에 따라 무시하거나 처음부터 그러한 전제를 확인하는 절차도 대부분 거치지 않는다.

소크라테스의 『변명』이라는 조그만 책자를 보면 소크라테스는 설득하고자 하는 상대방에게 몇 번이고 지루하리만큼 상대가 인정하는 전제를 확인하고, 그 전제로부터 결론을 삼단논법으로 논리정연하게 유도한다. 때문에 상대방이 소크라테스의 주장을 반박하려면 자신이 처음에 인정했던 전제부터 반박해야만 한다. 그러나 그것은 자가당착이 되어 버린다. 결국 소크라테스의 설득에 승복할 수밖에 없다. 한국의 정치발전을 위해 우리의 정치인들이 수학을 열심히 공부할 것을 권한다.

아무튼 이렇게 수학은 말많고 트집잡기를 좋아하는 고대 그리스 시대에 일체의 군소리를 못하도록 가장 견고하게 건설된 학문이었다. 마치 큰 홍수에도 쓸려가지 않을 굳건한 반석 위에 기초를 잡고 그 위에 굵은 대리석 기둥을 세우고 대들보를 얹은 고대 그리스 시대의 건축물과도 닮았다.

그러나 이제부터 이야기하는 창발(emergence)은 그러한 원리나 공식으로부터 논리적으로 유도하거나 예견해 보거나 설명하는 것이 불가능한 진화, 발전을 말한다. 따라서 창발성은 수학자들이 가장 싫어할 만한 도깨비 같은 개념이다. 수학자들은 우연한 현상마저도 수리적으로 철저히 분석하고자 한다. 그것이 확률론이다. 그렇다고 창발성이 완전히 우연이라는 것은 아니다. 아직 창발의 전모는 뚜렷하게 밝혀지지 않고 있다. 창발성은 카오스처럼 예측이 불가능하지만 결정론적이고 필연적인 측면도 있다. 다음 그림은 창발성을 보여주는 것이다. 하부의 수많은 요소들의 상호작용이 상부의 거시적인 구조를 창발시킨다. 즉 거시적인 구조는 하부요소들로부터 논리적으로 기계적으로 설명하기 어렵기 때문에 창발되었다고 말한다. 이에 대해 자동차는 많은 부품으로 조립되었다고 말한다.

수없이 많고 독립적인 작은 요소들은 어떤 환경이 갖추어지면 각 요소들간의 상호작용이 강해져서 스스로 거시구조를 만들어 낸다. 이렇게 작은 요소들이 자발적으로 어떤 거시적인 조직체를 만들어 내는 방법을 상향식, 즉 아래에서 위로(bottom up)라고 한다.

자기조직화된 거시구조는 다시 작은 요소들에게 새로운 환경으로서 되먹임(feedback)을 일으킴으로써 작은 요소들이 보다 활발하게 거시조직을 구성하게 한다. 이렇게 해서 더욱 거대하고 조직적인 구조가 서서히 나타난다. 이러한 증폭적인 양의 되먹임이 바로 진화이다.

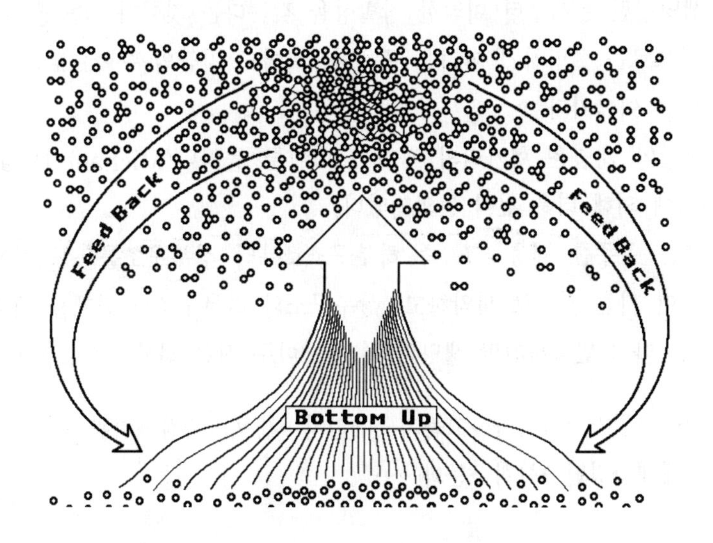

이렇게 해서 창발된 시스템은 원래 독립적인 요소들의 자발적인 참여로 이루어졌기 때문에 자신들의 이해타산에 따라서 마치 주식시장이 그렇듯이 시시때때로 참여와 이탈이 이루어지므로 매우 불안하고 동적인 시스템이 된다. 즉 개방계인 것이다.

국소적인 상호작용은 끊임없이 변하지만 이 작은 상호작용으로 창발된 거시적인 구조는 거의 변화가 없다.

이 거시구조에는 질서와 무질서가 섞여 있다. 즉 카오스의 가장자리인 것이다.

창발개념의 역사

19세기 영국의 철학자 루이스(H. G. Lewis)가 최초로 이 창발이라는 개념을 철학에 도입했다. 그리고 영국의 동물심리학자 모간(C. Lloyd Morgan)이 이 개념을 이용하여 생물진화의 역사에서 비약적으로 생물들이 진화하는 모습을 설명하였다.

생명이란 본래부터 이러한 창발성을 갖는다는 것이다. 즉 생명은 수학으로는 설명하기 어려운 존재다. 적어도 지금의 수학으로는 그렇다는 이야기다.

창발의 개념은 헝가리의 과학자 마이클 폴라니(Michael Polanyi)에 의해 더욱 깊이 논의되었다.

그는 우주를 계층구조 즉 하부구조로부터 상부구조를 차례차례 만들어 가는 것으로 파악하고, 상부구조와 하부구조의 관계를 생각했다. 다시 반복하지만 생명의 세계는 아주 작은 하부구조로부터

…→원자→저분자→고분자→유전자→세포→조직→기관→
개체→집단→사회→문화→…

의 계층구조를 거쳐 끊임없이 상부구조로 발전해 간다.

상부구조는 분명 하부구조의 법칙에 의존한다. 인간의 생활은 물리, 화학의 법칙에 지배되고 있다. 인간의 육신은 수많은 세포로 이루어져 있고 그 세포는 역시 수많은 화학물질로 구성된다. 그리고 그 물질들은 원자들이 결합해서 만들어진 것이다. 따라서 인간의 생사는 원자핵의 수명, 화학물질의 안정성, 세포의 수명에 좌우될 수밖에 없다.

인간을 살상하는 무기도 인체기관을 손상시키는 원시적인 창이나 칼로부터 세포의 괴사를 직접 노리는 여러 가지 독극물이나 생화학무기, 그리고 이제 인체를 구성하는 원자를 직접 타격하는 중성자무기로 발전해 왔다. 이처럼 보다 아래에 있는 하부구조를 교란시키는 쪽으로 발달해 왔다는 것도 상징적이다. 보다 아래에 있는 하부구조의 붕괴는 조직에 훨씬 치명적이라는 것이다. 이처럼 상부구조는 거의 절대적으로 하부구조에 의존한다.

그러나 하부구조가 상부구조의 모든 것을 결정하지는 못한다. 하부구조에서 사용되는 법칙으로 상부구조의 모든 것을 설명하지는 못한다. 위로 올라갈수록 그런 것이 더 많아진다.

예를 들면 로미오가 죽음을 피하려고 하는 생물학적 본능을 거부하고 줄리엣을 위해 죽는다. 뇌 생리학자로부터, 심리학자 등 모든 과학자가 동원되어도 로미오의 행동을 과학적으로는 결코 설명하지 못한다.

즉 상부구조의 행동은 하부구조의 법칙으로는 설명할 수 없는 창발된 행동인 것이다. 그리고 이러한 상위레벨의 운동은 하위레벨 운동의 경계 조건으로서 작용한다는 주연(周緣)제어의 생각을 내놓았다. 즉 팔다리의 운동은 수의근으로서 두뇌의 지령에 의해 제어를 받는다. 이것은 상부구조가 하부구조에 되물림 되어 하부구조를 조정하는 것이다.

이렇게 아래로부터 위로 발현되는 현상만을 이제까지의 과학자들은 주목하였다. 즉 유물론자들은 소립자로부터 물질이 창발되고, 물질로부터 생명이 창발되고, 뇌로부터 정신이 창발된다고 한다.

독일의 물리학자 하켄은 랜덤계에서 질서의 자기형성을 논하는 시너제틱(Synergetics ; 협동적, 공조적)이라는 협동현상에 주목했다. 이것은 자율성을 가진 모든 요소가 자신의 자율성을 버리고 전체를 통괄하는 커다란 하나의 질서에 종속되어 가는 현상이다.

하나의 단어는 여러 가지 의미를 가지고 있다. 즉 유동성(자유)이 있는 것이다. 하지만 하나의 문장에 들어가면 전체 문장의 의미에 맞게 오직 하나의 의미만이 선택되고 나머지는 없어진다.

당구공같이 서로 상호작용이 없는 요소로 구성된 물질은 외부의 요동에 따라 물질의 전체적인 상태가 연속적으로 변화한다.

그러나 요소끼리 상호작용이 있다면 외부의 요동에 따라 불연속적으로 변한다. 이 불연속적인 변화를 상전이(相轉移)라고 부르는 것이다.

예를 들어 물분자들처럼 상호작용(물분자끼리의 결합력)이 있는 경우는 얼음이라는 고체상태에서 물이라는 액체상태로 물질 전체의 상태변화가 불연속적으로 일어난다.

그러나 흙먼지처럼 상호작용이 없는 경우는 외부요동에 의해 연속적으로 상태변화가 일어난다. 여기서 외부요동은 물의 경우는 열이며, 흙먼지는 물이다.

얼음은 -10℃에서 0℃가 될 때까지는 고체상태가 변함이 없다. 그러나 0℃를 넘어시면 갑자기 녹아 액체상태로 변화한다. 즉 온도에 따라 물질의 상태가 연속적으로 변하지 않고 0℃라는 임계온도에 이르러서야 불연속적인 상태변화를 일으킨다. 0℃에서 물분자들의 결합력이 깨어지는 것이다.

진흙의 경우는 수분이 없을 때는 딱딱한 고체이지만 수분이 가해지면 즉 외부요동이 가해지면 서서히 부서져서 걸쭉한 액체상태를 거쳐 아주 묽은 진흙이 된다. 거꾸로 수분이 빠지면 서서히 굳어진다.

이처럼 요소들간의 상호작용이 있는가 없는가에 따라 전혀 다른 양상을 보여준다. 상호작용이 있는 경우 물질의 상태는 외부조건에 의해서만 결정되지 않고 내부요소들간의 상호작용에 의해 물질의 거시상태가 결정된다. 이렇게 요소들의 상호작용이 외부요동을 이기고 물질의 거시상태를 결정하는 것을 하켄은 협동현상(Synergetics)이라고 했다.

창발성은 이러한 협동현상과 밀접한 관계가 있는 것으로 창발개념은 앞으로도 계속 다듬어져 나갈 것이다.

상호작용의 복잡성

물질들의 상호작용은 한 가지만 아니고 여러 가지가 동시에 있을 수 있다. 수정과 같은 결정의 경우는 요소들의 상호작용이 한 가지로 단순하기 때문에 물질의 전체구조는 한 가지 구조 즉 결정구조밖에 나타나지 않는다.

그러나 물질의 요소가 다양하고 상호작용의 종류도 다양하다면 물질의 전체상태는 여러 가지 상태가 끊임없이 나타나는 동적 구조를 갖게 된다. 바로 생명체가 동적 구조의 대표적인 보기이다. 생명체를 이루는 요소는 다양하고 그들간의 상호작용도 다양하다. 따라서 여러 가지 상태 즉, 삶의 모습이 나타나는 것이다.

상호작용이 단순하면 단순한 결정구조밖에 나타나지 않지만 상호작용이 복잡해지면 여러 가지 구조가 나타난다. 상호작용이 복잡해지면 이들 상호작용은 서로 상호작용해 자기조직화가 나타난다. 즉 자기조직화는 협동현상의 특수한 경우라고 할 수 있다.

인간의 의식세계도 여러 가지 요소가 여러 가지 상호작용으로 만들어 내는 자기조직적인 현상이다. 이러한 현상들 속에 모두 창발이 숨어 있는 것이다.

그러나 이제 창발이라는 개념은 새로운 각도에서 재정립되고 있다. 이러한 작업은 '인공생명'이라는 새로운 정보과학을 창시한 랭턴에 의해 주도되고 있다. 랭턴은 하부구조에서 상부구조로의 발현만을 창발로 보지 않고 상부구조에서 하부구조로의 피드백까지를 창발로 보고 있다.

즉 뇌라는 물질이 정신을 만들었다면 정신은 다시 숟가락 등의 물질을 단지 정신력만으로 구부린다는 등의 초능력을 행사할 수도 있다는 것이다. 우리가 가끔 접하는 초능력 현상은 이렇게 상부구조가 하부구조를 제어하는 예라는 이야기다.

이 쌍방향의 피드백이 점진적으로 상부구조와 하부구조를 서로 진화시켜 나간다는 것이다. 이것은 마치 '허공답보'라는 중국 권법에 나오는 비술을 연상시킨다. 허공에 뜬 오른발이 땅에 닿기 전에 왼발을 더 높이 허공에 내딛고 다시 왼발이 땅에 닿기 전에 오른발을 더욱 높이 허공으로 내딛는다면 뉴턴의 만유인력의 법칙을 초월한 기적이 일어날지도 모른다.

생명은 마치 이 허공답보처럼 닭이 달걀을 만들고 달걀이 닭을 만드는 순환의 되풀이, 쌍방향의 피드백을 반복하는 속에 둥둥 떠 있는 존재이다.

이러한 쌍방향의 피드백이 복잡한 생명현상을 만들어 낸다는 사고방식을 콜렉셔니즘(Collectionism)이라고 부른다. 필자는 상부와 하부구조가 공동경영을 한다는 의미로 공영(共營)주의라고 번역했다.

창발과정

수없이 많은 기본적인 요소들은 적당한 환경이 조성되면 그 요소들 몇 개가 모여 소그룹을 형성한다. 물의 온도가 내려가면 5~6개의 물분자가 모여서 5각수나 6각수를 형성한다. 물분자의 소그룹이다.

이는 마치 미국의 허버트 사이먼(Herbert Simon)이 제안한 정자(定者) 생존(Survival of the Stable)이 연상된다.

정자생존은 시계를 각각 다른 방식으로 조립생산하는 두 시계공의 경쟁을 비교한 것이다. 한 사람은 주문자의 요구대로 처음부터 시계부품을 하나하나 골라 최적의 시계를 만들어 내어 고객의 요구에 부응한다. 그러나 처음부터 손님의 요구대로 부품을 조립하기 때문에 생산시간은 많이 걸린다.

또 한 사람은 고객의 요구를 무시하고 우선 중간 조립품을 많이 만들어 두고 주문이 들어오면 그 중간 조립품들로 적당히 고객의 요구를 맞추어 빠른 시간 내에 시계를 생산한다.

첫 번째 사람은 고객의 요구를 완벽하게 들어주기 때문에 곧 고객의 수가 증가한다. 하지만 고객이 증가할수록 시계를 생산해 내는 시간은 더욱 많이 걸리고 결국에는 납기를 못 맞추어 고객이 어느 한계 이상 증가하지 못한다.

하지만 두 번째의 경우에는 고객이 꾸준히 천천히 증가하지만 이를 모두 소화해 갈수록 사업이 번창하게 된다.

이 이야기는 오늘날 프로그램 기술의 변화상을 말하기도 한다. 예전에는 어떤 목적의 프로그램을 처음부터 설계해서 완성해 내곤 했다. 따라서 프로그램은 최적화 되어 있고 수행속도도 그만큼 빠르다. 하지만 요즘과 같이 프로그램의 덩치가 비대해지면서 처음부터 프로그램을 설계하여 만드는 것은 불가능하다. 즉 프로그램의 모듈화가 진행되고 있다. 프로그램이 수행해야 할 작업을 몇 개인가의 단위로 구분하고 각각의 작업에 대한 프로그램을 독립적으로 미리 만들어 둔다. 그리고 필요할 때마다 그 모듈들을 조립해서 하나의 프로그램을 완성해 낸다. 물론 프로그램이 최적화 되지도 못하고 버그도 많지만 어느 분야보다도 제품수명이 짧은 소프트웨어 산업에서는 적시에 적절한 제품을 생산해 내는 것이 관건이기 때문에 프로그램의 모듈화가 더욱 고도의 기술로 발전되고 있다.

생명체의 번성도 마찬가지다. 박테리아 등의 단순한 단세포생물의 DNA에는 무의미한 부분은 하나도 없다. 하지만 인간을 포함한 복잡한 진핵세포생물의 DNA에는 무의미한 코드가 DNA의 대부분을 차지하고 있다. 뿐만 아니라 생체조직에는 당장 없어도 살아가는 데 크게 지장이 없는 부분이 많다. 생명체는 한마디로 낭비가 아주 심한 존재이다. 그러나 그러한 용장(冗長)성이 급변하는 환경에 적응하고 진화하는 데 큰 역할을 했다는 점이다. 인간의 언어도 꼭 필요한 의미만을 전달하도록 최적화 되어 있지 않다고 한다. 국어사전을 찾아보면 한 낱말에 하나의 의미만 있는 것이 아니다. 따라서 자신의 의견을 보다 분명히 하기 위해서는 무의미하고 불필요한 어구를 수다쟁이처럼 늘어놓기 일쑤라는 것이다.

이렇게 용장성과 다의미를 가진 중간존재를 변화에 흔들리지 않는 안정된 존재라는 뜻에서 정자(定者)라고 부른다.

창발과정에는 이러한 정자의 출현이 반드시 필요한 것이다. 정자들이 다시 모여 상위계층의 정자를 형성한다. 이렇게 한 정자가 상위계층의 부속이 되면 그 용장성과 다의미를 잃고 하나의 의미만을 갖는 고정(固定)자가 된다. 케스틀러의 홀론도 정자와 같은 개념이다. 홀론이 홀로 있을 때는 다양한 가능성을 갖춘 존재이지만 상위계층의 부속이 되면 그 홀론은 부속의 역할을 하는 한 가지 가능성만 남겨 두고 일체의 가능성을 죽여 버린다. 이러한 정자나 홀론으로 세포자동자를 제안한다. 세포자동자는 여러 가지 가능성(상태수)을 가지며 그 이웃의 상태 즉 환경에 따라서 어느 한 가지 상태만을 선택한다.

창발성과 인과율 붕괴

과학이라는 학문은 원인과 결과의 관계를 분명히 밝히기 위한 것이 목적이기 때문에 과학에서 가장 중요한 법칙은 인과의 법칙이다. 인과율(因果律)이란 하나의 원인에서 반드시 하나의 결과만이 나와야 한다는 것이다. 인과의 법칙을 가장 분명하게 설명하는 것이 바로 수학에서의 함수이다.

함수란 원인집합에서 결과집합으로의 일의 대응이다. 인간이 가장 납득하기 어려운 것은 하나의 원인에서 두 가지 이상의 결과가 파생될 때이다. 대한민국 병역법은 모든 국민이 병역의 의무가 있다고 명시되어 있지만 부유층이나 권력자들의 자제들이 병역면제를 받는 일이 자주 있었다. 같은 법이 어떤 때는 이런 결과를 어떤 때는 저런 결과를 가져온 것이다. 이런 일은 도깨비나 귀신 등의 불가사의한 괴물들이 부리는 조화와 같은 것이다. 인간은 결코 인과율을 벗어나 살 수 없다. 도깨비나 귀신이 인간과 함께 할 수 없는 이유가 이것이다. 코걸이 귀걸이 식의 법 해석은 인과의 법칙에서 보아도 납득할 수 없는 일인 것이다.

인간의 인식시스템도 본질적으로 인과의 법칙에 충실하게 따른다. 즉 함수는 인간 인식론의 수학적 모델이라고 할 수 있다는 것을 앞에서 이야기했다.

고전역학의 여러 상식이나 법칙들을 무너뜨린 양자역학이나 상대성이론도 반드시 지키고 있는 법칙이 있다. 즉 아무리 기묘한 현상을 보여주는 양자역학 상대성이론의 세계에서도 결코 인과율이 무시된 적은 없었다.

그러나 복잡성의 과학에서는 인과율이 깨어지고 있다. 즉 똑같은 조건을 주었는데도 조금씩이나마 다른 결과가 나오며 때로는 확연하게 다른 결과가 나오기도 한다. 이것은 바로 복잡성과학의 핵심 개념의 하나인 창발성 때문에 그렇다.

과연 복잡성의 과학은 과학의 마지막 보루라 할 수 있는 인과율마저 초월하는 세계인가? 필자는 아니라고 본다. 어떤 책의 제목처럼 과학은 인간이 하는 것이다. 아무리 복잡한 현상을 규명하는 과학일지라도 인과율을 기본법칙으로 하고 있는 인간의 인식시스템에 분석되어야 하고 이해되어야 하기 때문에 인과율은 과학의 본질이라고 해야 한다.

따라서 창발현상이 보여주는 인과율 붕괴현상을 설명해야 한다. 창발성은 원인이 결과를 낳고 그 결과가 다시 원인의 집합에 피드백 된다. 그리고 그 피드백은 다시 새로운 결과를 만들어 낸다. 이 과정은 짧은 순간에 동시다발적으로 일어나기 때문에 우리 눈에는 하나의 원인이 동시에 두 개 이상의 결과를 만들어 내어 마치 인과율이 깨어진 것처럼 보일 뿐이다. 창발현상도 결코 인과율을 무시하고 있는 것은 아니다.

복잡한 현상은 원인이 많고 그들의 조합의 가짓수는 더욱 많아지며 그들은 서로 피드백이 이루어지기도 하여 다양한 결과를 만들어내어 복잡하게 보이는 것뿐이다. 결코 도깨비의 조화 같은 얼토당토않은 일을 하는 것이 아님을 명심하자.

이제까지 단순성의 과학이 1 대 1의 단순한 인과관계만을 생각했다면 복잡성의 과학은 다 대 다의 인과관계를 생각해야 한다.

창발성의 수준

뉴욕 주립대학의 패티(Howard Pattee)와 카리아니(Peter Cariani)에 의해 창발론이 활발하게 논의되고 있다. 그들에 의하면 창발성에는 수준이 있다는 것이다. 패티는 다음과 같은 창발의 3가지 수준이 있다고 주장한다.

얼음 결정이 녹는 것 같은 불안정성과 카오스적인 다이내믹스를 수반하는 대칭성 붕괴는 창발의 기본적인 수준이고 가장 일반적인 것이라고 한다. 단백질이 배(胚)가 성장할 때에 보이는 패턴이나 유전자 코드의 생성 자체가 이것에 해당한다.

의미적 창발이 다음 수준이다. 구조로부터 의미가 창발되는 문장과 같이 생명계에 있어서 의미는 일련의 관측, 유전자로부터 지능까지 모든 레벨에서 일어난다.

마지막 수준으로 관측이다. 곧 생물이 생존하기 위해 기억하고 판단하지 않으면 안 되는 환경으로서 정의한다. 진화하는 생물에게는 새로운 관측이나 새로운 분류를 행할 필요가 있다.

예를 들어 세포는 새로운 효소를 만들어서 환경에 대한 새로운 정보를 얻는다고 패티는 말한다.

첫번째 수준은 무생물 수준으로 산일구조가 그 대표적인 것이고, 두번째 수준부터는 생물에서 볼 수 있는 창발현상이다. 생물학적 창발에 대한 기존의 개념은 창발의 모든 것에 대한 본질을 취급하지 않는다고 패티는 생각한다. 이제까지 창발의 범주는 모두 불완전해서 찬동자만이 아니고 반대하는 사람도 많았다. 패티는 창발에는 미지의 것, 예측할 수 없는 것이 반드시 있다고 말한다.

카리아니는 창발 연구를 세 개의 범주로 분류했다. 먼저 계산론적 혹은 규칙에 기반을 둔 창발이다. 이것은 규칙을 특징으로 하는 아래서 위로의 창발이다. 세포자동자가 그 좋은 예이다. 진화 시뮬레이션 등도 이 범주에 속한다. 카리아니는 이것을 플라톤 즉 이상주의적이라고 생각한다.

이 창발의 경우 창발적 계산으로서 어떻게 그것을 인식할 수 있는가 하는 의문이 남는다.

물리학 열역학을 기반으로 하는 창발 연구는 평형상태의 구조가 어떻게 해서 불안정기에 들어가고 새로운 복잡한 안정상태에 이르는가를 설명하는 이론을 구축하려고 한다.

모델 혹은 기능에 기반을 둔 창발은 센서 같은 적응적인 장치를 구축한다든지 그런 장치의 감도를 개선해서 새로운 능력을 획득한다. 이것은 대역적인 구조이고 그것이 차례로 국소의 동작에 영향을 주기 때문에 변한다.

자기조직화

복잡성 과학의 키워드 중에 창발성 다음으로 자주 거론되는 것이 자기조직화이다. 조직화의 개념은 이미 피아제에 의해 연구되었다.

하지만 피아제는 회귀를 뜻하는 '자기'라는 개념에는 눈을 돌리지 못했다. 자기조직화 문제가 등장한 것은 다른 곳에서 비롯되었다. 자기복제 자동자의 이론에서 자기조직화의 문제가 본격적으로 제기되었다. 아슈비, 폰·괠스타, 고트알트·궁타 그 외의 사람들에 의해 이론적인 돌파구가 크게 모색되었다. 조직의 수동성과 능동성에 따라 조직되는 시스템과 자기조직하는 시스템으로 구분할 수 있다.

조직되는 시스템(Organized System)은 외부의 힘으로 조립되는 수동적인 시스템을 말한다. 자동차가 그 대표적인 예이다. 자동차의 부품들이 스스로 조립되어 자동차가 만들어지지는 않는다. 사람이나 조립 로봇이 부품끼리 맞대어 연결하고 떨어지지 않게 용접하기도 하고 나사나 볼트, 너트로 묶어주거나 조여주어야 한다.

컴퓨터도 사람이 프로그래밍 해주어야 움직이기 때문에 수동적으로 조직된 시스템이다. 그러나 한편 자기조직 시스템(Self-Organizing System)은 스스로 필요한 부분을 구성해 가는 능동적인 시스템이다. 생명체는 대표적인 자기조직 시스템이다. 상처가 나면 스스로 치료하여 낫고, 스스로 먹이를 찾아 자신의 몸을 구성하는 부품으로 만들며 스스로 증식하기도 한다.

이들 두 시스템은 모두 개방적인 시스템이며 외부로부터 물질과 에너지, 정보가 흘러 들어가고 사용 불가능한 것을 밖으로 폐기한다.

어떤 시스템이든 적어도 하나의 기능을 갖고 있다. 시계는 시간을 알리는 기능, 계산기는 계산을 하는 기능, 세탁기는 세탁하는 기능 등등이다. 이와 같이 전체 시스템이 하나의 기능을 발휘하기 위해서는 전체에 통일적인 질서가 있어야 하고, 이 질서에 따라 각각의 부품이 결합되어 있다. 인간에 의해 조직된 수동적 시스템은 각 부품에 일체의 유동성(자율성)이 허용되지 않는다. 모든 부품은 정확히 제작되어 정확한 위치에 조립되어 일정하고 규칙적인 움직임만이 허용된다. 컴퓨터 회로의 작동 메커니즘이 그렇고 자동차의 각각의 부품들도 그렇다. 만약 이들 부품이 닳아서 정해진 운동을 하지 않고 멋대로 움직이면 전체 시스템은 멈추어 버린다. 고장난 상태가 바로 그것이다.

수동적으로 조직된 시스템은 에너지나 물질의 순환만 있고, 정보교환은 일체 없다. 있다고 하더라도 겨우 일방통행이다. 즉 상부로부터 하부기관에 일방적인 지시가 내려갈 뿐이다. 따라서 지시가 없다면 하부기관은 움직임이 있을 수 없다.

조직된 시스템이든 자기조직 시스템이든 모두 계층성을 갖는다. 하지만 전자는 상부계층에서 하부계층으로 일방적인 관계이고 후자는 서로 상보적이다.

조직된 시스템에서는 하부구조가 상부구조의 기능을 결정한다. 하지만 상부구조가 하부구조의 기능에 대해서 일체의 간섭이 없다. 즉 자동차가 바퀴를 구르는 기능이 아닌 헤엄치거나 나는 기능을 갖게 하지는 못한다. 하지만 자기조직 시스템에서는 하부구조가 상부구조의 기능을 결정하는 것은 마찬가지이지만 상부구조의 기능이 하부구조의 기능을 바꾸는 것도 가능하다. 당연 하부구조의 기능이 바뀌면 상부구조도 바뀌어 간다. 즉 물고기는 지느러미를 다리로 바꾸어 육지에 오르고, 물고기는 이제 더 이상 물고기가 아닌 개구리나 파충류인 공룡이 된다. 그리고 파충류는 다리를 다시 손이나 날개로 바꾸어 새가 되거나 인간처럼 바뀌었다. 여기에는 물론 비약이 있다. 악어의 앞발을 손으로 바꾸었다고 인간이 되지는 않는다.

자기조직 시스템은 외부상황에 따라 각 부품들이 다양한 가능성을 발현할 수 있다. 네카의 육면체처럼 어느 쪽이 앞면이고 어느

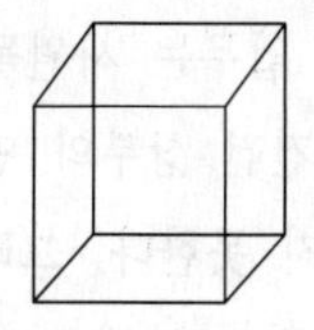

쪽이 뒷면인지 정해져 있지 않다.

이러한 다재다능한 요소들이 모여서 전체적인 질서를 만들어 나간다. 이때 각 요소들간에는 긴밀한 정보교환이 필요하다. 독립적일 때는 각각의 요소들은 확률적으로 자신의 가능성을 발현한다. 그러나 조직 안에서는 서로 상충되는 면을 고집할 수 없다. 요소끼리 서로 정보교환을 하여 서로가 어떤 상태에 있는지 알아야 한다. 네카의 육면체도 다음과 같이 모이면 앞면과 뒷면, 옆면이 결정된다.

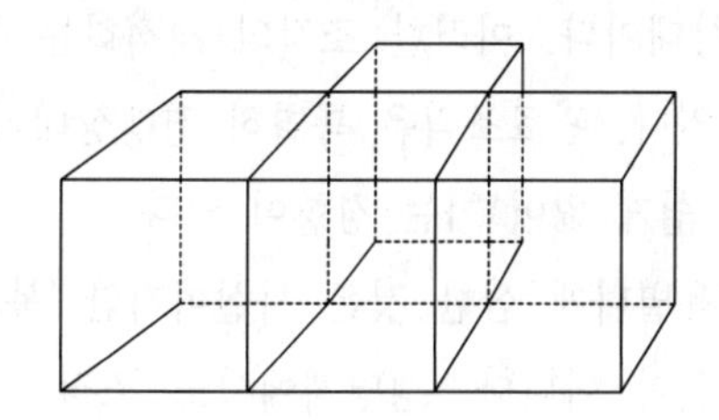

리엔지니어링

군대는 국가 목적을 위해 인위적으로 조직되어진 시스템이다. 상부에서 하부로의 명령전달만 있을 뿐이다. 그래서 매우 기민하게 움직일 수 있다. 그러나 미묘한 변화에는 적응하지 못한다. 한마디로 군대는 죽어있는 조직이다. 매우 특수한 조건(전쟁상황)에서는 효율이 높은 조직이지만 낭비가 심한 조직이기도 하다. 만일 영리를 목적으로 하는 기업이 군대처럼 조직되어 있다면 미묘한 시장변화에 대응하지 못하고 망할 것이다.

기업은 자기조직체여야 한다. 대부분의 업무는 사원들이 자율적으로 처리해야 한다. 만일 사원들이 사사건건 상부의 명령만 기다릴 뿐이라면 급변하는 시장변화에 대처하지 못한다. 그러나 자율적이라면 상황변화에 사원의 통합체로서의 회사도 대응이 가능하다. 수요가 늘어나기 시작하면 생산을 늘리고 수요가 변하면 생산도 바꾸어 간다. 요즘 기업에서 흔히 말하는 '리엔지니어링'은 이 생각을 반영하고 있다.

유연한 자기조직체라도 조직이 곧 굳어지는 경향이 있다. 조직은 형성 당시의 환경에서 효율적이었으므로 그대로 유지하려는 경향이 생긴다. 그러나 퍼킨슨의 법칙대로 "일단 형성된 조직은 본래목적보다 조직을 위한 조직으로 변한다"는 것이 적중되어 간다. 이것은 매너리즘에 빠진 상태이다. 이러한 조직의 경직화는 특히 관료사회에서 많이 볼 수 있다. 관료조직은 특별히 경쟁상대가 없기 때문에 조직의 유연성을 쉽게 잃어 가는 경향이 있다.

한국의 관료조직이 유별나게 심한 것은 사실이지만 '복지부동(伏地不動)'은 한국만의 일이 아니다. 생명체에서도 조직의 경직화가 있다. 생명체 내의 각 기관은 가장 효율적인 상태로 성장해 간다. 그러면서 세포들은 전문화되어 갈 때 유동성을 잃게 된다. 이 단계에서 세포들은 외부의 변화에 적응하지 못하고 하나씩 죽어 간다. 이럴 때 새로운 세포가 빈자리를 메워 주어야 하는데 약간의 문제가 생긴다. 즉 새로 들어온 세포는 그 전의 세포들과 의사 소통에 문제가 있을 수도 있다. 더구나 나중에는 아예 빈자리를 메워 줄 세포가 생겨나지도 않는다. 점점 조직의 기능은 떨어지고 이 때문에 더욱 가속적으로 세포들의 활동도 줄어든다. 이것이 거시적으로 보면 노화현상인 것이다. 그러기에 사회의 각 조직은 '정년제'를 도입할 수밖에 없다.

효율성이 좋다고 해서 다 좋은 것은 아니다. 후각이 예민한 개, 날래고 강인한 호랑이, 크고 힘센 날개를 가진 독수리 모두 각 분야에서 최고의 효율적인 기관을 갖추고 있지만 가장 나약한 인간에게 지배당하고 있다. 인간은 유연성이 풍부한 커다란 두뇌로 변화에 적응이 빠르고 보다 더 효율적인 도구를 얼마든지 만들어 내기 때문이다.

조직된 시스템은 부품의 재질이 달라도 형상만 같다면 문제가 없다. 즉 자동차의 엔진부품이 금속에서 세라믹으로 바뀌어도 문제될 것이 없다. 그러나 자기조직계에서는 그렇지가 않다. 부모 자식간의 신장이식 수술이라도 여러 가지 거부반응이 있을 수 있다. 이들 유동성은 조그만 초기조건의 차이에도 전혀 다른 방향으로 발전해 갈 가능성으로 작용한다.

자기조직화의 강점

기계는 매우 신뢰성이 높은 여러 가지 부품으로 만들어진다. 그러나 기계 자체의 신뢰성은 부품들에 비해 훨씬 낮다. 즉 기계를 구성하는 부품하나에만 문제가 생겨도 곧 기계는 기능을 잃게 되고 고장 수리를 받아야 한다.

이에 대해 생체조직은 전혀 반대의 성격을 갖는다. 생체를 구성하는 부품의 신뢰성은 극히 낮다. 즉 생체를 이루는 세포나 유기물은 쉽게 붕괴되고 변질된다. 이것은 자기조직화에 참여하는 요소들이 처음부터 다재다능하기 때문이다. 다재다능하다는 것은 그만큼 약점도 많다는 뜻이다. 그러나 이들 요소가 모인 전체 생체조직은 매우 신뢰성이 높아서 자신의 항상성을 잘 유지한다.

흔히 한국인과 일본인을 비교하는 것을 종종 본다. 특히 한일 축구 경기가 벌어질 때는 한국선수와 일본선수 개개인의 비교에서 축구팀 전체의 조직력까지 비교하기도 한다. 일반적으로 일본인은 개개인을 보면 매우 무능하고 그다지 뛰어난 기량을 볼 수 없다고 한다. 하지만 한국인의 경우는 개개인은 매우 다재다능하고 우수한 자질을 갖추었다고 평가된다. 하지만 한국인은 모래알에 비유되어 서로 협력할 줄 모르지만 이에 비해 일본인은 자신의 부족함을 메우기 위해 적극적으로 조직에 협력한다고 한다. 군국주의에서 보듯이 일본인 개인의 나약함을 잘 알고 군대 같은 인위적인 조직을 잘 만들지만 한국인은 자신이 최고라고 생각하기 때문에 인위적인 조직에 참여하지 않는다. 한국인은 개개인이 너무 잘난 맛에 조직의 힘을 과소평가하기 쉽다는 것이다. 대신에 조선시대의 의병처럼 자율적인 조직은 잘 만든다. 이 자율적인 조직은 조직 전체를 위해 개인의 희생을 크게 요구하지 않는다. 기계에서도 개개의 부품은 매우 신뢰성이 높게 단단하게 만들지만 그 단단함이 주변의 부품을 망가지게 만드는 역기능도 한다는 점이다.

복잡적응계와 자기조직화

복잡적응계는 다음과 같이 설계도나 유전자에 의해서 결정론적으로 그 구조가 정해지는 부분이 있는가 하면 환경의 변화에 적응하기 위해, 즉 장차 살아가게 될 환경의 상황에 맞추어 나갈 수 있도록 남겨둔 비결정적인 부분으로 구성된다.

그리고 생물체에서 보듯이 비결정적인 부분은 대개 결정적인 부분에 크게 의존하고 있는 경우가 대부분이다. 생물체에서 결정적인 부분은 몸통 부분이고 비결정적인 부분은 머리에 해당한다. 즉 머리는 몸통에서 공급해 주는 영양분에 의존해서 유지되는 것이다.

면역글로불린에서도 결코 변하지 않는 부분과 병원체에 따라서 유동적으로 변하는 부분으로 구성되어 있다. 인간사회에서도 고정된 작업만 하는 전문직 일꾼과 경제환경의 변화에 능동적으로 대응하기 고정된 일만 하는 것이 아니고 어떤 일이라도 처리할 수 있는 만능의 일꾼들로 구성된 기획팀이 있다.

고대나 중세봉건시대에는 노예나 농노가 결정적인 부분에 해당하고 즉 주어진 작업만 해야 한다. 그리고 귀족은 유동적인 정치상황을 해결하기 위해서 어떤 특정의 주어진 작업이 없이 보통은 책이나 읽으면서 소일하다가 전쟁이라든지 하는 급박한 상황에 대처하기 위해 소집되는 비결정적인 조직이 된다. 농노는 전쟁이 일어나도 결코 전쟁터에 나가는 법은 없다.

그럼 비결정적인 부분이 어떻게 환경을 인식하고 환경에 적응할까 그 모델로 두 가지를 생각할 수 있다. 첫번째는 항상 환경의 변화를 감시하는 부분이 있어서 이곳이 환경의 구조를 비결정적인 부

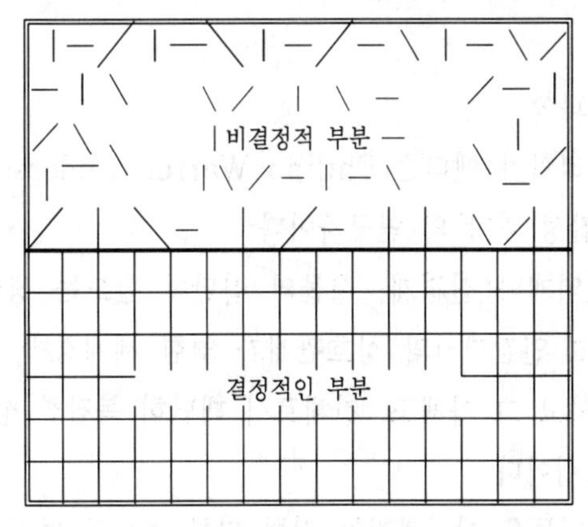

복잡적응시스템의 구성

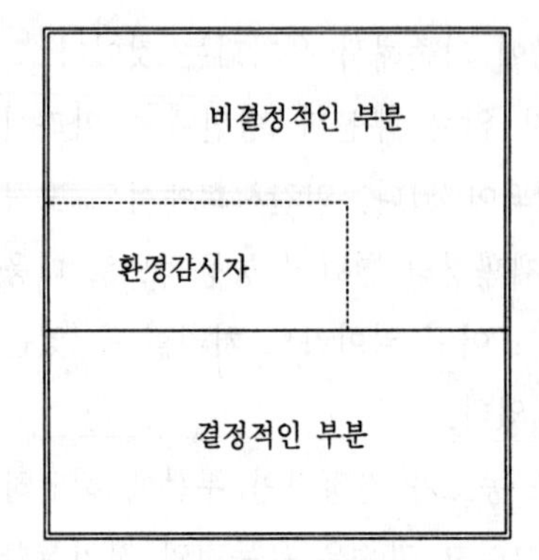

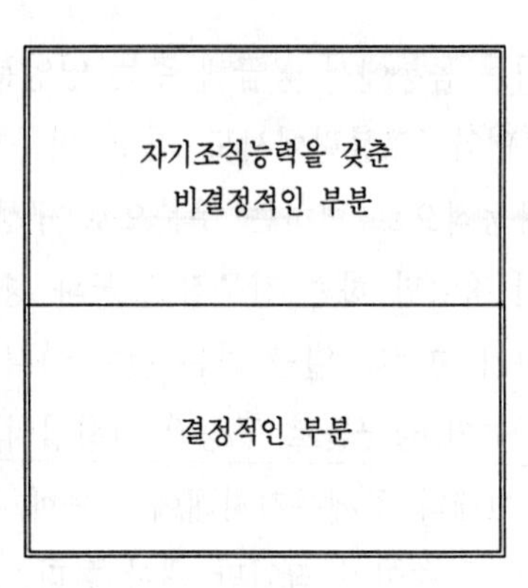

분에 그대로 복사하는 역할을 하는 것이다.

또 하나의 모델은 비결정적인 부분이 자기조직화 능력을 갖춘 것이다. 비결정적인 부분이 환경의 구조와 공명하면서 환경의 구조에 적응할 수 있는 구조를 자기조직하는 것이다. 아마도 대부분의 생명체는 이 두 번째 모델을 채택하고 있는 것 같다.

결정적인 부분은 지금까지의 수학으로 모두 설계가능하다. 하지만 자기조직 능력을 갖춘 비결정적인 부분을 설계하는 즉 수학적으로 해석하는 문제가 아직 남아있다.

복잡성의 과학

미국의 물리학자 앤더슨(Philipp Warren Anderson, 1923~) 박사는 '복잡성 과학'의 연구자이다.

생물의 면역계나 신경계, 생물의 집단이 만드는 생태계, 생물의 진화, 그리고 인간끼리의 상호관계가 얽힌 세계경제, 국제정치 또는 인간의 사고 그 자체도, 전체로서 대단히 복잡한 성질을 보이는 복잡한 시스템이다.

이들 시스템들은 이제까지는 전혀 다른 것으로 여겨 이들 사이의 공통점을 연구한다는 생각은 하지 못했다. 그러나 어느 시스템이나 계의 구성 요소만을 보고 있으면 계 전체의 동향을 예측할 수 없다는 측면이 있다. 요소간의 반복적인 상호작용의 결과가 시스템 전체로서는 뜻밖의 복잡한 양상으로 나타난다는 공통점이 있다. 이런 공통점이 있다면, 이들 시스템을 어떤 '공통 메커니즘'으로 해명하여, '공통의 언어'로 설명할 수 있지 않을까 하는 생각이 든다.

이러한 관점이 바로 복잡성 과학이라는 학문의 입장이다. 복잡성이 진정한 의미에서 과학의 무대에 등장한 것은 위너나 아슈비가 말한 사이버네틱스 창설자에 의해서이다. 그리고 노이만에 의해 처음으로 복잡성 개념의 기본적인 성격이 자기조직화와 관련되어 있다는 것을 알게 되었다.

복잡성이란 무엇인가, 그것은 일견 양적인 현상 곧 비상하게 많은 단위의 사이에 보이는 극도의 다량의 상호작용과 간섭이다. 그러나 복잡성이라는 것이 단지 우리의 계산가능성에 도전하는 것 같은 단위나 상호작용의 양이 포함된 것만이 아니다. 복잡성에는 불확실성, 비결정성, 우발적 현상 등이 포함된다.

산타페 연구소에서는 복잡한 세계를 보편적인 법칙으로 설명하려고 한다. 그것도 지금까지의 과학, 단순성 과학의 방법론이 아니고, 그것과는 전혀 다른 방법, 즉 복잡성 과학의 방법으로 접근하고 있다.

산타페 연구소의 주요 프로젝트는

① 복잡계및 복잡적응계에 대한 모델 설정과 이론 구축.

② 유전자알고리즘, 기계 학습, 세포자동자(cellular automaton)

③ SFI에서 개발한 적응계산 시스템을 '과학일반'에 응용하는 것 등이다.

이러한 비실용적인 연구의 추진력은 국력, 재력도 아니다. 무엇보다도 자연을 새로운 시각에서 보는 철학이다. 이 점을 우리가 간과해서는 안 된다. 단순성의 패러다임은 세계는 본래 질서 있는 것으로 생각하고 세계 속에 잔존하는 무질서를 없애려고 한다는 패러다임이다. 질서는 하나의 법, 하나의 원리로 환원된다. 절대 진리를 찾아 나서는 것이 이제까지 학문의 목표였다. 단순성은 '하나' 혹은 '많음'을 보지만 '하나'가 동시에 '많음'이라는 것은 이해할 수 없다.

단순성의 원리는 대상을 '분석'하거나 다양한 것을 통일하는 일, 즉 하나의 원리로 '환원'시키는 것이다. 복잡한 것을 보다 단순한 것으로 자꾸 환원시켜 간다. 즉 추상화이다. 그러나 추상을 거부하는 복잡성이 등장하고 있다.

복잡함의 본질

자연은 왜 복잡할까? 자연은 왜 비가역적일까? 그 원인은 바로 인간의 유한성에 있다. 시간을 초월한 초인이나 악마의 눈으로 보면 자연은 결코 복잡하지도 않고 비가역인 것도 아니다. 우주는 영겁을 두고 회귀한다. 그러나 한정된 수명을 갖고 있는, 한정된 정보량밖에 소유할 수 없는 인간의 입장에서는 자연은 복잡하고 비가역적으로 보일 수밖에 없다.

이렇게 말하는 것에 대해 프리고진은 비가역성은 경험의 정밀도, 즉 정보량의 다소에 상관없이 존재한다고 주장한다. 즉 인간은 진화의 결과이기 때문에 시간의 자식이지 아버지는 결코 될 수 없다고 말한다. 비가역성의 존재는 정보부족 때문이 아니라고 프리고진은 주장하는 것이다.

복잡성이 인간의 유한성 때문인지 아니면 본래적인 것인지 아직 분명하지 않지만 과학이란 인간에 의해 이해되어야 하는 것이라는 점은 분명하다.

복잡성에 대한 과학자들의 분석이 이제 막 시작되고 있다. 복잡성을 분류하는 데 유효한 복잡성, 잠재적 복잡성이라는 개념도 나오고 있다. 복잡한 시스템에서는 반복적인 피드백이 비가역적인 계층구조를 만드는 것이다. 상부계층으로만 구조화가 가능하기 때문에 계층구조는 본래 비가역적이다. 복잡한 시스템은 이런 불가역성이 커다란 특징이다. 어느 누구도 어린 시절로 돌아갈 수 없는 비가역성을 우리도 가지고 있다. 때문에 우리도 번잡한 시스템이 아니고 복잡한 시스템이다.

집합론을 모르는 사람에게는 무한은 단지 한 가지뿐이다.

$$\infty + \infty = \infty$$

라고 배웠기 때문이기도 하지만 상식적으로 생각해도 무한은 인간 이성으로 생각했을 때 가장 큰 것이기 때문에 즉 일인자는 하나뿐이라는 상식으로 비추어 보아도 그럴 수밖에 없다. 그러나 칸톨은 그의 집합론에서 '무한에도 종류가 있다'는 믿을 수 없는(자기 자신도 믿을 수 없었다고 한다) 것을 증명해 냈다.

복잡함에도 당연히 종류가 있다. 인간의 눈에는 모두 똑같이 골치 아픈 대상으로밖에 보이지 않겠지만 자세히 들여다보면 복잡성의 정도라든지 특성에 따라 분류할 수 있다. 이제서야 우리는 그 작업을 시작하고 있는 것이다.

3. 패러다임의 전환

자연을 보는 두 가지 견해

우리가 살고 있는 자연은 진정 있는 그대로 우리에게 다가온다. 하지만 원죄로 어두워진 우리의 눈은 있는 그대로의 자연을 보지 못한다. 아마도 선악과를 따먹기 전의 아담은 자연을 있는 그대로 바라볼 수 있었는지도 모른다.

아무튼 인간의 두뇌는 한정된 정보량을 가질 수밖에 없기 때문에 자연을 있는 그대로 보지 못하고 항상 이상적인 모델을 머리 속에 만들어 두고 거기에 비추어 자연을 바라본다.

예를 들면 다음과 같은 모양의 섬을 관광하고 돌아가서 누군가에게 그 섬의 모양에 대해 이야기하려고 할 때 섬의 모양을 어떻게 설명할까?

한 사람은 그 섬의 모양이 둥글둥글한 원과 같다고 설명한다. 이 사람은 뉴턴시대의 사람으로서 대상을 되도록 간단하게 보려는 경향이 있다. 즉 그 사람의 머리 속에 있는 자연의 모델은 요소환원주의적이고 미적분학의 범위에 들어가는 매끄럽고 유클리드 기하학적인 단순 명쾌한 모양밖에 없기 때문에 그런 모델에 비추어 보면 이

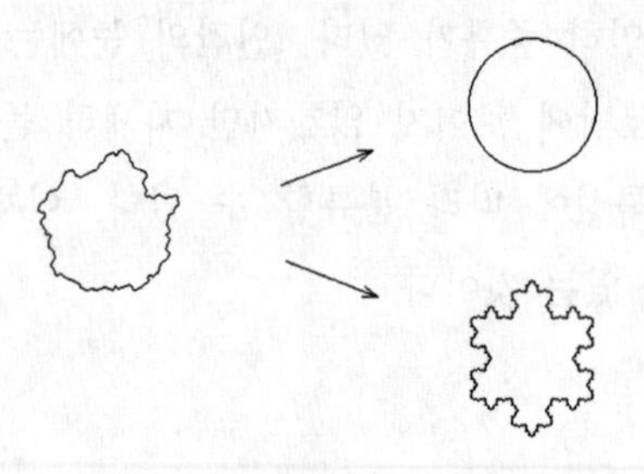

섬의 모양은 분명 둥근 원처럼 보일 것이다. 조금 울퉁불퉁해 보이는 해안선은 무시하고 전체적인 모양만 주목한 것이다. 이렇게 간단한 모델로 자연을 해석하는 것을 일본의 이노우에(井上政義)는 표(表;겉모습)의 이상화라고 부르고 있지만 필자는 이 말에 부적당함을 느껴 유클리드적 이상화, 또는 단순성의 이상화로 부르고 싶다.

이제 반대로 또 한 사람은 해안선의 섬세하고 아름다운 모습에 감격해서 그 섬의 모양을 코흐 눈송이 모양이라고 설명한다. 이 사람은 유클리드 기하학에 싫증을 내고 만델브로트의 프랙탈 기하학에 심취한 사람으로서 자연에 대한 프랙탈적 모델까지 갖춘 신세대의 과학자이다. 이노우에는 이러한 이상화를 이(裏;안쪽)의 이상화라고 부른다. 물론 필자는 복잡성의 이상화 또는 프랙탈적 이상화라고 부르고 싶다. 아마도 이노우에는 섬의 안쪽에서 바라보는 모습과 섬 밖에서 바라보는 섬에 대한 관점의 차이가 모델의 차이를 가져온다고 생각했기에 표리의 이상화라는 말을 했는지도 모른다.

아무튼 자연은 항상 하나지만 각자의 눈에는 제각각으로 보인다. 부처는 한 가지로 말하지만 중생은 자신의 처지에 맞게 깨달음을 얻는다는 이야기가 있는 것과도 같다.

과거 한가롭던 시대에는 유클리드의 눈으로만 자연을 바라보아도 충분했지만 지금의 시대는 그것을 허락하지 않는다. '새 술은 새 부대'에라는 말처럼 자연에 대한 새로운 모델을 요구하고 있다. 과거의 단순한 사회에서는 변화가 매우 느렸기 때문에 유클리드적인 단순한 예측모델로 미래를 예견할 수 있었지만 가속도가 붙어있는 요즘에는 예측이 빗나가기 일쑤이다.

마치 자동차나 기차의 속도가 느릴 때는 그 겉모습이 어떻든 크게 상관이 없었다. 옛날 자동차의 모습을 보면 공기의 저항 따위는 전혀 고려하지 않았음을 쉽게 알 수 있다. 즉 울퉁불퉁한 섬의 모양을 원으로 보아도 크게 대과는 없었다.

하지만 고속의 떼제베열차나 우주선이 되면 겉모습의 미세한 차이는 엄청난 사고와 직결될 수도 있다. 그 미세한 부분에 대한 고려와 함께 전체적인 모습에 대한 고려가 함께 요구되는 시대이다. 즉 유클리드적인 이상화가 산만을 보는 이상화였다면 복잡성의 이상화는 산도 보고 나무도 보아야 하는 이상화이다. 인간의 한정된 머리 속에 어떻게 두 가지 모델을 모두 갖추느냐고 말할지도 모르지만 복잡성의 이상화는 단순성의 이상화를 포괄하는 폭넓은 이상화이다.

자연을 정복의 대상으로 보는 과학자에게는 자연의 급소(본질;절대진리)를 찾는 것이 우선이었는지도 모른다.

그러나 인간에게 거의 정복된 자연은 공해와 환경파괴로 오히려 인간의 생존을 위협하게 되었다. 자연은 정복의 대상이 아니라 자연 그대로가 바로 우리 삶의 터전이었다. 자연이 죽으면 사막으로 변하고 사막에서는 인간을 비롯한 누구도 살 수 없다. 이제 우리는 자연의 복잡한 면을 이해하지 않으면 안 된다. 관포지교에서 보듯이 누군가를 친구로 하기 위해서는 그의 모든 것을 알고 이해해 줄 수 있어야 하는 것처럼 자연의 복잡한 면을 그대로 받아들이는 자세가 필요하게 되었다. 복잡성의 모델(Schema)을 머리에 담고 자연을 친구로서 바라보자.

혁명의 고통

혁명은 피를 부른다. 혁명은 카타스트로피다. 혁명은 불연속적인 변화다. 이러한 급격한 변화에 따라오지 못하는 대부분의 사람들은 당연히 기존의 입장을 고수하려는 보수적인 경향을 띠게 마련이다. 그리고 보수파와 개혁파 사이에는 과거 역사를 돌이켜 볼 것도 없이 대화와 타협이 없다. 불연속성으로 인한 너무나 큰 갭을 가진 두 진영의 입장에서 대화를 기대하기는 어려운 것이다.

대화가 불가능하면 무엇이 남는가 그것은 파워게임이다. 서부영화 같은 데서 자주 목격할 수 있는 것처럼 서로 말이 통하지 않을 때는 총을 뽑아 들 수밖에 없다. 물론 학계에서 일어나는 혁명의 양상이 피를 튀기는 것은 아니지만 결코 그에 뒤지지 않는다.

칸톨의 집합론에 의한 수학의 혁명은 스승과 동료들의 따돌림 속에서 좋은 직장을 얻지도 못하고 결국에는 정신병원에서 쓸쓸한 말년을 보내게 했으며, 볼츠만은 자살하게 만들었다. 아인쉬타인의 혁명적인 상대성이론도 그 업적에 비해 너무 늦게 인정받았다. 그리고 카오스 이론을 발견한 로렌츠는 당시 보수적인 과학자 그룹인 입자물리학자들이 최신의 슈퍼컴퓨터를 사용하는 것에 반해 고물 컴퓨터로 날씨의 모델을 만들어 실험하고 있었다. 그리고 1963년에 발표된 그의 논문은 10년 동안 아무도 거들떠보지 않았다. 이렇게 어렵게 카오스 이론이 탄생하게 되고 복잡성 과학혁명이 우여곡절로 시작되었다.

자연에 대한 새로운 안목을 갖춘 사람들, 과학에 대한 새로운 방법론을 갖춘 사람들에 의해 과학혁명이 시작되고 있다. 우리는 지금 그러한 혁명의 와중에 있는 것이다. 무질서 무정부의 혼란이 과학계에서 시작되고 있다고 할 수 있다.

그러나 아직 한국의 과학계에까지 그 혁명의 여파가 미치지 못하고 있는 것이다. 이 책은 새롭게 시작되는 과학혁명에 대한 이야기를 한국에 전하고자 쓰여진 것이다.

혁명을 겪어 보지 못한 한국의 과학계

한국의 정치사를 되돌아보면 여러 번의 변혁이 있었다. 그러나 한국의 과학사를 되돌아보면 혁명을 겪어 보지 못했다. 예를 들어 서양수학사에 견주어 한국수학사를 살펴보면 중국으로부터 『구장산술』이 전해진 이후로 조선 말기까지 단 한 번도 그 테두리를 벗어나 본 적이 없다. 그러다가 개화되면서 서양수학이 들어와 아무런 저항 없이 한국수학의 자리를 차지하고 한국수학은 자취를 감추어 버린다. 그리고 이제까지 한국의 수학계가 이어오지만 수학의 노벨상이라는 필즈상을 탈 만한 업적이 나오지 않고 있을 뿐만 아니라 미국 수학의 흐름을 그저 좇아가기 바쁘다. 이것은 수학만이 아니고 과학 전반에 대해서도 마찬가지다.

자유는 피 흘려 싸워서 얻어야 진정 자신의 자유가 된다. 한국의 과학도 진정한 과학입국을 이룩하기 위해서는 혁명을 거치는 정신적 고통을 감수해야 할 것이다. 구미선진국이나 일본으로부터 퍼지이론이나 카오스이론 등의 새 과학이 밀려들어온다고 해서 그대로 받아들일 것이 아니라 철저하게 소화해 내는 자세가 필요하다. 과학은 분명 유행일 수는 없다. 복잡성의 과학이라는 바람이 서서히 한국에도 불어오기 시작하고 있다. 그러나 이것이 한때의 유행으로 그칠 것이 아니라 철저히 우리 것으로 소화해 내는 자세가 필요하다. 국내에 소개되기 시작한 복잡성 과학의 책들은 『인공생명』, 『카오스에서 인공생명으로』, 『시간의 화살』, 『자기조직하는 우주』, 『카오스』, 『복잡계란 무엇인가』 등이 있지만 아직은 대부분 번역서들이다.

패러다임 전환

인간에게 과학은 어떤 존재인가? 과학이란 무엇인가? 패러다임 전환을 앞두고서 되묻지 않을 수 없다. 보통 말하기를 과학이란 자연의 본질을 밝히고자 하는 것이다. 학문이란 우주의 근원을 밝히고자 하는 지식체계이다. 이것으로 만다면 왜 패러다임 전환이 필요한지는 직접 와 닿지 않는다. 단순성의 과학으로는 그 근원을 밝히는 데 한계가 있어서인가? 이것도 좀 그럴듯한 핑계는 아니다.

그럼 이렇게 물어 보자. 왜 자연의 근원을 알고자 하는가? 그렇다. 인간은 왜 자연의 근원을 알고자 하는 것일까? 정말 아담의 원죄 때문인가? 아니다. 보다 현실적인 이유가 있다. 새롭게 팽창한 신피질이 만들어 낸 자아의식은 사실은 맹인인 것이다. 미래에 대한 맹인, 한치 앞을 내다볼 수 없는 맹인인 것이다. 따라서 항상 미래를 예견해야 한다. 그것도 되도록 먼 미래를 예견해야 한다.

과학이 발달한 요즘은 점쟁이를 미신이라고 매도하지만 예나 지금이나 미래를 점치는 일은 인간의 생존에 매우 중대한 문제이다. 농부가 뙤약볕에서 농사를 짓는 이유가 무엇인가? 그것은 아무 것도 먹을 것이 없는 겨울 한철을 준비하는 것이다. 누구나 살아 있는 생명체는 미래를 준비하며 산다. 이리로 가면 맛있는 먹이를 구할 수 있을까? 저리로 가면 무서운 천적을 만나지 않을까? 더듬이를 분주히 움직이며 앞을 탐색하기도 하고, 예민한 코를 벌름거리며 무언가를 열심히 찾는다. 바로 다음 순간의 행동을 결정하기 위해서이다.

과학이 발달하지 못했던 과거에는 점쟁이가 미래를 예견하는 데 커다란 역할을 해왔음을 잊지 말아야 한다. 그러나 과학이 발달하면서 과학적인 방법이 점쟁이들보다 미래를 보다 정확히 예언할 수 있었기 때문에 점쟁이들은 서서히 자취를 감출 수밖에 없었다. 뉴턴은 마지막 연금술사이자 과학자로 불리던 사람이었던 점이 상징적이다. 그를 분기점으로 해서 점성술, 연금술을 비롯한 온갖 마술은 그 임무를 과학기술에게 넘겨주어야만 했다. 과학의 본래 목적은, 자연의 근원을 찾는 이유는 점술과 마찬가지로 미래를 예견하여 살아남기 위한 것이다. 이러한 이유로 18세기에는 미래를 역학적으로 완벽하게 예언할 수 있다는 결정론적 우주관으로까지 발전했다.

인간도 끊임없이 변화하는 환경에 적응하여 살아가야 하는 생물인 이상 항상 미래를 예견하고 준비해야 한다. 인간 삶의 조건이 단순하게 의식주만 해결하면 되는 것이 아니라 정치사회적인 문제로도 그 생사가 결정될 수 있기 때문에 좀더 복잡한 예견이 필요할 뿐이다. 한국에서는 지금도 큰 정치적 결단을 할 때는 몰래 용하다는 점쟁이 집을 찾는다고 한다. 그 덕분에 과학만능의 20세기에도 한국의 미아리 고개에는 아직도 점쟁이들이 성업 중이다. 정치 현실도 과학화할 수 있다고 믿고 『정치산술』이라는 책까지 만들어 낸 서양인의 눈으로 보면 한국의 정치를 이해할 수 없겠지만 구관이 명관이라는 한국의 속담대로라면 미래를 예견한다는 같은 일을 하는 데 있어서 과학보다는 전통 깊은 점술 쪽을 택한 것도 크게 잘못은 없다고 생각된다.

한국의 정치현실이 너무 복잡해서 그런지 몰라도 한국에서 과학의 예언력은 점술보다 못한 것 같다. 그런데 21세기를 앞두고 정말로 무소불위의 만능을 자랑하던 과학의 예측 능력이 바닥나고 말았다. 그 증거가 바로 카오스 이론이다. 과학은 스스로가 자신의 예언능력이 형편없다는 사실을 과학적으로 증명하고 말았다. 아마도 이 점은 점술보다 나은 것 같다. 점술 자신이 자신의 예언 능력이 어떻다고 객관적으로 이야기한 적은 한번도 없었으니까.

자욱한 안개가 깔려 있는 21세기를 앞두고 과학은 그 무능을 스스로 밝히고 예언자로서 자리를 물러나고 말았다. 아무리 무능한 선장이라도 없는 것보다는 낫다. 요즘의 현실은 그런 무능한 선장마저 사라진 실정이다.

이제 우리는 새로운 미래예측 수단을 갖추지 않으면 안된다. 점을 치는 데 사용하던 서죽(筮竹), 무구(巫具)들의 신통력이 다한 것이다. 과연 뉴턴의 무구들은 어떤 것이었는가?

뉴턴 역학의 기본적인 입장, 뉴턴 역학의 패러다임은 절대성, 결정적, 가역적이라는 것으로 요약할 수 있다. 뉴턴이 직접 언급하지 않았다고 해도 이것은 묵시적으로 전제되어 있는 것이다.

그러나 뉴턴 역학은 아인쉬타인의 상대성 이론으로 절대성이 붕괴되었고, 양자역학의 불확정성 원리에 의해 결정론도 붕괴되었다. 그리고 이제 프리고진의 비평형 열역학은 가역성마저 부정하고 있다.

뉴턴 역학의 기본 기조가 모두 무너져 버린 것이다. 뉴턴 무구들의 신통력이 다한 것이다. 폐허가 되어버린 뉴턴 역학, 과학자들은 새로운 안식처를 빠른 시일 내에 구축하지 않으면 안될 상황인 것이다. 새로운 무구를 갖추어야 한다. 즉 복잡성의 과학은 상대적이고, 확률론적이며 비가역적인 우주관을 바탕으로 정립될 것이다. 실제로 복잡성의 과학이 어떻게 정립될지는 앞으로 지켜보아야 할 것 같다.

제 2 장

역학

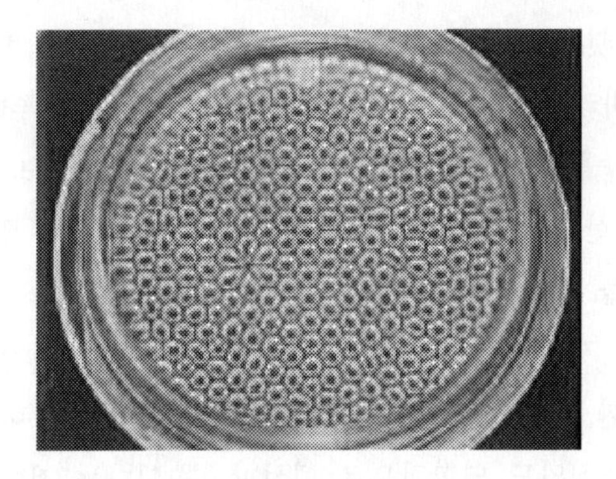

베나르 세포

복잡성의 과학에서 역학 특히 열역학의 이야기를 하는 이유는 프리고진이 열역학을 복잡성 과학의 중심테마로 하고 있기 때문이기도 하지만 열역학의 여러 가지 개념, 예를 들면 엔트로피라든지 비가역성, 산일구조, 자기조직화 등은 복잡성 과학의 중요개념이기도 하다.

인식의 틀

아담의 후예들이 우주의 근원에 대한 의혹을 품은 후로 그들의 우주에 대한 탐구가 계속되는 동안 또 하나의 의구심이 일어났다. 그것은 우리가 우주의 근원을 마침내 알아냈다고 해도 그것이 정말 우주의 근원인지 어떻게 확인할 수 있으며, 또 우리가 우주의 근원을 어떻게 이해할 수 있는지 하는 문제이다.

이러한 문제를 고상한 분들은 인식론의 문제라고 부른다고 앞에서 이야기했다. 즉 우리는 자연현상을 어떻게 인식하는 것일까? 우리의 머리 속은 어떻게 해서 "아! 알았다"라는 것을 알 수 있을까? 이러한 아주 고상한 문제에 대해서 과학자들은 한 가지 해결방법을 제시했다. 그것은 바로 '역학(力學)'이라는 자연의 '인식방법'이다.

인간이 바라보는 우주는 하나의 역학계이다. 이제부터 아담의 후예들은 우주를 이해하기 위한 인식의 틀로서 역학계라는 것을 사용한다. 우매한 인간은 자연을 있는 그대로 바라보지 못하고 역학계라는 안경을 써야만 하는 것이다.

역학계는 저 위대한 뉴턴 이래로 우주의 온갖 현상을 이해하기 위한 중요한 개념이 되었다. 재미있는 것은 앞으로 이야기할 세포자동자의 움직임도 역학적으로 해석할 수 있다는 점이다. 아니 이제까지 우리가 물리학에서 취급해 온 여러 가지 역학들, 동역학, 열역학, 전자기역학 등의 연속적인 역학계도 알고 보니 모두 세포자동자의 일종에 지나지 않는다는 느낌이다. 이제 세포자동자의 역학이라는 새로운 과학이 열리는 것이다.

이 책은 수학이나 물리학에 대한 예비지식이 없는 초·중·고등학생이나 수학 같은 고매하고 딱딱한 학문이 싫다는 독자들까지도 생각한 읽을거리이기 때문에 역학에 대해서 되도록 수식을 사용하지 않고 설명한다.

역학

비포장인 시골길을 걷다 보면 발길에 조그만 돌멩이가 걷어채어 이리저리 데굴데굴 굴러간다. 이처럼 자연계에서 보이는 여러 가지 현상은 그 내부에 우리의 눈에는 보이지 않는 여러 가지 힘이 서로 작용해서 그런 조화를 부리는 것이다.

정치나 경제계에서도 정치적, 경제적 현상에는 뒤에 숨어 있는 막후 실력자들의 역학관계가 숨어 있다. 아무튼 어떤 존재에 눈에는 보이지 않지만 힘이 작용하면 운동이나 변화가 생긴다. 이때 그 물체(사람)의 질량(역량, 능력), 물리적 성질(성격)과 작용하는 힘(권력이나 재력), 운동속도 등의 관계를 수량화해서 다루는 학문을 역학(力學 ; dynamics, mechanics)이라고 한다.

역학을 체계적으로 연구하기 시작한 것은 시계의 흔들이, 천체운동 등 물체의 움직임을 연구한 갈릴레이(G. Galilei, 1564~1642)가 처음인데 "과학의 교과서는 자연이며 그것에는 수, 원, 삼각형 등 수학기호로 쓰여져 있다"는 글을 남기고 있다. 그때까지 지배하고 있던 아리스토텔레스의 비과학적인 운동론을 부정하고 엄밀한 실험 관찰의 결과를 수학적으로 설명하였다. 그리고 이 결과는 뉴턴에 의해 집대성되었다. 그 업적으로 뉴턴의 이름을 따서 흔히 '뉴턴(고전)역학'이라고 한다. 특히 뉴턴의 고전역학은 칸트(I. Kant, 1724~1804) 등의 철학자에게 영향을 미쳐 결정론적 세계관을 형성하는데 기본적인 개념을 제공한다.

역학의 종류

역학을 그 대상이나 방법에 따라서 여러 가지로 분류할 수 있다. 우선 정지해 있는 물체에 대한 여러 힘의 균형과 관계를 다루는 정역학(靜力學)은 지렛대의 원리라든지, 부력의 원리 등을 정립한 아르키메데스(Archimedes), 파포스(Pappos), 스테빈(Simon Stevin)에 의해 체계화되었다.

그리고 정지한 물체뿐만 아니라 포물선을 그리며 낙하하는 야구공이나 도로를 질주하는 자동차 등 움직이는 물체에 작용하는 힘과 가속도의 관계를 미적분이라는 수학으로 깔끔하게 정리한 뉴턴 역학을 동역학(動力學)이라고 부른다. 뉴턴의 동역학은 후에 오일러, 라그랑지, 라플라스, 해밀턴 등에 의해 보다 엄밀하게 수학적으로 정리되어서 해밀턴 역학이라고 불리기도 한다.

이제까지의 역학은 고체의 역학이다. 고체는 아무리 부피를 갖고 있다고 해도 무게중심을 크기가 없는 질점으로 하여 이상화할 수 있고, 초기치의 차이도 고체라는 크기 안에 제한되기 때문에 크게 증폭되지 않는다.

그러나 카오스 이론은 액체나 기체의 역학이다. 액체나 기체에서 한 질점을 잡는다는 것은 무의미하다. 이러한 기체나 액체의 역학은 통계적인 수법을 필요로 한다. 그래서 통계역학이 탄생한다.

1. 역학의 기본개념들

자유도(degree of freedom)

자유도는 어떤 시스템의 모든 성질을 표현하는데 필요한 독립적인 변수가 몇 개가 필요한가에 의해 결정된다.

자유도가 1이면 앞뒤로만 움직일 수 있다. 수영장에서 볼 수 있는 꾸불꾸불한 미끄럼틀을 타는 어린이를 생각하자. 물론 어린이는 당구공처럼 내부구조가 없고 크기를 생각하지 않는 하나의 질점(質點)으로만 생각해야 한다. 이 질점은 비록 3차원 공간에서 운동하고 있지만, 미끄럼틀에 갇혀서 미끄럼틀 좌우로는 못 움직이고 앞뒤로만 움직인다. 따라서 미끄럼틀은 자유도가 1이다.

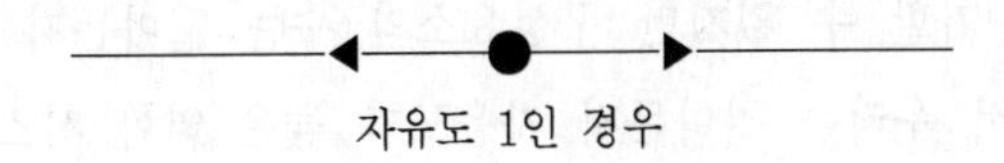

자유도 1인 경우

다음에 앞뒤만이 아니고 좌우로도 움직일 수 있다면 자유도는 2이다. 스케이트 타기는 자유도가 2인 경우다. 물론 점프하는 것은 예외로 한다.

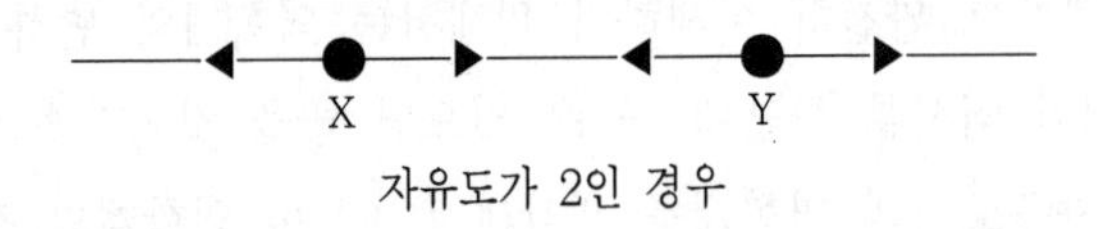

자유도가 2인 경우

다음으로 질점의 수가 증가하면 그만큼 자유도도 증가한다. 즉 1차원 공간상을 운동하는 입자가 X, Y 두 개가 되면 자유도는 2가 된다. 즉 이 시스템의 상태를 나타내는 데는 X의 위치와 Y의 위치를 각각 알아야하기 때문이다.

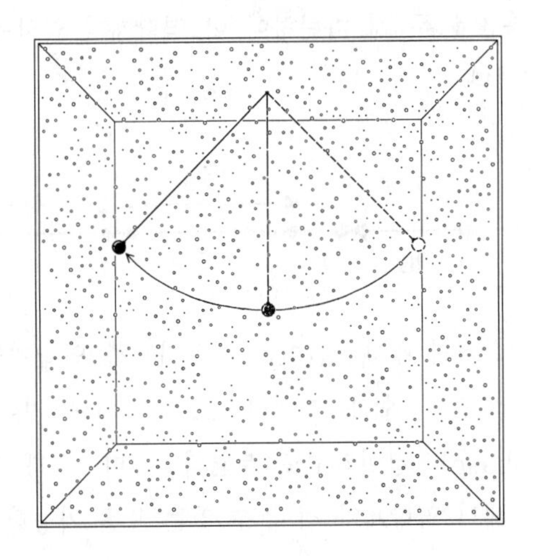

즉 움직일 수 있는 공간의 차원이 증가하든지 구성요소가 증가하면 자유도는 증가한다. 움직일 수 있는 공간의 차원은 최대 3차원까지밖에 증가할 수 없지만 구성요소의 수는 얼마든지 증가할 수 있다. 따라서 우리는 얼마든지 자유도가 높은 역학 시스템을 생각할 수 있는 것이다.

상태(狀態)공간

자유도가 있는 역학계는 그 허용된 자유도에 따라 변화하게 마련이다. 역학계를 완전히 이해하기 위해서는 역학계의 변화의 양상, 즉 역학계의 역사를 한눈에 볼 수 있으면 좋을 것이다. 간단히 하기 위해 자유도 1의 역학계를 생각해 보자. 이 역학계의 질점 X의 운동을 각각 t0, t1, t2, t3의 시각에 관찰하였다. 그 결과를 다음 그림에 나타내고 있다. 즉 X의 위치와 그 순간의 속도이다. 이 그림을 보면 알겠지만 좀더 관찰간격을 좁히고 그 횟수를 늘리면 그림은 알아볼 수 없게 복잡해질 것이다. 그래서 위치에 관한 좌표와 속도에 관한 좌표를 두 개 마련하여 이 역학계의 역사를 그림으로 나타내기로 하였다.

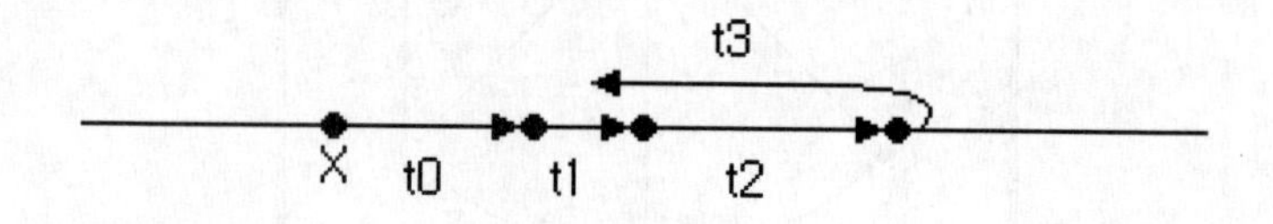

이 그림을 역학계의 상태공간이라고 한다. 즉 역학계의 변화 상태를 한눈에 알아보기 쉽게 기하학적으로 나타낸 것이 상태공간〔또는 위상(phase)공간이라고도 부른다〕이다. 상태공간이란 주어진 자유도 안에서 역학계가 취할 수 있는 모든 가능한 상태를 한

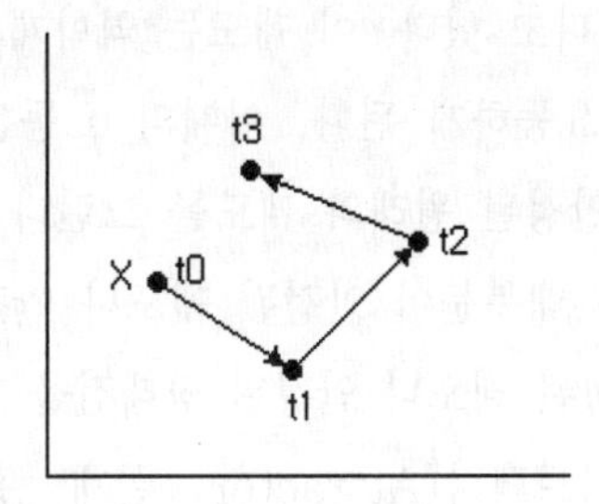

림에서 보는 것처럼 2차원이 된다.

일반적으로 자유도 n을 갖는 역학계의 공간좌표 $x_1, \cdots, x_n$과 운동량 $p_1, \cdots, p_n$을 좌표로 하는 2n차원의 공간이 상공간이다. 이처럼 상공간은 질점의 위치와 운동량을 동시에 알 수 있기 때문에 역학계를 연구하는데 반드시 필요한 것이다.

상태공간에서 물체의 운동상태를 나타내는 점을 상태점이라고 하는데 이 상태점이 상태공간에서 그리는 곡선을 궤도라고 부른다. 위의 그림에서는 상태점이 4개뿐이어서 궤도라고 부르기에는 부족하지만 연속적으로 절점의 운동상태를 관측해서 그 결과를 상태공간에 그리면 연속적인 곡선이 그려질 것이고 궤도라고 부를 만할 것이다.

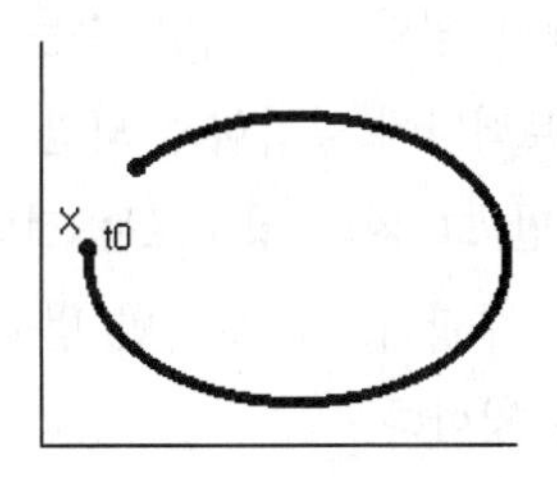

어트랙터(Attracter; 끌개, 흡인자)

앞에서 역학계의 상태변화를 상태공간에서 시간에 따라 변하는 하나의 궤도로 나타낸다고 했다. 이 궤도는 역학계의 외부에서 주어지는 에너지에 의해 요동하게 된다. 이때의 요동은 시간이 지나면서 곧 없어지고 다시 안정된 원래의 궤도를 그린다. 이와 같이 상태공간을 움직이는 점은 대부분이 안정된 궤도나 안정된 상태점으로 끌려간다. 이렇게 안정된 궤도나 안정된 상태점을 다른 상태점들을 끌어당긴다고 해서 어트랙터(Attracter; 끌개, 흡인자)라고 특별히 부른다. 즉 어트랙터란 하나의 역학계의 상태를 나타내는 점 P가 상당한 시간이 경과한 후에 지나는 상태점들의 집합이다.

어트랙터는 근처의 모든 궤도가 수렴하는 불변집합(invariant set)이다. 좀더 자세히 말한다면 불변집합이란 다음 조건을 만족하는 집합 E이다.

$$f: X \to X \text{ 일 때 } E \subseteq X \text{이고 } f(E) \subset E$$

이 식이 의미하는 것은 집합 X에 어떤 작용으로써 함수 f가 가해져서 모든 원소가 f에 의해 재배치될 수 있지만 부분집합 E의 원소들만은 그대로 변함없이 E 안에 그대로 있다는 뜻이다. 수학적인 설명은 뼈다귀처럼 딱딱하므로 좀더 풀어서 설명하면

범죄자들은 사회 안에서 임의로 움직일 수는 있다. 하지만 그들이 일단 교도소라는 어트랙터에 붙잡히게 되면 교도서 안에서야 자유롭게 움직일 수 있지만 그 외의 장소로는 절대 움직이지 못하는 것과 같다. 즉 교도소는 수학적으로 말하면 범죄자들에게는 불변집합, 즉 어트랙터가 되는 것이다.

그런데 수학적인 불변집합은 매우 고약하다. 교도소라도 형기를 마치고 참회를 하면 다시 밖으로 나올 수 있다. 그러나 불변집합에 한 번 들어가면 결코 빠져 나오지 못한다. 마치 무엇이든지 빨아들

이면서 아무 것도 내놓지 않는 블랙홀과도 같다고 할 수 있다. 단지 외부에서의 요동이 주어지지 않는다면 항상 그 상태를 유지한다.

어트랙터의 종류

어트랙터는 변수의 개수와 계의 특성에 따라서 그 기하학적 모양이 달라지는데 다음 네 가지로 크게 분류되어 있다. 어트랙터의 성격을 보면 역학계의 성격을 알 수 있으므로 그 분류는 중요하다. 어트랙터의 기하학적인 모양에 따라 그 이름이 다음과 같이 붙여졌다. '고정점(fixed point) 어트랙터', '한계순환(limit cycle) 어트랙터', '준주기(quasi-periodic) 어트랙터'(또는 토러스 어트랙터), '기묘한(strange) 어트랙터'의 4가지이다.

고정점 어트랙터는 시공차원이 0이다. 모든 위상공간의 점이 이 한 점에 끌려와서 멈춘다. 역학계에 고정점 어트랙터가 있다는 것이 역학계가 안정되어 있고 하나의 평형상태에 머문다는 뜻이다. 이에 비해 한계순환 어트랙터가 나타나면 역학계가 주기적으로 요동한다는 것을 의미한다. 진자의 운동이 그 대표적인 것이다. 이렇게 역학계의 요동이 복잡해지면서 어트랙터는 고정점에서 한계순환으로 준주기로 그 어트랙터의 기하학적 모양이 변한다. 이 기하학적 모양의 변화는 위상기하학의 입장에서 보면 위상구조가 달라지는 셈이다. 이러한 변화를 분기라고 부르기도 한다.

기호역학

역학계에는 그 역학적 상태를 발전시키는 몇 개의 기본적인 법칙이 있다. 수학에서는 이 기본법칙을 공리(公理)라고 부른다. 수학이론은 일종의 시스템인데 공리는 이 시스템의 기초라고 할 수 있다. 공리는 회사조직에서 말하면 창업멤버라고도 할 수 있다. 창업멤버들은 기업 경영의 기본이념을 세우고 그것을 그대로 밀고 나가면서 조직을 확대시켜 간다. 조직의 확대방향과 성장은 이념의 성격과 매우 밀접하다. 교회는 성경의 이념에 따라 사랑과 봉사, 헌신으로 조직을 확대시키고, 마피아는 마피아 보스의 명령과 그들만의 방식, 폭력과 사기, 협박, 밀매, 매춘, 증오와 배신으로 조직을 키워간다.

이처럼 공리는 조직의 모든 운명을 결정하는 씨앗과도 같은 것이다.

역학에는 자연의 구체적 현상을 설명하지 않고 그저 기호들의 변화만을 연구할 목적으로 아주 추상적인 기호 역학계가 있다. 마치 수학과 같은 것이다. 그리고 세포자동자도 이 기호 역학계의 하나이다.

아무런 의미도 없는 기호들, □, ■ 간의 변화만을 연구한다. □이 죽은 상태, ■은 살아있는 상태라는 것은 어리석은 인간의 해석에 지나지 않는다. 인간은 이렇게 어떤 의미를 부여하지 않고서는 못배기는 존재이다. 우리는 기호역학의 보기로서 제4장에서 세포자동자 이론을 다루게 될 것이다.

2. 열역학

거시적인 것과 미시적인 것

뉴턴의 고전역학에서는 미시세계와 거시세계를 그다지 구분하지 않는다. 모든 것은 결국 요소로 즉 미시세계로 환원할 수 있기 때문이다. 따라서 미시상태만이 중요하고 거시상태는 미시상태에 종속되어 있는 것에 지나지 않는다. 하지만 거시상태를 미시상태로 완전히 설명할 수 없는 경우는 어떻게 될까? 당연히 두 가지 상태를 모두 중요하게 생각할 수밖에 없다. 열역학 특히 미시상태를 통계적으로 처리해서 거시상태를 설명하는 통계역학에서는 이 둘을 엄밀하게 구분해야 한다.

일상적으로 거시적이란 우리 육안으로 직접 관찰할 수 있는 것을 말하는 것이고, 미시적인 것은 현미경 등으로 관찰할 수 있는 것이라고 막연하게 생각하고 있지 않은가? 앞으로 거시와 미시라는 말을 자주 사용하게 되기 때문에 좀더 그 의미를 엄밀하게 해둘 필요가 있을 것 같다.

거시적인 것이란 관찰자가 지금 관찰하고 있는 대상 그 자체를 말하고, 미시적인 것은 그 관찰대상을 이루는 구성요소를 말한다. 따라서 원자나 세포 같은 아주 작은 것이라 해도 그것 자체가 관찰대상이라면 거시적인 것이 되고 그것들의 구성요소인 전자와 원자핵, 그리고 세포 내 단백질 등의 유기물이 미시적인 것이다.

거시적인 것과 미시적인 것의 구분은 인간의 척도를 기준으로 한 것이 아니라 이렇게 관찰의 직접적인 대상인가 아닌가가 기준이 된다. 따라서 거시와 미시의 관계는 절대적인 것이 아니고, 상대적인 것이다.

거시적인 것과 미시적인 것을 구분하는 좀더 명확한 기준을 제시하면 관찰대상 전체는 거시적인 것이고, 그 부분은 무조건 미시적인 것이라고 하는 것은 아니다. 전체를 구성하는 데 의미가 있는 기본적인 요소를 미시적인 것이라고 하는 것이다.

예를 들면 인체를 관찰할 때 물론 인체 전체는 거시적인 것이고 미시적인 것은 세포 수준을 말한다. 즉 오장육부가 미시적인 요소가 아니라는 점을 분명히 알아두자. 세포는 인체를 구성하는 가장 기본적인 요소이다. 그리고 세포보다 더 작은 레벨의 구성요소는 인체에 대해서는 미시적인 요소로 보기 어렵다는 점을 말해두고 싶다. 인체라는 생명활동을 생각할 때 세포의 생사가 의미가 있을 뿐 세포가 지금 어떻게 물질대사를 하고 있는지는 문제시하지 않는다. 군대조직이나 사회조직에서도 조직의 건강을 생각할 때 구성원들의 공적인 책임감이 중요하지 그들 개개의 사생활에 대해서 까지는 생각하지 않는 것과 같다.

건축물에 대해서도 건물의 벽돌은 미시적인 요소지만 벽돌을 구성하는 모래알은 건물에 대해서 미시적인 것이라고 말하기 어렵다. 건물을 지을 때 벽돌을 한 장 한 장 쌓아올려 만들지, 모래알을 한 알 한 알 모아서 만들지는 않기 때문이다.

열역학에서도 온도나 압력 등 거시적인 현상을 만드는 미시적인 요소는 원자나 분자이지 그보다 작은 소립자의 세계까지는 생각하지 않는다. 거시세계와 미시세계는 다음 장에서 말하는 시스템과 그 시스템을 구성하는 기본요소의 관계와도 같은 것이다.

거시역학으로서 열역학

에딩턴(A. Eddington)은 『물리적 세계의 본성』이라는 저서에서 물리법칙을 1차법칙과 2차법칙으로 구분하였다.

1차법칙은 개개 입자들의 행동을 기술하는 상태변환법칙이다. 그리고 2차법칙은 원자, 분자들의 집단에 적용되는 법칙이다. 뉴턴역학이 1차법칙이라고 하면 열역학은 2차법칙에 해당한다.

19세기에는 열역학의 법칙이 경험적으로 확립되고 있었다. 열과 역학적인 에너지가 관계되는 자연현상을 관찰하고 정리하여 다음의 3개의 법칙으로 정리하여 놓은 거시적이고, 현상론적인 이론이 열역학이다.

열역학의 법칙은 첫째 에너지 보존 법칙이다. 이것은 우주의 에너지의 총량은 일정하다는 법칙으로 빛에너지, 전기에너지, 그리고 열에너지같이 형태를 바꾸어도 에너지의 총량은 변하지 않는다는 것으로, 실험적으로도 증명되었다.

제2법칙은, 우주의 엔트로피는 반드시 불어난다는 법칙이다. 엔트로피는 에너지와 비교하여 어려운 개념이지만, 쉽게 '난잡한 정도'라고 할 수 있다.

이론적인 가능성이 완전히 0은 아니지만, 엔트로피가 내려가는 경우도 있을 수 있다. 단지 우주가 태어난 이후 몇 십억, 몇 백억 년이라는 긴 시간이 지났지만 한 번도 일어나지 않을 만큼 낮은 확률밖에 갖고 있지 않을 뿐이다.

열역학 제1법칙, 제2법칙은 경험법칙이지만, 이 법칙으로 여러 가지 현상을 설명할 수 있다. 열역학을 이처럼 단순한 현상론적 입장에서만 생각한 사람들을 에너지론자라고 부른다. 현상적이란 법칙을 유도하는 것이 근본원리로부터 논리적으로 유도하는 것이 아니고 경험적으로 유도한다는 뜻이다. 에너지론은 자연현상을 지배하는 근본적인 양(量)은 에너지이며, 에너지의 변화가 곧 모든 자연의 현상이라고 보는 학설로 열에너지에 관한 본질은 더 이상 묻지 않고 열에 관한 물리현상의 거의 전부를 열역학 법칙으로 설명할 수 있는 것에 만족하였다.

에너지론의 기수는 독일 물리학자 오스트발트(Friedrich Wilhelm Ostwald, 1853~1932), 오스트리아 물리학자 에른스트 마하(Ernst Mach,1838~1916), 포앙카레(Jules Henri Poincare) 등이다. 오스트발트는 1895년 뤼베크에서 열린 독일 자연

과학자 의사협회 총회석상에서 볼츠만의 원자론을 비판하는 강연을 하였다. 그리고 포앙카레는 미분방정식으로 볼츠만이 틀렸음을 수학적으로 증명하였다.

그러나 맥스웰이나 볼츠만, 깁스는 미시적인 입장, 즉 원자로부터 물질이 구성되었다고 하는 요소환원론의 입장에서, 수많은 원자의 운동에 대한 역학 방정식을 세우고 그 방정식을 풀어서 열역학의 여러 가지 법칙을 유도할 수 있다고 생각했다. 원자론은 모든 자연현상은 자연의 구성입자인 원자들의 역학적인 운동으로 설명할 수 있다는 입장이다. 즉 자연의 본체를 원자라 보고 원자의 운동으로 우리가 관찰하는 자연현상을 설명하려는 본체론적인 입장이다. 따라서 에너지는 이들 입자의 상호작용에 지나지 않은 것으로 본다. 특히 열은 다수 입자의 무질서한 운동에너지이다. 이들을 열역학에서 원자론자라고 부른다. 19세기 유럽에서 에너지론자와 원자론자 사이에 격렬한 논쟁이 있었다. 원자의 실체를 보여주지 못한 볼츠만은 그의 생애 동안 전세계 물리, 화학, 수학자에게 멸시와 비난을 받아야 했다.

원자론자의 잘못은 미시세계의 역학으로서 뉴턴역학을 그대로 사용한 것이었다. 그 때문에 그들이 바라는 이론적인 결과가 실험치와 일치하지 않았다. 미시세계는 양자역학적으로 움직이기 때문이다.

맥스웰은 투쟁 중에 암으로 세상을 떠나고, 볼츠만은 논쟁에 지쳐 노이로제에 걸려 1906년에 자살하고 말았다. 그의 비극은 그의 죽음 뒤에 그의 승리를 결정지어 줄 증거인 브라운 운동이 원자의 존재를 실증하였다는 것이다.

1905년에 아인쉬타인은 브라운 운동의 논문을 쓰고, 원자의 실재를 증명하기 위한 실험을 제안한다. 1908년에 화학자 페란은 이

논문에 따라 실험하여, 원자가 실재하는 것을 누구라도 납득하도록 증명하였다. 이런 우여곡절 끝에 거시세계와 미시세계를 통일적으로 다루는 통계역학이 등장한다.

통계역학

물 1cm^3에는 대략 3×10^{22}개의 물분자가 들어 있다.

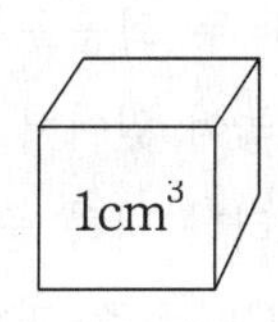

이렇게 우리가 보통 관찰할 수 있는 거시적인 대상은 경(京) 단위의 엄청난 수의 입자로 이루어져 있다. 이들 입자는 역학의 법칙에 따라 극히 복잡한 운동을 하고 있다.

이렇게 엄청난 수의 입자가 보이는 복잡한 운동을 일일이 생각한다는 것은 불가능하며 무의미하기도 하다. 마치 국가의 경제정책을 입안하는 사람이 주부들이 시장에서 어떤 물건을 얼마에 사는지 어떤지, 공장에서는 어떤 물건들을 만들고 얼마에 파는지를 일일이 생각하는 것은 정책을 입안하는 데 아무런 도움이 안되는 것과 마찬가지다. 국가 전체의 경제활동을 국민 개개인의 경제활동으로부터 추측할 수 없다는 이야기다.

경제정책은 평균적인 물가조사를 하고 평균적인 생산량, 소비량 등 평균적인, 통계적인 대표값만을 알아내는 것으로 충분한 것처럼 거시적으로 나타나는 현상은 미시적인 운동의 평균이나 통계, 확률분포로 설명할 수 있으면 충분하다. 즉 미시역학과 거시현상을 통일적으로 설명하기 위해서 통계역학이 필요하다.

미시세계의 역학을 뉴턴의 운동법칙으로 생각했던 통계역학을 고전 통계역학이라고 한다. 이에 대해 미시세계의 운동법칙을 양자역학으로 생각하는 통계역학을 양자 통계역학이라고 부른다.

통계역학은 원자나 분자의 운동을 지배하는 역학법칙으로부터 열역학의 법칙을 유도하고, 열역학적인 측정량을 분자의 구조와 상호작용력으로 계산할 수 있도록 이론을 전개한다.

내부에너지(internal energy)

지금 뜨겁게 달구어진 쇠구슬이 땅 위에 놓여 있고, 같은 무게의 차가운 쇠공이 10m의 높이에서 낙하하고 있다. 이 두 쇠공을 비교하여 보면 뜨겁게 달구어진 쇠공은 비록 땅 위에 놓여 있어서 운동에너지는 0이지만 그 내부에너지는 매우 높다. 그러나 낙하 중인 차가운 쇠공은 운동에너지는 크지만 그 내부에너지는 아주 작다. 잠시 후 이 쇠공이 땅에 쿵 하고 떨어지면 그 순간충격으로 쇠공의 온도가 약간 상승할 것이다. 즉 쇠공이 갖고 있던 운동에너지가 쇠공의 내부에너지로 약간 변화한다.

이처럼 어떤 계의 내부에너지는 그 계의 거시적인 위치나 운동과는 상관없이 미시적인 내부요소의 운동에너지로 설명된다.

지금 두 개의 주전자가 있다. 한 주전자에는 100℃의 뜨거운 물이 담겨 있고 또한 주전자에는 10℃의 상온의 물이 담겨 있다. 두 주전자를 비교하면 물분자의 수는 같다. 그러나 뜨거운 물의 분자 운동량은 차가운 쪽의 물보다 훨씬 크다. 그리고 뜨거운 물은 어떤 일을 할 수 있다. 예를 들면 구멍이 꽉 막힌 주사기에 뜨거운 물을 부으면 주사기 내부의 기체의 온도를 증가시켜서 피스톤을 밀어내는 일을 한다. 이것이 증기기관의 원리이다.

즉 뜨거운 물이 차가운 물보다 어떤 가능성을 더 많이 가지고 있다. 이것을 과학적인 용어로 내부에너지가 많다고 한다. 두 축구팀이 있다. 한 팀은 사기충천하고 모두들 컨디션이 좋아 운동장을 열

바퀴라도 뛸 자신이 있는 것처럼 모두들 가만히 앉아 있지를 못한다. 그러나 다른 팀은 무슨 이유 때문인지 모두 풀이 죽어있고 벤치에 앉아서 넋두리나 늘어놓고 있다. 이 상황을 보고 경기의 결과를 점치라고 하면 물론 사기충천한 팀이 이길 거라고 모두 입을 모아 말할 것이다. 이것이 바로 조직의 내부에너지의 차이라고 필자는 말하고 싶다. 한 조직은 내부에너지가 많기 때문에 무슨 일이든지 할 수 있지만, 다른 팀은 그렇지 못한 것이다.

일반적으로 어떤 시스템의 내부에너지는 그 시스템의 요소의 수에 비례하고 요소의 운동량에 비례한다고 말할 수 있다.

내부에너지는 물질이나 장(場)이 가진 에너지에서 그들 전체의 운동에 관한 운동에너지를 빼고 남는 부분이다. 즉 역학적으로 평형상태에 있는 물체의 에너지다. 즉 물을 담은 주전자가 줄에 매달려 흔들릴 때의 운동에너지는 내부에너지가 아니다.

열역학 제1법칙에 의하면 내부에너지는 그 계의 상태에 따라 정해지는 하나의 상태량이다.

찬바람을 쏘일 때 공기 분자가 얼굴에 부닥쳐서 열에너지를 만들어 내기 때문에 얼굴이 뜨거워져야 하는데 실제로는 얼굴이 차가워진다. 바람이 가진 내부에너지가 얼굴이 가지고 있는 내부에너지보다 훨씬 적기 때문에 얼굴의 내부에너지를 빼앗겨서 차가워진다. 바람의 운동에너지를 잘 활용하는 것이 바로 범선이나 풍차이다. 이들은 바람의 내부에너지보다 운동에너지를 활용하는 것이다.

같은 풍속의 바람이라도 차가운 바람인지 따뜻한 바람인지에 따라 그 역할이 확연히 다르다. 차가운 바람은 꽃을 시들게 하고, 낙엽을 지게하며, 사람들을 감기 들게 한다. 그러나 따뜻한 바람은 만물을 소생시키는 힘이 있다.

같은 부피, 같은 온도의 기체와 액체를 비교하면 기체의 각 분자의 운동량은 아주 크고, 액체분자의 운동량은 작다. 그러나 기체의 분자수가 액체의 분자수보다 훨씬 적기 때문에 기체가 액체보다 내부에너지가 크다고 할 수 없는 것이다.

일반적으로 내부에너지의 변화는 열의 이동 외에도 외부에 대한 일이나 물질의 출입에 의해서도 일어난다. 따라서 열에너지라는 개념은 그 이동과정에 관하여 정의하는 것이고, 물체의 상태 그 자체에 대한 정의는 아니다.

열역학 제2법칙

열역학 제1법칙인 에너지 보존 법칙이 자연의 절대적인 진리인 것처럼, 열역학 제2법칙인 엔트로피(entropy) 증대 법칙도 자연의 절대적인 법칙이다. 따라서 우리가 보는 자연현상에는 엔트로피가 스스로 감소하는 일은 볼 수 없다. 흔히 귀신 영화에서 보는 것처럼 물건들이 방안을 마음대로 돌아다니거나 엎지른 물이 깨끗하게 다시 컵으로 담겨지는 현상은 영화에서나 볼 수 있지 엔트로피 증대 법칙이 지배하는 현실에서는 일어나지 않는다.

운동에너지와 위치에너지는 서로 가역적이지만 다른 에너지와 열에너지 사이는 비가역적이다. 즉 다른 에너지가 열에너지로 바뀌기는 쉽지만 열에너지가 다른 에너지로 바뀌기는 어렵다는 뜻이다. 이러한 에너지의 비가역성을 수치로 나타내는 것이 엔트로피다.

엔트로피라는 개념은 1865년 독일의 이론 물리학자 클라우지우스(Rudolf Julius Emanuel Clausius, 1822~88)가 변화를 뜻하는 그리스어 트로피($\tau\rho o\pi\eta$)에서 따왔다. 에너지보존법칙이 발표된 뒤로 18년 후의 일이다. 클라우지우스의 엔트로피의 정의는

$$엔트로피 = \frac{물질이 흡수한 열}{절대온도}$$

이다. 따라서 엔트로피는 흡수한 열이 크면 클수록 커진다.

오늘날 엔트로피라는 말은 열역학에서 뿐만이 아니고 화학, 생물학, 정보 이론, 사회학, 인지과학 등에서 광범위하게 쓰이고 있지만, 그 기원은 클라우지우스의 정의에 두고 있다. 이 개념을 오스트리아 물리학자 볼츠만(Ludwig Boltzmann, 1844~1906)은 엔트로피의 미시적인 의미를 명확히 하여 엔트로피의 증가는 물질의 미시적인 상태수의 증가를 뜻한다는 것을 밝혔다. 즉,

$$엔트로피 S = k\log_e(미시적인\ 상태수) : k는\ 볼츠만\ 상수$$

미시적인 상태수의 증가는 거시적으로 보면 무질서해진다는 의미이다. 즉 물질이 열을 흡수하면 그 물질을 이루는 미시적인 원자나 분자의 상태수가 늘어난다는 의미다. 즉 한 나라의 경제가 성장하면 국민들이 경제적으로 부유해지기 때문에 가정과 일터에만 있지 않고 경제적인 여유로 여가를 즐기기 위해 여행을 한다든지 한다. 즉 국민 개개인의 미시적인 상태수가 늘어난다. 오해하지 말아야 할 것은 나라가 부강해지면 국가의 엔트로피가 증대한다는 것은 아니다. 선진국일수록 국민의 질서수준이 높다는 점에 유의해야 한다. 물론 선진국의 국민이 후진국의 국민보다 많은 가능성(상태수)을 누리고 있다.

볼츠만의 이러한 업적으로 엔트로피의 개념은 열역학이라는 좁은 울타리를 벗어나 여러 분야에 급속하게 적용되기 시작하였다.

엔트로피의 개념에 대해 한마디 덧붙여 둘 것은 엔트로피는 정적인 개념이 아니라는 것이다. 즉 질량이나 에너지는 정적으로 측정

할 수 있다. 그러나 엔트로피는 정적인 상태에서는 무슨 말을 하지 못한다. 예를 들면 뜨거운 주전자가 차가운 주전자보다 분명 엔트로피가 높다. 즉 물분자의 미시 상태수가 많기 때문이다. 그러나 뜨거운 주전자의 엔트로피는 얼마인가라는 질문은 잘못된 질문이다. 절대온도 100K의 물에 열을 10칼로리 가하면 엔트로피는 0.1이 늘어나지만 엔트로피가 얼마라고는 말할 수 없는 것이다. 즉 엔트로피는 질량이나 에너지처럼 절대적인 값이 아니라 상대적인 값으로 지금의 상태에서 엔트로피가 얼마 줄었다·늘었다고 말할 수 있을 뿐이다.

따라서 질량이 많다·적다, 에너지가 얼마다 하는 표현처럼 엔트로피가 얼마다, 많다·적다라는 표현은 적합하지 않다. 엔트로피가 얼마나 늘었다·줄었다는 표현이 올바른 것이다.

어떤 역학계의 엔트로피를 증가시키는 방법으로는 다음과 같은 것이 있다. ① 구성요소의 첨가, ② 에너지 첨가, ③ 부피 증가, ④ 구성요소의 분해, ⑤ 직선 고분자를 구부림 등.

자연의 상반되는 본성

자연에는 두 개의 상반되는 본성이 있다. 그 하나는 내부에너지를 최소화해서 안정되려는 경향이고 또 하나는 엔트로피가 최대가 되려는 경향이다. 즉

● 안정도 증대의 경향(내부에너지 U의 감소)
○ 자유도 증대의 경향(내부엔트로피 S의 증대)

의 두 가지 상반되는 경향이다. 안정도 증대는 거시적인 입장이라고 할 수도 있으며, 자유도 증대는 미시적인 입장이라고 할 수 있다.

예를 들어 설명하면 어떤 사회조직이라도 구성원의 변동이 되도록 없는 안정된 상태를 바란다. 하지만 구성원 개개인은 조직에 소속되어 구속받고 싶어하기도 하지만 자유롭게 활동하기를 바라기도 한다. 인생사에 비유하면 결혼해도 후회하고(청춘의 자유를 잃기 때문에), 하지 않아도 후회한다(안정되고 따뜻한 가정을 잃기 때문에)는 말과도 일맥상통한다.

이러한 상반되는 두 경향이 조화를 이루어 다양한 사회적인 현상을 만들어낸다. 그 조화가 깨어질 때 부부싸움이 일어나고 급기야 이혼까지 가는 비극이 초래되기도 하며, 독신자의 외로움을 견디지 못해 자살의 유혹에 빠지기도 한다.

자연에 존재하는 대부분의 물체와 그것들이 일으키는 현상도 이 상반되는 두 경향의 조화라고 볼 수 있다. 이 상황을 그림으로 나타내면 다음과 같다.

즉 내부에너지의 감소는 엔트로피 감소를 초래하며 이것은 열역학 제2법칙에 위배되는 경향이다. 또한 엔트로피의 증가는 내부에너지도 증가시키기 때문에 역학적인 안정성을 무너뜨리는 결과를 초래한다. 이 두 경향이 균형을 이루는 지점에서 거시적인 상태변화는 멈추게 되는 것이다. 항성의 경우를 예로 들면 항성 자체의 중력으로 끊임없이 수축하려는 경향이 있다. 즉 내부에너지를 감소시켜 안정된 상태에 도달하려는 것이다. 그러나 내부에서 일어나는 핵융합에 의한 열에너지 분출로 항성은 더 이상 수축하지 못하고

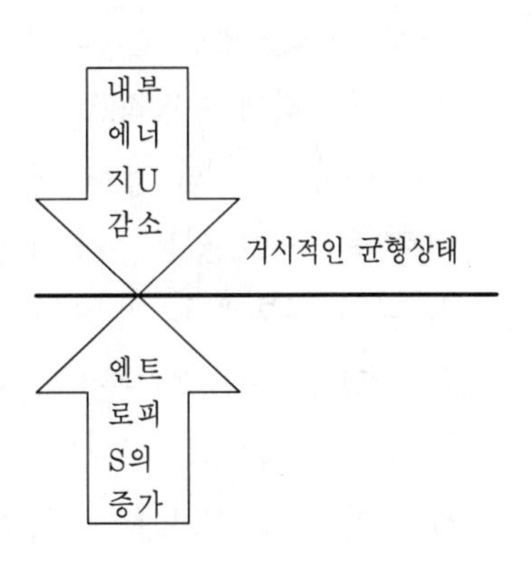

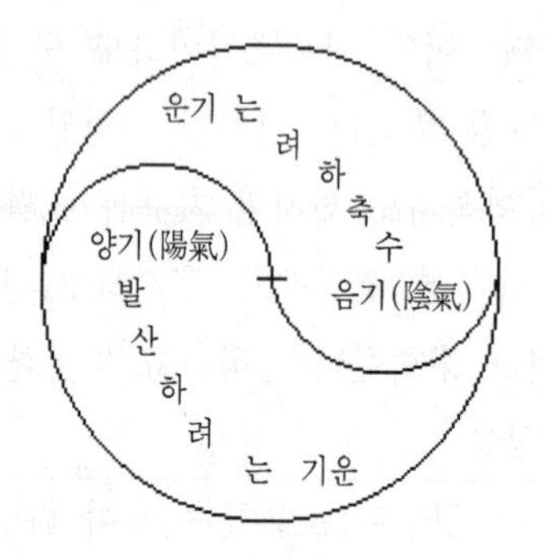

두 힘이 균형을 이루는 지점에서 항성의 크기가 결정되는 것이다. 항성의 수명이 다하여 핵융합의 연료인 수소가 바닥나면 항성의 수축력을 감당하지 못해 항성은 급격히 수축하여 백색왜성이나 중성자별, 혹은 블랙홀이 된다고 한다.

이와 같은 상반되는 두 힘의 균형과 조화가 부리는 상황을 동양에서는 음양이론으로 설명하고 있다. 즉 내부에너지 감소의 경향은 음기(陰氣)의 경향이며 엔트로피 증가의 경향은 양기(陽氣)의 경향이라고 보면, 음양이론과 매우 잘 들어맞는다.

엔트로피의 수학적 정의

맥스웰과 볼츠만은 원자의 실체가 증명되지 않은 상황에서 순수하게 수학적으로 미시세계를 생각하였다.

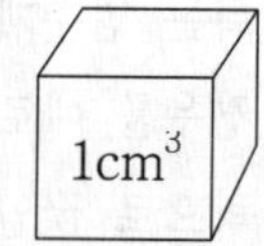

이제 부피 $1cm^3$의 정육면체 내부에서 활발하게 제멋대로 운동하고 있는 이상기체를 생각해 보자. 이 기체들은 속도 0에서부터 내부에너지가 허용하는 최대의 속도로 움직이는 기체를 이루는 입자 하나 하나를 구분할 수 있다고 한다. 온도를 올릴 때마다 이들 입자들의 운동상태는 어떻게 변할까? 이러한 논의를 간단히 하기 위해 입자가 두 개뿐이고, 입자들이 취할 수 있는 상태도 두 개일 때부터 생각해 보면 다음 표와 같이 3개의 거시상태에 각각의 미시상태가 대응한다. 같은 거시상태에 대응하는 미시상태는 모두 다르기는 하지만 미시세계에서 일어나는 미시적인 요동 때문에 거시상태가 바뀌지 않으므로 거시적인 척도에서는 본질적으로 구분할 수 없다.

즉 a상태를 낮은 상태, b상태를 높은 상태라고 라고 하자. 즉 a는 차가운 상태, b는 뜨거운 상태다. 이것은 스스로 차가워지거나 스스로 뜨거워질 가능성은 확률적으로 ¼이고, 미지근한 상태로 있을 가능성은 ½이라는 것으로 우리의 직관과 일치한다.

입자의 수가 늘어나고 상태의 수도 늘어나면 이 확률격차는 더욱 벌어져서 스스로 차가워지거나 뜨거워질 가능성은 0에 가까워진다.

이렇게 개개의 입자가 구별되는 입자들의 상태분포를 맥스웰-볼

거시상태	미시상태	a	b
1	1	○●	
2	2	○	●
	3	●	○
3	4		○●

거시상태	미시상태	a	b	c
1	1	○●		
2	2	●	○	
	3	○	●	
3	4		○●	
	5	●		○
	6	○		●
4	7		●	○
	8		○	●
5	9			○●

거시상태	미시상태	a	b
1	1	○●◎	
2	2	○●	◎
	3	○◎	●
	4	●◎	○
3	5	◎	●○
	6	○	●◎
	7	●	○◎
4	8		○●◎

츠만 분포라고 부른다. 그러나 양자역학에 따르면 분자나 원자 같은 미시수준에서는 개개의 입자를 구분하는 것은 불가능하다고 한다. 입자가 구별되지 않는 보스-아인쉬타인 분포는 다음과 같이 6가지가 된다. 맥스웰-볼츠만 분포보다 작아진다.

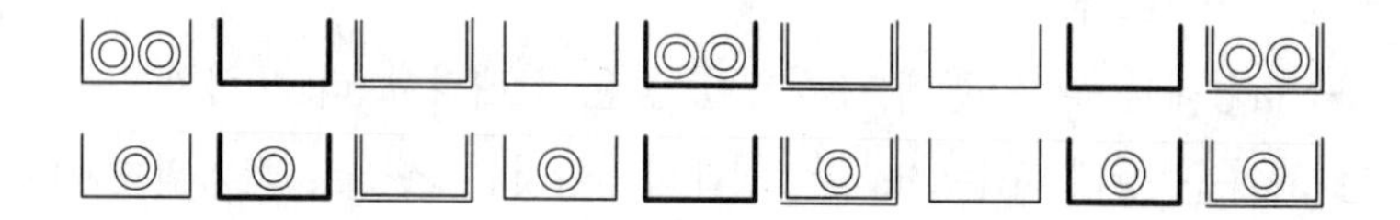

입자가 구별되지도 않고 한 상태에 두 개의 입자가 동시에 들어갈 수 없는 페르미-디랙 분포는 다음과 같이 3가지뿐이다. 이것은 마치 한 원자 내에서 전자들은 같은 양자 상태에 있을 수 없다는 파울리(W. Pauli)의 배타원리를 생각나게 한다.

페르미-디랙 통계를 따르는 입자를 페르미온(fermion)이라고 부른다. 페르미온으로는 전자, 양성자, 중성자 등이 있다. 보스-아인쉬타인 통계를 따르는 입자를 보손(boson)이라고 부른다. 보손으로 대표적인 것으로 광자나 파이 중간자가 있다. 이렇게 해서 엔트로피 증대 법칙은 완벽하게 본체론적으로 증명되었다.

시스템과 환경의 3가지 관계

엔트로피 증대의 법칙은 우주의 보편적인 법칙이다. 이 법칙을 거스를 수 있는 존재는 아무도 없다. 그러나 우리 현실은 이 절대 법칙을 거스르는 것 같은 존재가 곳곳에 있다. 망망한 우주공간에서 은하계가 탄생하고 별이 탄생하는 것이 그것이다. 그리고 지구라는 특이한 행성에서는 고도의 저엔트로피를 유지하는 생명체들이 번성하고 있다. 그 이유는 어디에 있는가? 그 이유는 엔트로피 증대 법칙이 환경과 완벽하게 고립된 시스템을 전제로 하고 있기 때문이다.

고립계(孤立;isolated system)

환경과 완벽하게 고립된 즉 에너지나 물질, 정보의 입출입이 완전히 통제된 시스템을 고립계 또는 절연계라고 부른다. 고립계는 에너지가 보존되는 보존계로서 고전역학의 주된 대상이었다. 이 고립계의 진화는 엔트로피 증대 법칙에 지배된다.

우주는 우리가 생각할 수 있는 최대의 전체이기 때문에 우주 바깥에는 아무 것도 없다. 따라서 우주 자체는 바로 가장 완벽한 고립계이다. 클라우지우스는 우주가 완벽한 고립계이기 때문에 우주는 결국 최대 엔트로피 상태인 열사(Heat Death)에 이른다는 비극적인 미래를 예견했다.

○는 뜨거운 입자 ●는 차가운 입자일 때 이들은 시간이 가면서 점점 고르게 뒤섞이게 되고 온도는 미지근한 상태가 될 것이다. 이렇게 고립계에서는 엔트로피 최대의 상태가 평형상태이다.

그런데 우주는 팽창하고 있는 고립계이다. 팽창으로 우주는 결코 평형상태에 이를 수 없다. 즉 우주는 비평형상태에 있게 되고 우주

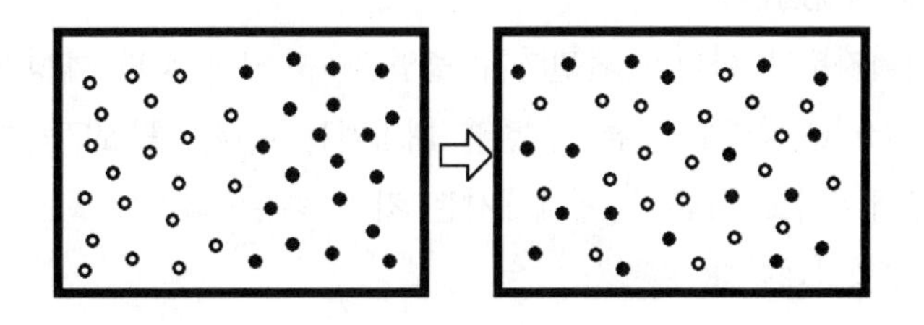

가 열사에 빠지는 것을 막아 준다.

폐쇄(closed)계

고립계에서 에너지의 출입이 자유로워지면 폐쇄계가 된다. 폐쇄계나 개방수동계는 고정된 다이내믹스를 가지며 물리적인 세계는 대부분 이 폐쇄계나 개방수동계이다. 즉 열에너지는 확산에 의해 자유롭게 출입이 가능하기 때문에 고체·액체·기체의 물질 등 상태변화가 일어나기도 한다.

폐쇄계의 진화는 엔트로피 증대 법칙뿐만 아니라 볼츠만의 질서화 원리가 진화방향을 결정한다. 헬름홀츠의 자유에너지(열역학적 퍼텐샬)의 정의

$$F = U - TS$$

에 의하면, 온도와 부피가 변하지 않는 경우에 평형상태는 자유에너지가 최소값을 취하는 상태가 된다. 이 경우에 반드시 엔트로피가 최대가 된다고 말할 수 없다. 즉 시스템의 외부에서 내부의 에너지를 빼앗아 가면 즉 온도가 내려가면 TS의 값은 무시할 수 있을 정도로 작아진다. 폐쇄계에서는 헬름홀츠의 자유에너지가 최소인 상태가 바로 평형상태가 된다.

개방(open)계

에너지뿐만 아니라 물질까지 출입할 수 있게 되면 개방계 또는 유동(flow)계라고 부른다. 한편 개방계는 에너지를 보존하지 않는 산일계이기도 하다. 개방계에서는 깁스 자유에너지가 최소인 상태가 평형상태이다.

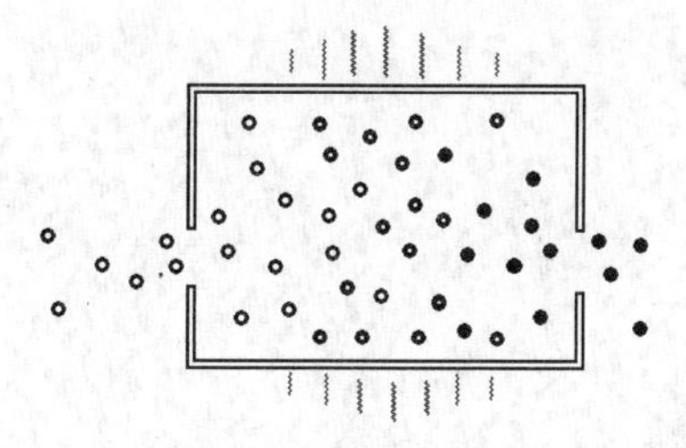

개방계라고 해서 계가 완전히 열려있는 것이 아니고 대부분 닫혀 있고 특별한 부분만 열려있다. 계의 폐쇄성은 시스템을 환경으로부터 독립시키는 역할을 하며 개방성은 시스템의 변화를 가능케 한다.

개방계가 질서를 만들어 낼 수 있는 것은 무작위로 주어진 에너지의 흐름 즉 열에너지의 흐름을 기계적인 에너지 즉 역학적인 에너지로 바꾸는 데 있다. 개방계는 다시 개방수동계와 능동계로 나눈다.

개방수동계

외부에서 받아들이는 물질이나, 에너지량만큼 밖으로 버리는 물질이나 에너지량이 균형을 이루고 있는 상태는 조용한 평형상태(equilibrium state)라고 한다. 즉 외부에서 들어오는 것은 많은데 밖으로 배출되는 것은 상대적으로 적어지면 개방계의 내부는 크게 요동이 일어나는 비평형상태가 되는 것이다. 계속 외부에서 공급되는 물질 또는 에너지량이 늘어나 더욱 요동이 커져서 분기점(bifurcation point)에 이르면 개방계의 내부구조가 무너지는 간헐적인 카오스가 나타난다. 그리하여 이 단계에서는 곧 새로운 질서를 자기조직하게 된다. 이것을 프리고진은 산일구조라고 불렀다. 베나르 대류가 그 좋은 예이다. 그림처럼 온도가 낮을 때는 무질서

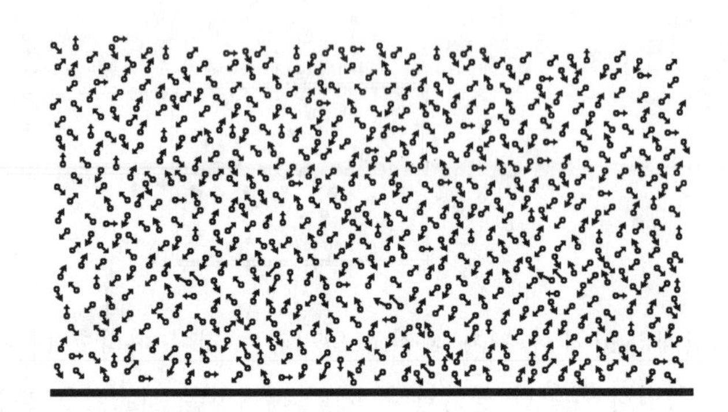

하게 돌아다닌다.

이 분자들의 무질서한 운동은 미시적인 요동에 의한 것이다. 그러나 온도가 높아져 어느 임계점을 넘어서면 무질서하게 돌아다니던 분자들이 마치 군인들이 열병식을 하는 것 같은 착각이 들 정도로 일정한 흐름을 만들어 매우 질서 있는 구조를 만들어 낸다. 이 구조는 정적인 것이 아니고 시간적으로 진동하는 동적 구조이다. 즉 이 구조를 만들고 있는 분자들이 끊임없이 교체되고 있는 것이다.

분자들이 상호작용할 수 있는 거리는 극히 작다. 그러나 베나르 대류에서 보듯이 분자의 크기에 비해 거대한 구조물을 만들고 있다. 분자들이 어떻게 이런 거리를 초월하여 상호작용할 수 있는지

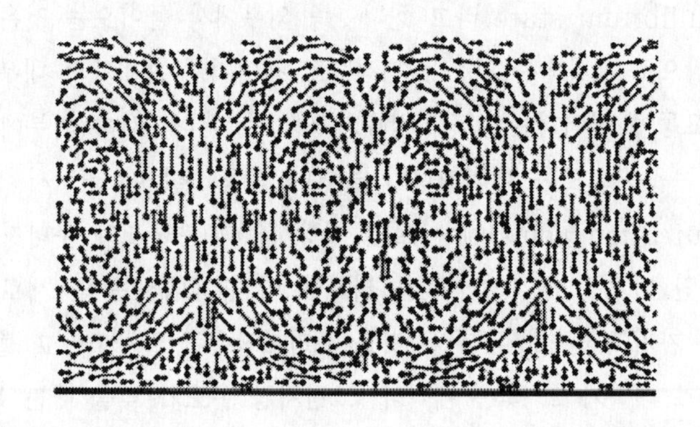

아직 분명히 알려져 있지 않다.

개방적응계

베나르 대류처럼 외부에서 열에너지를 주어야만 그 구조를 유지할 수 있는 수동적인 것에 비해 자신의 동적인 구조를 유지하기 위해 스스로 에너지원을 찾아다니는 시스템이 있다. 그 대표적인 것이 생명체이다. 즉 개방능동계이다.

개방능동계를 개방적응계라고 부르기도 한다. 개방적응계는 계 내의 상호작용에 의해서 계 내부의 특성이 수정되는 역학적인 특성을 갖고 있다.

폐쇄계나 개방수동계의 경우 그 내부구조의 변화 즉 상전이는 외부환경에 의한 것이다. 그러나 개방적응계는 내부의 피드백 기구에 의해 스스로 내부구조를 바꾸어 갈 수 있는 것이다. 이것이 바로 적응이라는 현상으로까지 발전한다.

세포막에 둘러싸인 세포라든지 생태계에서의 종의 자연도태라든지, 기억이나 학습현상은 모두 개방적응계의 보기이다. 특히 세포막에는 작은 구멍이 있는데 이 구멍보다 큰 물질은 통과하지 못하고 작은 물질만 통과한다. 물은 이 구멍보다 크기가 작기 때문에 자유롭게 드나든다. 그리고 세포막에는 선택투과성이라는 성질도 있다. 영양분 등과 같이 세포에 필요한 물질은 선택적으로 통과시켜주는 보다 커다란 출입구가 있다. 그리고 세포 내에서 생기는 노폐물을 신속하게 내보낸다. 이러한 작업이 이루어지기 위해서는 세포막에 물질을 구분하는 능력이 필요할 것이다. 세포에는 단백질이 붙어 있어서 필요한 물질, 불필요한 물질을 구분해 준다. 세포막의 이러한 능력을 능동수송이라고 부른다.

지구도 하나의 거대한 개방계이다. 지구와 우주공간사이의 물질 교환은 거의 일어나지 않지만(요즘에는 우주탐사선의 발사로 지구의 물질이 우주공간으로 나가게 되었고, 우주공간을 방황하는 운석이 지구로 떨어진다. 따라서 우주와 물질교환도 이루어지고 있다고 말할 수 있지만 극히 미미한 것이다) 에너지 교환은 끊임없이 일어나고 있다. 태양으로부터 태양열을 받았다가 폐열을 우주공간으로 내보내고 있다. 게다가 제임스 러브록은 지구가 단순한 개방계가 아니라 개방적응계라고 주장한다. 그는 유명한 『가이아』가설로 지구는 살아 있으며 태양으로부터 받은 에너지를 이용해 지구의 환경을 바꾸어 생명체가 살아가도록 항상성을 유지하고 있다고 주장한다. 개방적응계는 비평형계이어야 한다. 비평형계는 그 비평형의 상태가 더욱 발전하면 이윽고 카오스상태에 이르게 된다. 말하자면 카오스란 개방계에서 비평형상태의 하나라고 볼 수 있으며 이 상태가 자기조직 현상, 창발적 현상의 바탕이 되는 것이다.

개방적응계는 비선형적이고 평형으로부터 아주 멀리 떨어진 비평형계이다. 여기에서 일어나는 여러 가지 현상은 신비스럽지만 아직 분명히 밝혀지지 않고 있다. 프리고진 등이 비선형비평형열역학을 연구함으로써 그 비밀을 밝히려고 노력 중이다.

제 3 장

시스템론

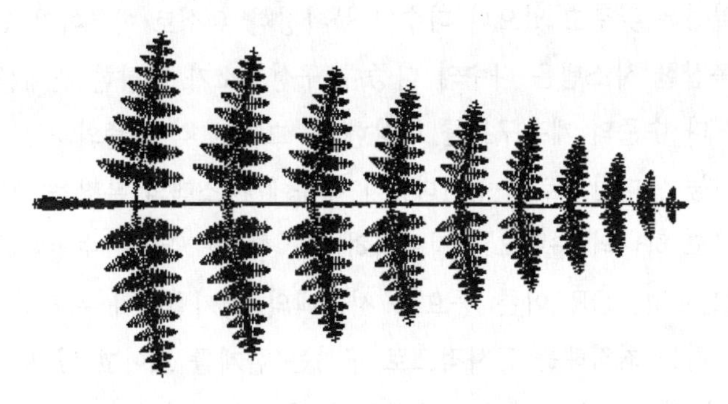

고사리잎 프랙탈을 갖는 고사리잎. 대부분의 복잡한 시스템은 프랙탈구조(계층구조)를 갖는다.

1. 일반시스템론

복잡함을 분석하는 데 시스템 개념은 절대적이고 기본적인 개념으로 자리하고 있다. 원자로나 우주선 같은 거대 시스템의 자동제어이론이나 전기전자 회로망, 도시, 사회 경제조직 등에서 복잡성이 증대됨으로써 시스템적 입장에서 이들을 분석할 것이 크게 요구되는 것이다. 그래서 이 장에서는 요즘에 체계를 갖추기 시작한 시스템이론이나 시스템학(Systemology)에 대해서 언급해야겠다. 일반시스템은 개개의 시스템이 가지고 있는 개별성은 무시하고 시스템의 일반적인 속성을 추상적으로 연구하는 것을 목적으로 한다. 오토마톤 이론이나 집합론 등에서 집합과 관계의 개념으로 엄밀히 시스템을 정의하여 시스템이론을 체계화하기 위한 시도가 진행 중에 있는 것이 그것이다.

시스템론에서 다루는 시스템은 대개 거대하고, 복잡하며, 전체로서 통일성은 갖추고 있으나 다수의 불확정한 요소로 이루어져 있다. 특히 복잡한 시스템은 다수의 다종류 구성요소가 다양한 관계를 맺으면서 다 수준의 계층구조를 형성한다. 그리고 각 수준의 서브시스템의 기능은 다단계로 수행된다. 이 때문에 시스템의 본질을 파악하기 어렵고 하나의 수량으로 정량화하기도 힘들게 된다. 수리계획법, 몬테카를로법, OR 이론 등으로 시스템의 평가함수나 목적함수를 최대로 하는 최적해를 근사적으로 구하는 한계를 보이고 있다.

복잡한 시스템에서 인간의 통제력이 얼마나 무력해지는지 마이클 클라이톤의 『잃어버린 세계』가 잘 보여주고 있다.

시스템이란 무엇인가?

역학(Dynamics)이나 열역학(Thermodynamics)은 일반적으로 물리적인 시스템을 그 대상으로 하고 있다. 특히 열역학은 엄청나게 많은 구성요소로 이루어진 복잡한 시스템을 연구대상으로 하고 있음을 우리는 보았다. 여기서 시스템이라는 개념이 얼마나 중요한 역할을 하는지도 충분히 납득할 수 있다.

물리학에서는 시스템을 '물질의 특별한 양이나 공간의 특별한 영역이다'라고 정의하고 있다. 시스템의 외부둘레를 주위라 하고, 시스템은 시스템의 경계에 의해서 주위와 구분된다. 시스템의 경계는 고정될 수도 있고 이동될 수도 있다. 시스템의 상태는 구성요소의 성질들로 표현되며, 그 성질들을 때때로 상태량이라고도 한다.

그러나 이러한 막연한 개념을 가지고는 비평형열역학에서 일어나는 창발적인 현상을 이해하기에는 부족함이 많다. 따라서 시스템에 대해서 우리는 보다 일반적인 개념과 법칙을 확립해두지 않으면 안 된다.

사전을 찾아보면 시스템은 여러 개의 구성 요소가 서로 어떤 관계를 가지면서 형성된 조직이며 우리말로는 계(系), 체계(體系), 조직 등으로 번역된다. 시스템(system)의 어원은 그리스어로서 다음과 같은 복합어이다.

SYSTEM=SY(with)+STEM(to place : 함께 두다)

즉 요소들을 함께 둠으로써 어떤 상호관계가 생겨서 하나의 단위(單位)가 이루어진다. 원래 그리스어의 시스테마(systema)는 통합, 합일, 전체만을 의미했다. 무조건 통합하는 것이 아니라 어떤 질서에 따르기 때문에 통합의 정연성, 즉 질서(ordnung)가 나중에 추가되었다.

이 생각은 전체는 부분에 의존하며 부분은 전체 속에 존재한다는 고대 그리스의 인식론까지 거슬러 올라간다. 아리스토텔레스는 전체는 부분을 모아놓은 것 이상의 존재라고 말하고 있다. 부분을 단순하게 모아놓은 것은 전부이지만 전체는 부분을 단순히 모을 뿐 아니라 조직하여 부분에 없는 무언가 새로운 기능을 만들어 내게 된다. 예를 들면 건축자재인 벽돌이나 기둥, 기와, 창문을 그저 모아둔 것과 이것들을 적절하게 결합해서 집을 만드는 것은 전혀 다른 것이다. 단순히 모아둔 것은 쓰레기더미와 마찬가지로 아무것도 할 수 없다. 하지만 집은 하나의 거주 시스템으로서의 역할을 한다. 집은 부분을 모아놓은 것 이상의 전체적인 특성이 창발(創發 : emergent)된 것이다.

과학적 방법론으로서 시스템 개념을 다시 부활시킨 사람은 유기체론(생체론)을 주장한 베르탈란피(L. von Bertalanffy, 1901~72)이다. 그는 오스트리아 출신의 생물학자로 개체 발생에 관한 기계론과 생기론의 대립은 복잡한 시스템으로서 생체가 갖는 높은 조절기능을 생각함으로써 해결할 수 있다고 믿었다. 생체는 정상상태에 있는 개방계로 전체적, 동적, 능동적인 특성을 가진다는 것이다.

시스템의 구조

시스템은 내부구조를 가지고 있다. 이 내부구조를 만드는 것은 시스템의 구성요소이다. 요소들의 결합의 가짓수나 방법에 따라 다른 시스템이 되는데 이 결합방법을 시스템의 내부구조라고 한다.

시스템은

시스템 S=〔요소, 요소들간의 관계, 요소들의 성질〕

로 일반적으로 정의되며, 보다 엄밀하게 수학적으로 다음과 같이 정의한다.

요소 Pi(i=1, 2, ··· , n)의 크기를 Qi라 하자. 그러면

$$\frac{dQ_1}{dt}=f_1(Q_1,\ Q_2,\ \cdots,\ Q_n)$$

$$\frac{dQ_2}{dt}=f_2(Q_1,\ Q_2,\ \cdots,\ Q_n)$$

......

$$\frac{dQ_m}{dt} = f_m(Q_1, Q_2, \cdots, Q_n)$$

의 연립방정식은 시스템의 변화를 기술한다. 어느 한 요소의 크기 Q가 변화하면 시스템 전체의 변화에도 영향을 준다.

이 방정식의 구체적인 예로 로트카-볼테라 방정식이 있다. 로트카-볼테라 방정식은 역동적인 시스템의 변화를 설명하는 데 자주 쓰이고 있다. 다음은 이 방정식이 적용되는 구체적인 예이다.

아프리카의 드넓은 초원에 사는 얼룩말과 사자로 구성된 개방계에서 일어나는 얼룩말과 사자의 개체수 변동을 분석한다. 간단히 하기 위해 초원의 풀 A의 양은 항상 일정하게 공급된다고 가정한다. 이 풀을 뜯어 먹고 얼룩말 X는 2배씩 증가한다. 이를 반응식으로 나타내면 다음과 같다.

$A+X \rightarrow 2X$ 반응속도정수 : k_1

그리고 한 마리의 얼룩말 X를 잡아먹고 사자 Y가 2배씩 증가한다. 그리고 사자 Y는 일정속도 k_3으로 죽는다.

$X+Y \rightarrow 2Y$ 반응속도정수 : k_2

$Y \rightarrow$ 사망   반응속도정수 : k_3

이때 X와 Y의 시간변화율은 다음과 같다.

$$\frac{dX}{dt} = k_1AX - k_2XY \cdots\cdots\cdots$$

$$\frac{dY}{dt} = k_2XY - k_3Y \quad \cdots\cdots\cdots$$

식에서 k_1AX는 얼룩말의 증가율이고, k_2XY는 감소율이다. 두번째 식도 마찬가지다. 그리고 이 식에는 미지수 X, Y에 대해 2차의 비선형항 k_2XY가 들어있기 때문에 이 식은 비선형미분방정식이다. 이와 같은 비선형방정식이 나오는 것은 자기촉매반응이나 피드백을 갖는 시스템의 특징이다. 즉 얼룩말이 풀을 먹이로 새로운 얼룩말을 만드는거나 사자가 사자를 만드는 자기촉매의 역할을 한다.

이제 $\frac{dX}{dt} = \frac{dY}{dt} = 0$이 되게 하는 X_0, Y_0의 값을 구해 보자.

$$0 = k_1AX_0 - k_2X_0Y_0$$
$$0 = k_2X_0Y_0 - k_3Y_0$$

위의 식을 풀면

$$X_0 = k_3/k_2,\ Y_0 = k_1A/k_2$$

이다. 다시 k에 대해서 정리하면

$$k_1 = k_2Y_0/A,\ k_3 = k_2X_0$$

이고, 이것을 원식에 대입하여 다음 식을 얻는다.

$$\frac{dX}{dt} = k_2Y_0X - k_2XY = k_2(Y_0 - Y)X \cdots\cdots\cdots$$
$$\frac{dY}{dt} = k_2XY - k_2X_0Y = -k_2(X_0 - X)Y \cdots\cdots\cdots$$

여기서 k_2를 소거하고 t로 적분하면

$$X_0\ln X - X + Y_0\ln Y - Y = K(\text{일정})$$

이 얻어진다. 이 방정식이 로트카-볼테라 방정식이다. 얼룩말과 사자로 구성된 생태계라는 시스템의 역동적인 구조는 얼룩말이 사자의 먹이라는 관계에 의해 형성되며, 그 구조의 변동 즉 얼룩말의 개체수나 사자의 개체수의 변동을 로트카-볼테라 방정식으로 설명할 수 있는 것이다.

이와 같이 시스템의 내적구조는 요소들의 관계에 의해서 규정된다. 그리고 시스템이 갖는 기능은 이 구조에서 기인한다.

자동차라는 시스템이 육상에서 운반기능을 갖는 것은 자동차의 차체에 바퀴가 달린 기본구조에서 기인한다. 따라서 이러한 구조를 갖는 모든 시스템은 운반기능을 갖게 된다. 자전거나 리어카가 그것이다. 차체는 자동차라는 시스템 전체의 모양을 유지하고 바퀴를 지지하는 기능을 한다.

비슷한 구조는 비슷한 기능을 발휘한다는 것에서 로트카-볼테라 방정식으로 설명할 수 있는 것으로부터 여러 가지 동적 구조가 생각된다. 즉 태풍의 발생과 그 구조, 생명의 기원, 개체발생, 생물진화, 대사조절기구, 의식의 발현, 도시문명의 탄생 등 광범위한 현상을 이 방정식으로 검토하고 있다.

시스템이 보이는 특성

통일성

시스템은 하나의 통일체이다. 통일체가 아니라면 시스템이라기보다는 어떤 무리에 지나지 않게 된다. 통일성은 시스템을 하나의 독립된 개체로 볼 수 있게 해준다.

시스템은 통일체로서 급소를 가지고 있다. 즉 조직되는 것에는 반드시라고 할만큼 급소가 생긴다. 이 급소는 통일체로서의 시스템의 중심이 되기 때문에 급소가 파괴되면 시스템은 일시에 붕괴되고 만다. 개미사회의 급소는 두말할 것 없이 여왕개미이다. 여왕개미는 조직의 새로운 구성원이 될 새끼를 계속 낳으면서 다른 개미들이 새끼를 키우는 일에 헌신토록 조종한다.

군대조직도 급소가 있다. 그 급소는 바로 대장이다. 대장은 모든 조직원을 통솔하며 작전을 세워서 앞으로 나아갈 바를 제시하여 조직전체가 일사불란하게 움직이게 한다.

만약 그러나 전투 중에 대장이라는 중심이 전사하게 되면 용감하던 병사들도 갑자기 오합지졸로 전락하고 어찌할 바를 몰라 허둥대다가 전멸되고 만다. 이처럼 시스템의 급소는 시스템의 모든 부분을 통제하는 정보를 발신하는 발신원이기도 하다.

시스템 통합

두 개의 경쟁하는 시스템이 있을 때 이들은 결국 하나로 통합되는 경우가 있다. 시스템이 통합되는 방법은 다양하다. 하나는 흡수통합법이다. 흡수통합은 먹고 먹히는 관계다. 먹히는 쪽의 조직은 그 조직의 특성은 무시되고 최소의 구성요소까지 철저히 분해되어 흡수되고 포식 시스템의 살을 찌우는 데 사용될 뿐이다. 사람이 음식을 먹고 소화시키는 과정과 같은 것이다. 말하자면 소화작용이란 식물이 된 시스템을 물리적으로 파쇄하고 화학적으로 분해하여 최소단위인 포도당, 아미노산, 지방산 등으로 만들어 소장 등에 있는 소화세포들이 흡수할 수 있게 하는 것이다. 이 분해과정이 여의치 못할 때 소화불량이 되고, 설사병이 걸린다.

두 번째 통합은 협력공생 관계이다. 두 시스템이 서로의 특성을 필요로 하여 서로의 시스템을 파괴하지 않고 융합함으로써 하나의 시스템으로 통일되는 것이다. 이것의 좋은 보기는 린 마굴리스(Lynn Margulis)의 세포공생 진화설을 들 수 있다. 원핵세포생물이었던 다양한 박테리아들이 서로의 특성을 필요로 하여 합체하고 하나의 생명체로 변화하여 진핵세포로 진화하였다. 독립적으로 떠돌아다니던 진핵세포들도 혼자 살아가기보다는 다수가 뭉쳐 돌아다니는 것이 보다 효율적이라는 것을 알고 다세포생물로 진화한다. 다세포생물의 경우도 동종의 공생협력체라고 할 수 있다.

기본요소→전이구조→자기촉매구조→자기보전구조→
자기복제구조→생명체

시스템의 전체성을 잃을 정도로 시스템이 성장하면 시스템은 분열한다. 분열의 방법도 시스템의 복잡성에 따라 달라질 수밖에 없다. 예를 들면 단순한 원핵세포의 분열은 마치 밀가루 반죽을 둘로 가르는듯 하지만 복잡한 진핵세포의 경우에는 분열하기 위한 기구를 갖추는 복잡한 준비과정을 거쳐야 한다.

시스템의 분류

시스템에는 구성요소나 그들 사이의 관계에 따라 여러 가지 종류가 있다. 그리고 다음과 같이 여러 가지 관점에서 구분하여 정리할 수 있다.

① 대상에 의해

- 자연 시스템
  - 물리 시스템
  - 생물 시스템
- 인공 시스템
  - 논리 시스템
  - 기계 시스템
  - 사회 시스템

② 성질에 의해

- 개 시스템 : 시스템 외부와 물질, 에너지, 정보의 교환이 있는 시스템
- 폐 시스템 : 시스템 외부와 물질, 에너지, 정보의 교환이 없는시스템

- 동적 시스템 : 시스템 구성요소가 스스로 또는 다른 요소와 상호작용이나 외부의 영향으로 변화하고 따라서 시스템 전체상태도 변화할 가능성이 있는 경우
- 정적 시스템 : 구성요소의 변화가 없고 따라서 시스템 전체의 변화도 없다.

- 자율 시스템 : 외부의 영향을 무시하는 시스템
- 타율 시스템 : 외부의 영향을 받는 시스템

- 선형 시스템 : 변화가 일률적인 시스템
- 비선형 시스템 : 변화가 일률적이지 않은 시스템

- 결정론적 시스템 : 예측가능한 시스템
- 확률론적 시스템 : 예측불가능한 시스템

- 목적지향적 시스템 : 목적이 있는 시스템
- 무목적 시스템 : 목적이 없는 시스템

*목적을 갖는 동적 시스템은 행동시스템이라 한다.

- 유한 시스템 : 구성요소가 유한인 시스템
- 무한 시스템 : 구성요소가 무한인 시스템

③ 구조에 의해

- 집중 시스템 : 시스템 내의 물질, 에너지, 정보의 흐름이나, 의사결정의 순위관계를 그래프로 표시할 때 한 점에 집중하는 그래프가 되는 시스템(예, 척추 동물)

- 네트워크 시스템 : 평등한 관계로 연결된 시스템
- 계층 시스템 : 상하 위계가 있는 시스템
- 분산 시스템 : 계층 네트워크 혼재 시스템(곤충)

시스템의 상태는 구성요소의 상태의 함수로서 결정되며 그러한 함수의 특성을 연구하여 시스템의 특성을 수학적으로 연구할 수도 있다.

시스템 내부상태 : 구성 요소의 상태집합 (x_1, x_2, x_3, …, x_n)

생명체는 가장 복잡한 시스템으로서 개시스템이고, 행동시스템이며, 비선형시스템이며, 자율시스템이고, 확률론적 시스템이다.

시스템의 비교

시스템을 여러 가지 측면에서 분류하고 있지만 시스템의 비교가 이루어져야 한다. 시스템이라는 말은 정성적인 뉘앙스가 짙으나 시스템론이 과학적인 이론으로 거듭나기 위해서는 정량적인 해석을 할 수 있어야 한다.

예를 들어 시스템의 복잡성을 재는 척도라든가, 시스템의 조직화의 정도나 분화 정도에 따른 하등과 고등의 비교가 이루어져야 한다.

그리고 시스템 구조의 유사성도 비교의 대상이다. 전혀 다른 시스템이지만 그 구성요소간의 관계가 비슷한 정도가 있다.

수학에서는 두 구조를 비교하는데 위상(topology)구조가 같다는 의미의 위상동형(homeomorphism), 대수구조가 같다는 의미의 군동형(isomorphism)의 개념이 있다. 이것은 두 구조의 구성요소의 개수와 이들 구성요소의 결합관계의 일치성 또는 유사성을 비교하는 것이다.

즉 위상동형이나 군동형은 위상적으로 볼 때나 대수적으로 볼 때

두 시스템은 같은 시스템이라는 의미이다. 그리고 부분 시스템으로서 부분구조의 개념으로서 부분위상공간, 부분군 등이 있다.

부분위상공간⊂전체위상공간,　부분군⊂군

시스템의 복잡도

앞에서 이미 복잡계의 복잡도를 언급한 바 있다. 여기서는 보다 일반적으로 시스템의 복잡도를 다시 생각해 보자. 시스템을 구성하는 요소들간의 관계가 복잡해지면 전체 시스템의 복잡성도 당연히 증가한다. 시스템의 구성요소들간의 관계를 점과 선의 연결망으로 나타내어 생각해 보면 보다 시각적으로 이해할 수 있다.

그래프의 복잡성

수학에는 컴퓨터에 응용되는 그래프이론이라는 분야가 있다. 그래프란 인터넷 같은 네트워크나 인간사회에서 보는 여러 가지 인간관계 등을 점과 선으로 추상화하여 연결한 모양을 말한다. 다음 그림 같은 것을 그래프라고 하는데 특히 선에 화살표가 없으면 '무향그래프'라고 부른다.

그래프에서 점은 인터넷에서 컴퓨터, 인간사회에서 각 개인을 의미하고 선은 컴퓨터를 연결하는 케이블, 인간사회에서는 친구사이 같은 것을 의미한다. 화살표가 없기 때문에 양방향에서 서로 통신이 가능하다. 화살표가 붙는다면 짝사랑 같은 관계를 의미하는 것이다.

시스템의 구성요소가 단 둘인 경우 다음과 같이 그들 사이의 관계는 아무 관계도 없는 A와 관계가 있는 B, 두 가지밖에 없다. 그리고 이 둘의 복잡성은 같다. A와 B는 서로 보집합의 관계이기 때문이다. 즉 A에는 없는 연결이 B에는 있고, B에 없는 것이 A에 있다면 둘은 서로 보집합 관계라고 말한다.

다음은 요소가 셋인 경우로 요소들 사이의 관계는 다음 그림처럼 네 가지 경우의 수를 생각할 수 있다.

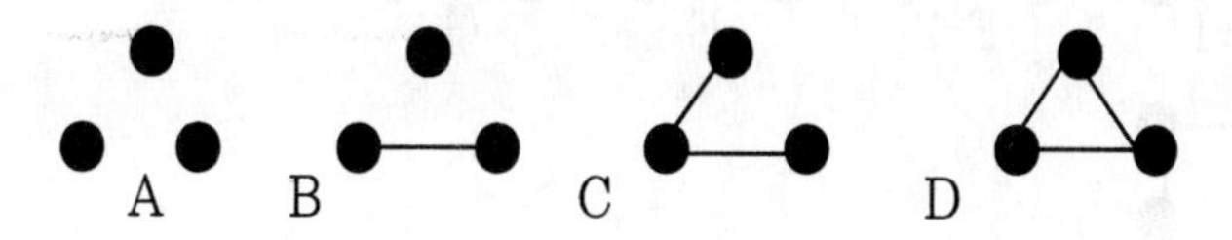

여기서 A와 D가 가장 단순하다. D가 가장 복잡하게 보이지만 모든 점이 연결되어 있다는 것은 A처럼 전혀 연결되어 있지 않은 것과 마찬가지다. 그 다음으로 B가 복잡하고 C가 가장 복잡하다고 할 수 있다. 그러나 이것은 연결선의 수가 기준일 때뿐이고 다른 입장에서 B와 C의 복잡도를 비교할 때는 누가 더 복잡하다고 단언하기가 쉽지 않다. 예를 들어 독립된 그룹이 B의 경우는 2개 있지만 C는 하나뿐이다. 즉 독립된 그룹이 몇 개인가를 기준으로 한다면 B가 더 복잡하고 A는 더욱 복잡하다. 또 A는 모두가 독립되어 있기 때문에 소그룹을 갖는 B보다 복잡하다고 말하기 어렵다. 이처럼 복잡도를 일률적으로 다루기는 매우 어려운 것이다.

아무튼 연결선의 수를 기준으로 복잡성을 측정할 때, 요소가 3개인 경우는 이 이상으로 복잡한 연결망은 만들 수 없다는 이야기다.

다음 그림은 요소가 넷인 경우이다. 네 개의 요소가 모두 등질의 것이기 때문에 B-1, B-2, B-3 등 B그룹의 복잡도는 모두 같다고 해도 좋다. C그룹, D그룹도 마찬가지다.

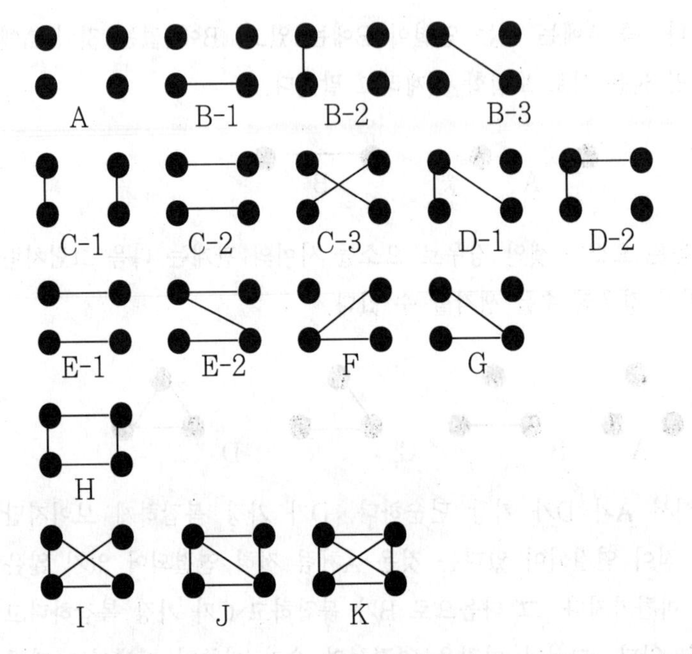

B 그룹의 보집합은 J이고, C의 보집합은 H, D는 I, E는 H, F는 G이다. 여기서 독자 여러분이 한 가지 더 알아두어야 할 것은 그래프의 위상(位相)구조가 같으면 같은 그래프로 취급한다는 점이다. 즉 B그룹, C그룹은 모두 위상구조가 같은 것들이 모인 그룹이다. 그리고 보집합 관계에 있는 그룹은 절대로 위상구조가 같지 않다. 위상구조란 고무줄 같은 것을 자르거나 붙이는 조작 없이 아무리 잡아늘이거나 비틀거나 줄이는 등의 변형을 해도 사라지지 않는 구조를 말한다.

베티수

베티(Betti)수는 그래프의 위상적 구조의 복잡성을 나타내는 중요한 수치이다. 베티수에는 0차원 베티수, 1차원 베티수 등이 있다.

0차원 베티수는 그래프가 몇 개의 연결되지 않은 성분으로 구성되어있는가를 나타낸다. 예를 들어 A의 0차원 베티수는 3, B는 2, C는 1, D도 1이다.

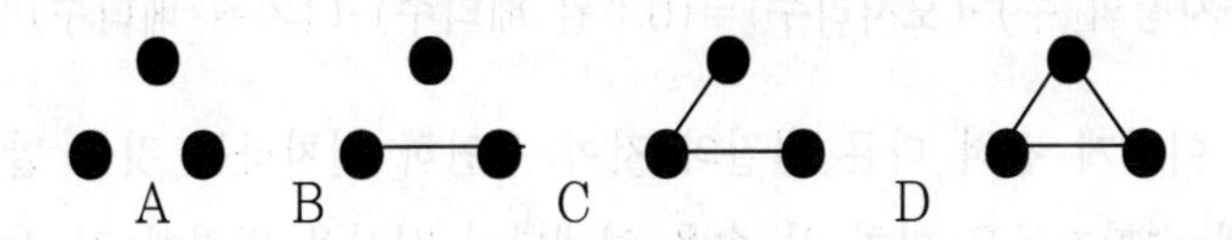

0차원 베티수로는 A가 가장 복잡한 그래프처럼 생각된다. 하지만 1차원 베티수를 생각하면 달라진다. 1차원 베티수는 그래프 중에 닫힌 고리의 수를 나타낸다. 즉 A, B, C의 1차원 베티수는 0이고, D의 1차원 베티수는 1이다.

우리는 중학교 1학년 수학시간에 다면체의 꼭지점과 모서리, 면 수의 관계를 나타내는 오일러의 공식을 배운다. 즉 다음 그림의 육면체에서

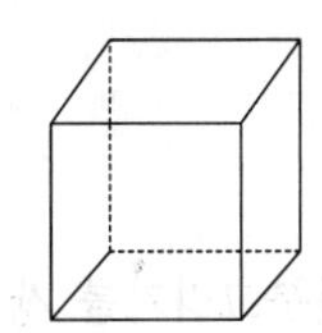

v(꼭지점 수)-e(모서리 수)+f(면의 수)=2

가 성립한다. 이 공식을 그래프에도 적용할 수 있다.

우선 여기서 (0차원 베티수)-(1차원 베티수)를 χ(L)(카이 엘이라고 읽는다)라 하자. 즉

(0차원 베티수)-(1차원 베티수)=χ(L)

이다. 그런데 이것을 이용해서 오일러 공식을 육면체만이 아니고 일반적인 그래프로 확장할 수 있다. 즉 그래프에서는 면이 없기 때문에

$$v-e = (0\text{차원 베티수}) - (1\text{차원 베티수}) = \chi(L)$$

이다. 참으로 우연의 일치인가?

(꼭지점의 수)-(모서리수)=(0차원 베티수)-(1차원 베티수)

라니!! 이렇게 전혀 다른 성질의 것이 우연히 일치하는 것을 발견했을 때 수학자들은 마치 산 속을 헤매다가 산삼을 발견한 것 같은 희열을 맛본다.

한붓그리기

위의 그림에서 요소가 네 개인 경우 E와 F는 0차원 베티수, 1차원 베티수가 모두 같다.

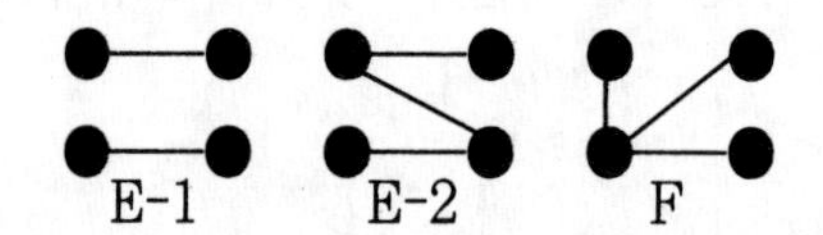

무언가 둘을 구분할 다른 방법이 필요하다.

그래프의 복잡성을 분석하는 또 다른 방법으로 한붓그리기를 생각할 수 있다. 한붓그리기란 초등학생들도 즐기는 놀이의 일종인데 펜을 종이에 한 번 대면 다시는 떼지 않고 또 한 번 그은 선은 두 번 다시 그리지 않으면서 그림을 완성하는 놀이이다. 다음 그림은 한붓그리기에 대표적으로 등장하는 그림이다. 출발점을 잘못 잡으면 한붓그리기가 되지 않는다.

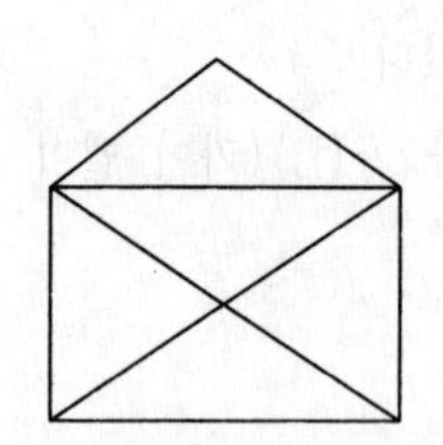

이 한붓그리기 문제를 수학적으로 분석한 것은 대수학자 오일러

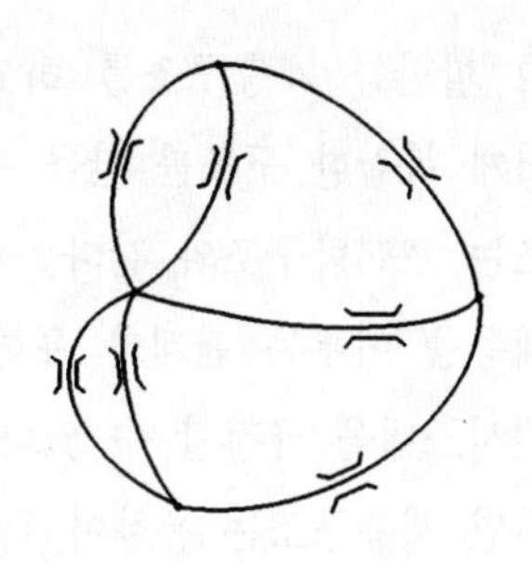

이다. 오일러는 다음과 같은 쾨니히스베르크 다리 건너기 문제를 해결하기 위해 일반적으로 한붓그리기가 가능한 그림과 불가능한 그림을 밝혀내었다.

각 그래프의 꼭지점에서 나가는 선의 개수가 홀수이면 홀수점이고, 짝수이면 짝수점이라고 부른다. 그리고 한붓그리기가 가능한 그래프는 홀수점이 2개 이하이며, 홀수점 두 개는 한붓그리기의 시작점과 끝점이 된다는 것이 오일러의 설명이다. 쾨니히스베르크 다리 건너기는 홀수점이 네 개나 있기 때문에 불가능하며 위의 집모양의 한붓그리기는 맨아래 두 점이 홀수점으로 이 두 점 중에 하나를 출발점으로 삼지 않으면 한붓그리기가 불가능하다.

이처럼 그래프의 홀수점의 개수는 그 그래프의 복잡성을 나타내는 지표가 될 수 있다. 즉 다음 그림의 E에는 홀수점이 두 개뿐이지만 F에는 네개나 있다.

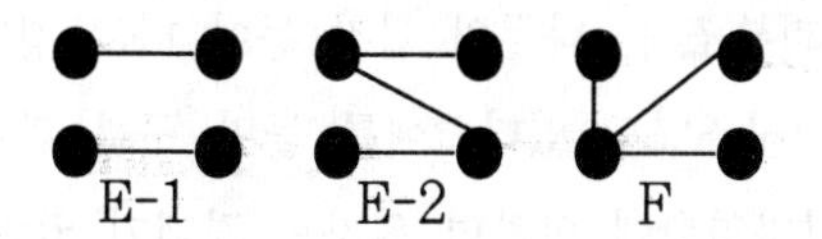

계층 시스템

앞에서 계층구조를 언급했지만 이 계층구조를 갖는 시스템을 계층시스템이라 한다. 즉 시스템을 구성하는 기본요소를 다시 시스템으로 인식하는 경우이다. 계층시스템은 그릇 속의 그릇과 같은 구조이다. 우주에서 볼 수 있는 대부분의 시스템은 계층구조를 하고 있음을 볼 수 있다. 특히 복잡한 시스템의 경우는 대부분 반드시라고 할만큼 계층구조를 하고 있다. 계층구조는 단순한 구성요소로 쉽게 복잡한 구조를 만들 수 있는 방법이기 때문일 것이다. 계층구조는 프랙탈구조와 같다. 즉 부분이 전체와 닮아있는 경우가 많다. 계층을 이루는 단계가 유한하면 시스템을 구성하는 최소요소와 최대시스템을 규정할 수 있다. 역으로 최소요소와 최대시스템을 정의하면 계층구조는 유한이 된다.

최소요소는 더 이상 내부구조가 없는 것을 말한다. 실제로 있더라도 그것을 무시하는 경우이다. 최대시스템은 더 이상 다른 시스템의 서브시스템이 되지 않는 것이다. 실제로 다른 시스템의 서브시스템이라도 그렇게 생각하지 않으면 되는 것이다. 예를 들어 인간을 유한한 계층시스템으로 파악하면 이 시스템의 기본적인 구성요소는 세포이고 인간 자신은 최대 시스템이 된다. 그러나 세포는 분명히 내부구조를 가지고 있으며 한 개인은 가정이라는 조직의 구성원이며 여타 다른 사회조직의 구성원이 되기도 한다. 그리고 최대시스템을 규정하는 것은 시스템의 경계를 정하는 것이라고 한다. 세포의 세포막이나, 동물의 피부조직, 나무의 껍질 등이 바로 경계이다. 물론 경계가 없는 최대시스템도 있다. 예를 들면 구름 같은 것은 그 경계가 애매하다. 양자역학에 의하면 원자도 경계가 없다. 원자의 경계라고 할 수 있는 최외각전자의 위치가 확률적으로 정해지기 때문이다. 수학에서 퍼지(fuzzy)집합은 이처럼 경계가 애매한 집합을 다루는 것이다.

경계가 정해지면 최대시스템보다 상위의 시스템이나, 시스템 경계 밖의 것을 일괄해서 환경이라고 부른다.

따라서 우리는 대상을 완전히 이해하기 위해서는 대상의 구성요소, 대상의 시스템적 구조, 그리고 그 대상이 처해 있는 환경을 모두 고려해야 할 것이다.

필자는 이것을 인식의 3위일체라고 부른다. 요소환원주는 요소에 만 중점을 두었고, 신비주의는 시스템 전체만 바라보았다. 그러나 시스템론에서는 요소, 시스템, 환경 3자의 관점에서 대상을 바라보기 때문에 가장 완벽한 인식에 도달할 수 있다.

계층시스템의 다양성

계층시스템에서 최소요소와 최대시스템이 정해진다고 해도 그 사이에 있는 계층구조가 일률적으로 정해지지 않는 것은 물론이다.

예를 들어 다음과 같이 간단하게 1단의 계층을 갖는 시스템도 보다 복잡한 2단, 3단의 계층으로 볼 수도 있다.

어떤 계층구조를 선택하느냐 하는 것은 시스템으로서 인식하는 목적과 방법에 알맞게 최적의 것으로 선택하면 된다.

이렇게 계층의 단이 바뀔 때는 중요한 기준이 있는데 그것은 하위계층보다 상부계층이 보다 복잡해야 된다는 조건이 있다. 복잡성의 비교는 단순한 요소의 개수 비교로는 안된다. 즉, 요소의 수가 많다고 해서 더 복잡하다고 말할 수는 없다. 시스템의 포함관계에서는 집합에서처럼 포함관계가 성립하지 않는다. 즉 모래알 두 알이나 네 알은 복잡함에 있어서 같은 것이다.

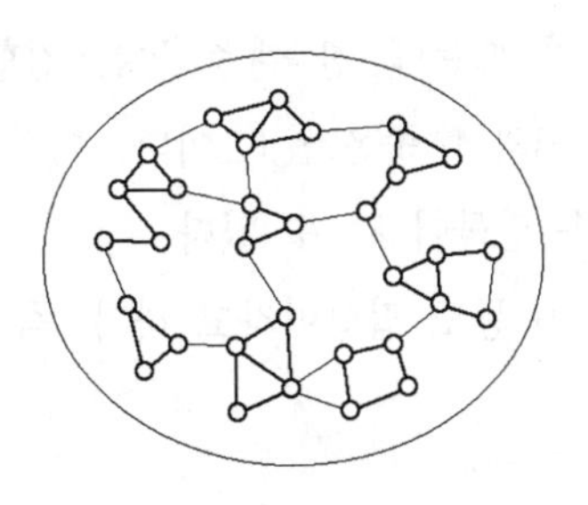

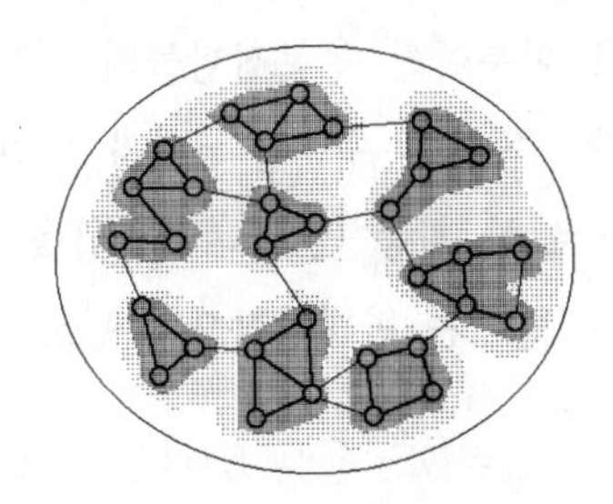

분명히 모래알 두 개가 네 개쪽에 포함되지만 복잡성에서는 같은 것이다. 포함관계는 두 시스템 사이의 복잡성, 즉 계층관계를 규정하기 위한 필요조건이다. 여기에 진정으로 계층관계가 이루어지기 위해서는 상부구조는 하부구조에서 볼 수 없었던 새로운 기능을 보여주어야 한다. 새로운 기능이 생길 때 그것은 보다 복잡해진 것이고 상부구조로 인정받게 된다.

계층구조의 수학적 정의

계층구조에 대해 보다 수학적으로 엄밀하게 정의해 보자. 예를 들어 어떤 집합 A가 a, b, c를 원소로 한다고 하자. 즉

$$A=\{a, b, c\}$$

이다. 그리고 A의 부분집합을 1, 2, 3,…이라고 하자. 즉

$$1=\{a, b\},\ 2=\{a, c\},\ 3=\{b, c\}, \cdots$$

이때 집합 B가 1, 2, 3 등을 원소로 하는 집합이라고 한다. 여기서 A의 모든 원소가 B의 어떤 원소 속에 각각 들어있다면 집합 B는 A의 피복집합이라고 한다. 즉 집합 B 속에는 A가 고스란히 들어 있다.

집합 A는 단순한 원소로 이루어진 집합이고, 집합 B는 A의 원소로 이루어진 부분집합들의 집합이기 때문에 한 계층 높은 집합이다. 즉 A의 수준을 n이라고 하면 B의 수준은 n+1이다. 이런 식으로 한 계층 높은 피복집합을 계속 만들어 갈 수 있다.

이번에는 반대방향으로 원소 a나 b 등도 집합이라고 하자. 즉

$$a=\{\triangle, \bigcirc\},\ b=\{\diamondsuit, \square\},\ c=\{\triangle, \diamondsuit\}$$

이면, 집합 A는 n-1수준의 집합 X={△, □, ○, ◇}의 피복집합이 된다.

이처럼 집합 B가 A의 피복집합일 때 A와 B는 계층관계에 있다고 한다. 만일 B가 A 자신만을 유일한 원소로 갖거나 B의 원소들이 단 하나의 원소만을 갖는 단원소집합이라면 이 계층관계는 무의미한 계층관계이다. 이때는 A의 원소 사이에 어떤 새로운 관계도 만들어지지 않기 때문이다. 무의미한 계층관계로는 계층수준의 상승이 일어나지 않는다.

일반적으로 수학에서는 구조를 집합과 관계로 정의한다. 계층구조는 집합에 계층관계가 주어진 것을 말한다.

계층구조 : $H=(A, B, R_h)$

A는 더 이상 내부구조가 없는 가장 단순한 원소들로 이루어진 집합이고, B는 A의 부분집합으로 이루어진 집합이고, R_h는 A와 B 사이에 주어진 계층관계이다. 그럴 때 순서쌍 H는 집합 A에 주어진 계층구조라고한다. 특히 H는 1계층구조라고 한다. 2계층구조는 $H=(A, B, C, R_B, R_C)$로 정의되고, 임의의 n계층구조는

$$H_n=(A_0, A_1, A_2, \cdots, A_n, R_1, \cdots, R_n)$$

으로 정의된다.

계층구조의 상승은 즐거운 일이라고 론 앳킨은 『다원적 인간』에서 말하고 있다. 즉 사업이 번창하여 더욱 많은 계열사를 거느리면서 사장이 회장으로 승격되는 일이다. 하지만 금융위기가 닥치면서 많은 기업이 부도로 쓰러지자 하루아침에 실업자 신세가 되어 계층구조의 가장 밑바닥으로 추락하는 사태는 슬픈 일에 해당한다.

생명은 계층상승을 꾸준히 꿈꿔 왔다. 생물진화의 역사는 바로 계층구조 상승의 역사라고 말해도 좋을 것이다. 상위계층은 기존의 계층에서 볼 수 없었던 요소들간의 새로운 관계를 가능케 한다. 새로운 관계란 곧 새로운 정보이다. 새로운 정보에 의해 새로운 생명체로 다시 태어난다.

하지만 계층구조는 한없이 상승할 수 있는 것이 아니다. 계층구조의 상승에는 임계성이 있다. 자동차 부품인 기어나 실린더 등은 엔진의 부품이 되고, 엔진은 다시 자동차의 부품이 된다. 자동차는 더 이상 다른 것과 결합되지 못한다. 즉 조직화의 임계에 이른 것이다.

이 지점에서 시스템은 더 이상 새로운 정보를 창출해 낼 능력이 바닥난다. 이럴 때 각오를 새롭게 하여 환골탈태의 변신을 시도해야 한다.

2. 홀론(holon)

절대독자

절대독자(獨者)란 자신의 존재가 그 무엇에게도 의존하지 않는 절대적인 독립자를 뜻한다. 이 우주 안에 과연 이러한 절대독자가 있을까? 소립자를 연구하는 물리학자들은 언젠가 더 이상 쪼갤 수 없는 즉 부분을 갖지 않는 궁극의 기본입자를 찾고있다. 한때는 원자야말로 그러한 궁극의 입자로 생각되었지만 러더퍼드 등에 의하여 그 내부구조가 밝혀지고 말았다. 그리고 계속되는 연구로 쿼크라는 기본입자를 찾아냈다고 생각했지만 쿼크보다 더욱 기본적인 것으로 이제는 입자도 아닌 슈퍼스트링이라고 하는 것이 궁극의 존재로 생각되고 있다. 그러나 아무 것도 없다고 생각되는 진공마저도 절대독자는 아니라는 것이 현대물리학이 주장하는 바다. 따라서 슈퍼스트링도 절대독자는 아니라고 생각된다. 절대독자는 물리학의 개념이기보다는 다분히 철학적인 개념으로 절대 무(無)의 다른 측면이라고 생각된다. 절대 무라는 존재 아닌 존재만이 절대독자일 수가 있다.

이러한 절대독자의 이야기를 하는 이유는 우주는 이러한 절대독자들로 구성되어있지 않다는 것을 먼저 못박아두고 싶어서이다. 우주의 구조를 생각해 보면 누구나 쉽게 납득할 만큼 우주는 계층구조를 하고 있다. 이러한 계층구조를 이루는 것을 홀론이라고 부른다. 홀론은 독립성과 의존성을 모두 갖춘 존재이다. 의존성이 전혀 없는 절대독자들은 마치 모래알과 같아서 그들은 아무 것도 만들어내지 못한다. 그리고 반대로 독립성은 전혀 없고 의존성만 있는 것도 무용지물이다. 이것은 마치 묽은 진흙탕이나 물처럼 주루룩 흘러내리고 자신의 모습조차 갖지 못한 존재이다.

그러나 홀론은 독립성과 의존성으로 서로 결합해서 어떤 구조를 만들고 형체를 만들어나간다. 우주에 존재하는 모든 것들은 어떤 비율로 독립성과 의존성을 갖춘 홀론들이다. 예를 들면 헬륨이나 네온 등은 의존성이 거의 없고 독립성이 강해서 기체로 존재하기 쉽다. 그러나 철이나 금, 구리 등의 금속을 이루는 금속원자들은 의존성이 보다 강해서 홀로 있지 못하고 서로 강하게 결합하여 단단한 금속이 된다.

홀론(holon) 시스템

어떤 시스템에서나 부분과 전체는 밀접하게 관련을 맺고 있다.

이 부분과 전체의 관계를 새롭게 규정하는 개념이 바로 홀론(holon ; 全體子)이다. 홀론은 그리스어 홀로스(holos ; 전체)와 온(on ; 부분, 입자)이 합쳐서 생겨난 신조어이다. 즉 홀론이라는 말은 부분이면서 동시에 전체라는 것이다. 즉 홀론은 위와 아래로 모두 열려진 일종의 개방계이다. 개방계로서의 홀론은 끊임없이 위로부터 정보를 얻어내고 그것을 아래로 보내주지 않으면 존재할 수 없는 것이다.

홀론이라는 개념은 유태계 헝가리 부다페스트 출신의 영국 소설가 아더 케슬러(Arthur Koestler, 1905~83)가 만든 말이다. 케슬러는 요소환원주의 한계를 비판하면서 홀론이라는 개념을 제안했다.

홀론의 예는 아주 많다. 세포도 그 중의 하나이다. 세포는 한 생물을 이루는 기본적인 벽돌과 같은 것이다. 그러나 세포는 단순한 부분이 아니다. 세포는 그 자신이 독립된 하나의 개체이며 전체이다. 즉 세포내 소기관에 대해서는 전체인 것이다. 생물에서 떼어낸 세포를 배양액에 담가두면 혼자서도 살아간다. 생물체 속에 있을 때는 부분에 지나지 않지만 홀로 떨어져 나올 때는 전체로서 자립해 나간다. 이렇게 부분과 전체의 양면성을 갖고 있는 존재가 홀론이다.

소립자에서 우주의 구조까지 홀론으로 설명을 시도하려는 사람도 있다. 특히 사회학이나 심리학, 언어학에서도 홀론으로 모든 현상을 재인식하려는 홀론주의자들도 있다.

언어라는 시스템도 홀론 시스템이다. 언어는 단어를 기본요소 즉 홀론으로 본다. 한 단어가 문장 속에 들어가 있지 않을 때는 여러 가지 의미를 가지고 있지만 어떤 문장에 들어가면 그 문장의 의미에 맞게 단어의 의미도 단 하나로 규정되어 버린다. 즉 단어도 홀론처럼 전체와 부분이라는 이중성을 갖고 있다.

홀론의 계층성(hierarchie)

홀론이 전체에 예속된다고 해도 완전히 자율성을 상실하지는 않는다. 이 자율성은 상부구조로 올라갈 수록 커지고 하부구조로 내려올 수록 작아진다. 인간의 자의식은 많은 자유를 가지고 있지만 이 자유는 작은 세포들이 가지고 있는 작은 자유들이 모여서 이룩된 큰 자유인 것이다. 마치 고대 계급사회에서 주인이 누리는 자유는 많은 노예들의 자유를 희생함으로써 얻어지는 것과 같은 것이다.

따라서 최상위에 있는 홀론은 가장 많은 자유를 갖게 되며 가장 하위에 있는 홀론은 그만큼 자유가 줄어든다. 홀론이 갖는 자유는 두 가지다. 하나는 홀론 내부의 자유이며, 다른 하나는 외부환경에 대한 자유이다.

우리가 살고 있는 우주는 온통 홀론의 계층적인 구조를 하고 있다고 케슬러는 주장하고 있다.

우주는 계층시스템

우주는 홀론으로 이루어진 계층시스템이다. 이러한 계층시스템을 이루는 데는 각 계층을 구성하는 요소와 그들을 결합하는 힘의 크기나 거리에 의해서 결정된다. 최저의 기본입자에서부터 우주의 계층구조를 더듬어보자.

지금까지 알려진 우주의 본체는 쿼크이다. 쿼크를 더 이상 내부구조가 없는 기본입자로 생각하기로 하자. 쿼크는 그 질량이 5×10^{-25}g이고 이 우주에서 가장 강한 힘인 강한 상호작용력으로 쿼크끼리 서로 결합하여 양성자, 중성자, 중간자 등의 복합입자를 만들어낸다. 강한 상호작용력은 글루온을 매개로 하는 힘으로 10^{-13}cm의 짧은 거리밖에 미치지 못한다.

양성자나 중성자는 파이중간자를 매개로하는 핵력에 의해 결합된다. 핵력은 강한상호작용력보다는 약하지만 미치는 거리는 더 멀어서 10^{-12}cm이다. 이들 복합입자의 결합으로 100여 가지의 원자핵이 만들어진다. 다시 원자핵은 쿼크와 같이 기본입자인 전자와 전자기력으로 결합하여 원자를 만든다. 전자기력은 핵력에 비해 훨씬 약하지만 미치는 거리는 무한대이며 거리의 제곱에 반비례한다.

원자끼리는 최외각 전자를 서로 교환하는 전자기력보다 약한 공유결합으로 여러 가지 저분자 화합물을 만든다. 그러나 비공유결합력으로 통칭되는 수소결합, 이온결합, 반데르발스 힘 등으로 저분자화합물이나 공유결합이 계속되어 긴 쇠사슬 모양으로 연결된 고분자화합물들이 서로 결합한다. 특히 생체를 구성하는 고분자화합물은 분자 표면의 요철의 합치를 이용하여 고분자끼리 결합력의 정도로 입체적인 인식에 이용한다.

공유결합은 보통 수백 도의 온도에서 깨지기 때문에 일상적으로 보면 아주 강한 힘에 해당한다. 그러나 비공유결합력은 상온에서도 쉽게 떨어지고 붙고 할 수 있을 정도로 약하다.

고분자화합물 수준 이상의 계층에서는 중력이라는 결합력이 중요해진다. 중력은 갑자기 거대한 행성을 구성요소로 하여 태양계 같은 조직을 만들고 더 나아가 은하계, 은하군을 만들어 나간다. 이와 같이 계층이 위로 올라갈수록 계층단위 간의 결합력은 낮아지고 결합력이 미치는 범위는 넓어진다.

우주의 계층구조와 비교해서 인간 사회조직에서 기본요소들의 결합력과 그것으로 이루어진 계층구조를 비교해 보는 것도 재미있다.

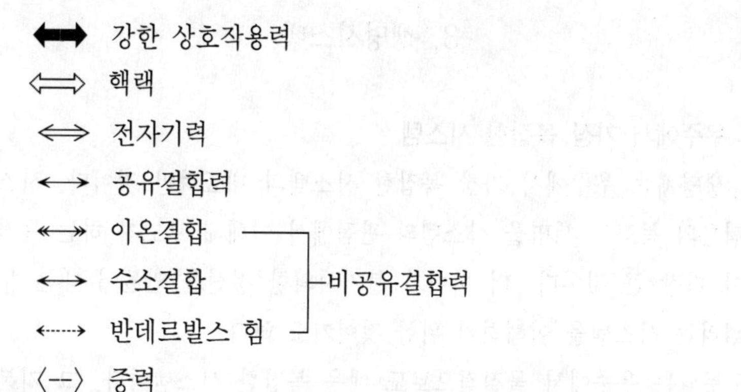

사회조직에서 쿼크와 같은 기본요소는 인간 개개인이다. 인간 개개인은 혈육이라는 강한 결합력으로 가정이라는 단위를 이룬다. 개개의 가정들이 모여 마을이라는 단위를 만든다. 마을을 결합시키는 힘은 이웃간의 정리라든가 인간의 집단본능, 마을 단위의 협력사업의 필요성에 의한 것이다. 다시 마을이 모여 면(面)을 만들고, 군을 만드는 계층적 조직화가 계속된다. 인간사회는 물질세계와는 달리 좀더 복잡하여 이념이나 경제적인 이유, 깡패조직의 의리 같은 결합력에 의해 조직이 형성되기도 한다.

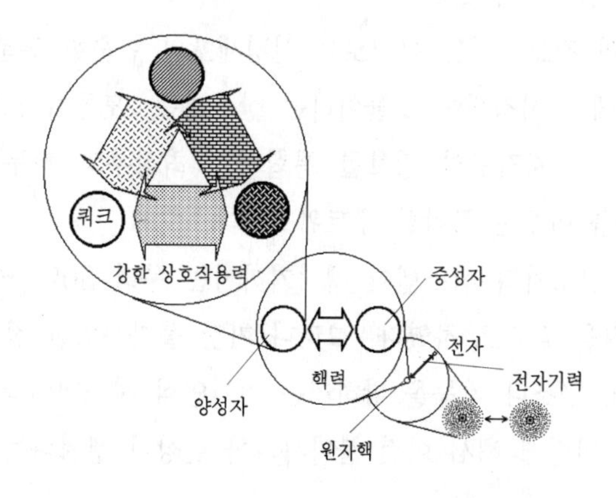

3. 생명시스템

우주에서 가장 복잡한 시스템

생명체는 우주에서 가장 복잡한 시스템의 대표적인 것이다. 시스템론의 목적도 생명을 시스템의 관점에서 이해해 보고자 하는 목적이 가장 큰 것이다. 더 나아가 불가사의한 정신을 만들어 내는 두뇌라는 시스템을 이해하기 위한 것이기도 하다.

두뇌는 우주에서 물질적으로도 매우 복잡한 시스템이다. 그 기본적인 구성요소는 무려 140억 개의 신경세포이고, 이들은 최대 10만 개 이상의 여러 세포들과 다양한 관계를 맺는 거대한 정보 네트워크이다. 좀더 상세하게 그 네트워크 구조를 이야기하면 2mm의 얇은 대뇌피질은 6개의 신경세포층을 하고 있고, 이들은 또 지름 0.5mm의 작은 원기둥 모양으로 100개 정도의 신경세포가 모여 하나의 정보처리 단위를 형성한다.

이 작은 원기둥의 모듈들이 수없이 모여서 시각령, 청각령 등 정보처리 단위를 형성한다. 그리고 종국에가서는 이들 모든 정보를 총괄하는 전두엽이 있다.

뇌에서의 정보처리는 아래로는 신경세포의 단순한 홍분과 억제의 신경펄스에서 시작되어 모듈이라는 상부계층, 모듈이 모인 지각령, 그리고 이들 지각령의 정보를 통합하는 최상부의 전두전엽이라는 계층구조를 이루는 복잡한 네트워크이다.

이러한 정보처리 시스템이 생기기까지는 무려 30억 년이라는 기나긴 세월을 필요로 하였다. 그러나 가장 불가사의한 점은 뇌 자신이 자신의 구조나 기능을 밝히려는 자기인식 시스템이라는 점이다. 이제부터 어떻게 해서 이런 불가사의한 현상이 생겨나는지 그 신비를 한 겹씩 벗겨 볼 것이다. 그 가장 좋은 방법의 하나는 이 복잡한 정보시스템의 역사를 되돌아보는 일이다.

신경세포의 진화

우주의 삼위일체

아담은 우주의 근원을 찾으려다 보니 우주의 모든 존재를 설명하기 위한 개념이 필요했다. 그것은 바로 물질이라는 개념이다. 이 개념은 고대 그리스 시대에 등장한다. 그러나 어떤 존재의 운동과 변화를 물질의 개념만으로는 설명할 수 없다. 그래서 이것을 설명할 새로운 개념이 필요했다. 그것이 바로 에너지라는 개념인데 이것은 18세기가 되어서야 생긴다. 그러나 존재가 그저 막연히 움직이고 변하는 것이 아니라 어떤 목적을 가지고 움직이기도 한다. 즉 왜 변하고 어떻게 변하는가에 대한 의문이다. 이것을 설명하는 데 다시 새로운 개념이 필요했다. 그래서 정보라는 개념이 탄생한다.

예를 들어 설명하면 개구리라는 존재를 설명하는데는 개구리를 구성하는 유기물질로 충분히 설명할 수 있다. 그러나 개구리는 팔짝팔짝 뛰어간다. 이 운동에는 생체에너지라는 개념이 필요하다. 생체에너지는 물론 화학적·물리적 에너지로 이루어진 것이다. 그러면 개구리는 왜 팔짝팔짝 뛰어가는가, 어디로 뛰어가는가를 설명해야 한다. 즉 개구리는 연못을 찾아 뛰어간다. 즉 연못에는 물이 있고 먹이가 많다는 정보 때문에 연못을 향해 뛰고있는 것이다.

모든 것에는 양과 질의 두 가지 측면이 있다. 물질에도 양과 질이 있다. 즉 물질의 질은 바로 물질의 종류이다. 같은 무게일지라도 금과 은은 그 질이 다르다. 에너지도 양과 질의 측면이 있다. 즉 에너지에도 종류가 있다. 전기에너지, 열에너지 등이 그것이다.

그리고 정보에도 양과 질에 대한 측면이 있을 것이다.

물질과 에너지에 대한 양과 질의 연구는 질량보존의 법칙, 에너지 보존의 법칙 등으로 이미 충분히 연구되어 있다.

그리고 정보의 양에 대한 측면은 이미 샤논의 정보이론에 의해 완전히 연구되었다. 그러나 정보의 질에 대한 측면 즉 정보의미론은 그다지 연구되어 있지 않다.

그리고 아인쉬타인의 방정식 $E=mc^2$으로 물질과 에너지의 양적 관계를 규명하였다. 그러나 물질과 에너지, 정보의 삼자관계에 대한 방정식은 아직 나오지 않았다.

이러한 것이 연구되어야 아담의 의문이 풀리고 물질, 에너지, 정보의 삼위일체론이 완성될 것이다.

이러한 의미에서 여기에서는 정보의 양적 측면에 대한 것은 생략하고, 정보의 질적 측면 즉 정보의 의미에 대한 고찰을 하고자 한다.

생명과 정보

물리, 화학적인 현상을 설명하는 데는 물질과 에너지라는 개념만으로도 충분하다. 그러나 생물학에서 생명현상을 설명하는 데는 정보라는 개념을 추가하지 않으면 안 된다.

생명체에 있어서 정보는 아주 본질적이라고 해도 과언이 아니다. 정보는 점점 축적되고 갱신되어 증식해 간다. 생명은 사실 정보의 수집·정리·전달이 목적인지도 모른다. 우리의 뇌는 자신이 보고 싶은 것만 보도록 꾸며졌다. 그러다가 한계에 부딪히면 새로운 정보를 찾아서 자신을 바꾸어간다. 인간의 뇌는 그만큼 가소성이 풍부하다.

생물은 환경으로부터 들어오는 온갖 정보를 다 받아들이는 것이 아니다. 자기에게 필요한 정보만을 취사선택한다. 얼룩말은 좋은 풀이 어디에 많이 있는지에 관심이 많다. 그러나 사자는 풀에는 관심이 없고 살찐 얼룩말에만 관심이 있다. 그러나 사자는 풀에도 관심을 가져야 한다. 풀이 많은 곳에 얼룩말도 많으니까. 하지만 사자는 그런 정보 따위는 무시한다. 사자는 얼룩말을 잡는 것이 목적이지 기르는 것이 목적은 아니기 때문이다. 더구나 사자에게는 배고플 때 한 마리의 얼룩말만 잡을 수 있으면 그만이다. 그렇게 그날 그날을 살아가는 것이다. 즉 사자에게 있는 정보시스템은 지극히 단순한 것이다. 그러나 인간은 식량을 오랫동안 확보하기 위해 가축을 기르고 자신과 직접관련이 없는 정보인 신선한 풀을 찾아 들판을 헤맨다.

이처럼 생물을 정보과학의 입장에서 본다면 하나의 정보시스템이다. 각자 나름의 환경에서 정보를 받아들이고, 그것을 분석하고, 그것에 대응하는 새로운 정보를 만들어 내어 환경에 적응해 가는 정보처리시스템이다. 이렇게 환경에 대응해 가는 방법을 정리해 놓은 파일(유전자)을 자기의 후손에게 유전이라는 시스템을 통해 전해 준다. 특히 인간은 유전자시스템만이 아니고, 교육과 학습이라는 복제시스템을 이용해서 문화정보까지 전달한다.

디지털 정보와 아날로그 정보

생명이 다루는 정보는 크게 두 가지로 구분된다. 하나는 디지털 정보이고 또 하나는 아날로그 정보이다. 이들 정보는 또 부호(符號)화 정보와 비부호화 정보라고도 부른다. 부호화 정보는 지금의 컴퓨터시스템에서도 쓰고 있으며, 인간의 언어도 부호화 정보이다.

디지털 정보는 0과 1이라는 두 개의 부호로 나타낸다. 즉 불연속적이다. 하지만 아날로그 정보는 연속적인 파형이다. 디지털 정보는 시간변수와는 크게 상관이 없다. 하지만 아날로그 정보는 시간의 흐름과 밀접하게 관련된다. 디지털 정보는 한마디로 공간적이다. 즉 비트의 배열로 디지털 정보를 나타낼 수 있고, 전해 줄 수 있다. 따라서 비트 수가 커지면 디지털 정보를 보다 신속하게 처리할 수 있다. 지금의 고성능 펜티엄 컴퓨터는 32비트 컴퓨터이다. 하지만 아날로그 정보(예를 들면 음악)는 시간의 흐름이 있어야 나타난다. 시간의 흐름으로 읽고 저장할 수 있다.

디지털 정보는 사실에만 관계하지만 아날로그 정보는 사실보다 분위기에 관계한다. 필자의 생각이지만 남성은 디지털 정보처리에 능하고 여성은 아날로그 정보처리 즉 분위기 조성에 능하다고 생각된다.

예를 들면 모든 생명체의 시작인 수정체는 여성의 난자와 남자의 정자의 결합으로 이루어진다. 여성의 난자는 남성의 정자보다 몇 100배나 크다. 그 이유는 많은 영양물질을 갖추고 있는 세포질(원형질) 때문이다. 난자의 핵은 여성의 DNA의 절반을 갖고 있으며, 남성의 정자도 마찬가지로 남성의 DNA 절반을 갖추고 있다. DNA는 핵산이라는 물질로 생명체를 만드는 모든 정보를 담고 있는 녹음기의 테이프와 같다. 그런데 이 DNA의 정보는 디지털 정보이다. 그러나 난자의 세포질은 아날로그 정보를 갖추고 있다. 즉 남성은 그의 후손에게 디지털 정보만을 전해 주지만 여성은 디지털 정보와 함께 이 디지털 정보를 해독해 내는 아날로그 정보시스템도 함께 전해 준다는 점이다.

컴퓨터와 생물의 차이는 아날로그 정보, 즉 비부호화 정보에서 차이가 난다. 생물에게는 아날로그 정보는 매우 중요하며 잘 쓰이고 있지만 컴퓨터는 아날로그 정보는 전혀 쓰지 못한다. 참고로 말하면 아날로그 컴퓨터가 있기는 하다. 예를 들면 병원의 심전도계 같은 기계가 아날로그 컴퓨터이다. 그리고 아날로그 컴퓨터와 디지털 컴퓨터가 결합한 하이브리드 컴퓨터도 있다.

그러나 그 결합은 생명체만큼 정교하지 않다. 생명체는 아날로그 정보와 디지털 정보를 함께 주고받는다. 같은 음식이라도 그것을 담는 그릇에 따라 달라진다. 즉 디지털 정보가 음식이라면 아날로그 정보는 그것을 담는 그릇이고 분위기다. 사람들간의 의사소통에는 디지털 정보(언어) 이외에도 무의식적으로 아날로그 정보(표정이나 분위기)를 동기화해서 함께 전한다. 이렇게 해서 보다 원활한 의사 소통이 이루어지는 것이다.

아날로그 정보의 바다

원래 생물은 아날로그 정보 속에서 태어난다. 우주는 온통 아날로그 정보이다. 태양 빛의 세기, 바닷물의 온도, 유기물질이 녹아 있는 농도 등에 따라 생물의 세포막이 생기고 유기물이 한군데 모여서 여전히 분자들의 결합력이라는 아날로그 정보에 따라 여러 가지 화학반응을 일으킨다. 아주 강한 공유결합에서부터 수소결합, 반데르발스힘, 그리고 바닷물의 온도와 출렁거림까지 아주 다양한 힘에 의해 다양한 화학반응이 일어났을 것이다. 이러한 반응의 진화가 오파린(A. I. Oparin, 1894~1980)이 말하는 화학진화이다.

화학진화로 단백질, 핵산 등의 여러 가지 고분자 유기물질이 생겨나고 이들이 생화학 진화를 거쳐 생물로 진화한다. 그 속에서 디지털 정보처리시스템이 등장한다. 이것이 바로 생명체의 핵심이라는 DNA 유전정보 시스템이다. 이것이 아마 지구에서 생명체의 역사상 처음 있었던 디지털 혁명의 시작이었을 것이다. 이 혁명에 의해 지구상은 단세포생물의 세상이 되었고, 이들은 무려 20억 년 동안 지구의 주인으로 지구를 지배하며 번창했다.

그후로 다세포생물시대가 되면서 다시 아날로그 정보 시대가 시작되었다. 그리고 이제 또다시 제2의 디지털 정보 혁명이 일어난다. 그것은 바로 척추동물의 등장으로 시작된다. 척추동물은 무수신경에 수초라는 기름기의 절연피복을 입혀서 컴퓨터가 사용하는 전기펄스를 만들어 낸다. 이것은 바로 디지털 정보이며 잡음의 영향을 거의 받지 않고 무수신경보다 100배나 빨리 신호를 전할 수 있게 된다. 이렇게 수초가 있는 신경을 유수신경이라한다.

그리고 이 유수신경세포가 만든 고성능의 컴퓨터, 즉 신경절은 한 줄로 죽 늘어서서 통합된다. 그것이 바로 척수(脊髓)가 된다. 무수 신경절은 그대로 남아서 소화기관을 조정하는 컴퓨터로서 역할을 계속한다. 척수는 이제까지 없었던 커다란 근육을 머리에서 꼬리까지 정연하게 늘어놓고 민첩하게 조정하여 물 속에서 아주 순발력 있게 헤엄치게 해주었다. 이 동물이 바로 피카이아(Pikaia)라는 원시 물고기이다.

절지동물들은 그들의 느린 신경으로는 도저히 자신을 지킬 수 없기 때문에 딱딱한 갑옷으로 중무장한다. 하지만 척추동물은 그 재빠른 몸놀림으로 얼마든지 적을 피할 수 있고 먹이도 잡을 수 있다. 당시의 적은 거대하고 난폭한 갑각류인 아노말로카리스로서 바다의 생물세계를 지배하던 왕자였다. 이 생물은 당시로서는 거대한 몸집과 튼튼한 이빨로 삼엽충 등의 단단한 껍질도 깨부수어 먹을 수 있었다. 그러나 날쌔고 민첩한 피카이아를 잡을 수는 없었다.

결국 아노말로카리스는 멸종하고 지구는 피카이아류가 진화한 척추 동물이 번창하게 된다.

이 디지털 정보전달 시스템은 계속 진화해서 거대한 대뇌를 만들고 아주 교묘한 디지털 정보시스템인 인간의 언어까지 만들어 낸다. 인간은 언어라는 정보시스템으로 거대한 사회를 만들어 낸다. 사회는 다시 아날로그 정보로 움직인다.

그리고 2,000년의 인류역사를 거쳐 디지털 컴퓨터라는 제3의 디지털 혁명까지 이르게 된 것이다. 이렇게 정보혁명의 흐름을 보면 아날로그에서 디지털로 다시 아날로그로 그리고 다시 디지털로 반복되어 왔음을 알 수 있다.

생물의 정보처리 시스템

생물은 구형의 정보처리시스템을 버리지 않고 그 위에다 새로운 형태의 정보처리기구를 덧붙여 가는 식으로 진화해왔다. 마치 시루떡처럼 아날로그 시스템 위에 디지털시스템, 다시 그 위에 아날로그 시스템이라는 식이다. 더구나 인체는 약 60조라는 세포로 구성된 거대한 세계이다. 지금의 인류가 50억(1987년 통계)인 것에 비교하면 엄청나게 큰 세계라는 것을 알 수 있다.

아직도 지구상의 통신망은 원시적인 강장동물의 산만 신경계만도 못하다. 그러나 60조의 세포로 이루어진 거대한 시스템인 인체는 매우 효율적이고 정교한 정보전달 시스템을 갖추고 있다. 물론 이러한 시스템은 수억 년의 진화를 통해서 취사선택되고 다듬어진 결과이다. 인류도 언젠가는 인간의 신경계에 버금가는 통신시스템을 전지구적으로 갖추게 될지도 모른다. 그때는 아마 정보인류라는 새로운 거대한 생명체가 태어나는 순간이 될 것이다. 물론 이 생명체의 세포는 개개의 인간일지 아니면 사이보그 같은 존재일지 모르지만…

아무튼 생물의 정보 전달 및 처리 시스템은 인류의 어떤 기술도 흉내내지 못한 교묘한 것이다. 이제부터 그 실상을 하나씩 알아보자.

단백질의 비밀

생물을 유물론자의 입장에서 보면 70%의 물과 20% 단백질, 지방, 당, 그리고 몇몇 무기물질로 이루어진 것에 불과하다. 하지만 그 물질들이 단순히 모여있을 때는 물질 이상의 아무 것도 아니지만 교묘하게 서로 어떤 관계를 맺으면서 뒤섞이면 살아있는 생물체가 된다. 이 불가사의한 생물체의 가장 핵심적인 물질은 바로 단백질이다. 물론 70%의 물도 생명현상과 아주 밀접한 특성을 갖고 있기는 하지만 물은 어디까지나 무대에 지나지 않으며 생명체의 주역은 단백질의 다양하고 기묘한 성질에 있다.

기계의 부속은 오로지 한 가지 역할밖에 못한다. 그리고 마모되거나 파손되어 그 역할을 상실하면 새 부속품으로 교체되어 버린다. 그러나 생체를 구성하는 단백질은 한 가지 역할만 하는 것이 아니다. 생체를 구성하는 골격이 되기도 하고, 때로는 태워져서 에너지를 내놓기도 하며 정보를 전하는 전령이 되기도 한다. 단백질은 이렇게 생체 내에서 여러 가지로 활용된다.

아주 간단한 원핵 단세포생물인 대장균에도 3천 종류나 되는 단백질이 있으며 인간의 경우에는 약 10만 종류의 단백질이 필요하다.

단백질은 정보를 담을 수 있는 물질이다

효소든, 근육 단백질이든, 산소를 운반하는 헤모글로빈(운반 단백질)이든, 면역을 담당하는 항체라는 단백질은 모두 특정한 한 가지 물질하고만 반응한다. 즉 단백질에는 정보가 있다는 이야기다. 대장균은 3천 가지의 단백질을 갖고 있다고 했는데 이 말은 대장균이라는 생명시스템은 3천 가지의 정보를 운영하는 시스템이라는 의미이기도 하다. 즉 먹이가 되는 물질인가 위험한 독극물인가 판단하는데, 그 외 대장균의 삶을 위해 필요한 정보 3천 가지를 판단하는데, 이들 단백질이 사용된다는 것이다. 실제 대장균의 세포막에는 수천 가지의 물질을 느끼는 단백질 분자인 감각수용기구(센서)가 수천 개씩 분포한다. 인간은 대장균보다 복잡한 생물이기 때문에 인간의 삶을 영위하기 위해서는 10만 가지의 생화학적인 정보가 이용되고 있다는 이야기다.

혹 오해가 있을까 해서 덧붙여 두지만 단백질이 꼭 한 가지 물질에만 결합하는 것은 아니다. 예를 들면 피브로넥틴(fibronectin)이라는 단백질은 여러 가지 물질과 결합한다. 마치 인간의 언어에서 관사나 조사처럼 여러 단어에 결합되어 다양한 의미를 만들어 내는 역할을 한다고 할 수 있겠다.

살아있다는 것은 무엇인가?

살아있다는 것은 항상 자신의 상태를 스스로 유지할 수 있다는 것이다. 자신의 상태를 유지한다는 것은 자신만의 가치체계를 고수한다는 의미이기도 하다. 그렇다면 무더운 여름에도 항상 영하의 일정한 온도를 유지하는 냉장고도 살아있다고 보아야 하는가? 물론 냉장고는 스스로 전기에너지를 얻을 수 없고, 스스로 유지해야 할 온도를 결정하지도 못한다. 사람이 전기를 공급해 주고 온도를 설정해 주어야 하며, 냉장고는 그 지시사항을 그대로 수행하는 죽어있는 기계이다. 더구나 냉장고는 외부의 온도가 냉장고 내부의 온도보다 낮으면 내부의 온도는 설정치 보다 더욱 내려가 버린다. 냉장고는 열을 한쪽 방향으로밖에 퍼낼 수 없기 때문이다.

그러나 우물 벽에 구멍이 숭숭 뚫려 있어 항상 수위가 높은 곳에서 낮은 곳으로 물이 빠져나가는 우물이 호수 한가운데에 있다고 하자. 이 모델은 항온동물의 체온유지를 모델화한 것이다.

이 우물 벽에는 우물의 안과 밖의 수위를 비교하여 항상 우물의 수위를 일정하게 유지하는 장치가 달려있다. 호수의 수위가 우물의 수위보다 높으면 우물 벽의 구멍을 통해 물이 우물 안으로 새어 들어오고 우물의 수위는 올라가기 시작한다. 그러면 이 장치는 우물의 수위변화를 감지하고 물을 우물 밖으로 퍼내는 펌프를 작동시킨다. 즉 여름이 되어 기온이 올라가서 체온도 오르면 우리 몸의 체온조절 중추는 땀을 내거나 하여 체온을 떨어뜨리도록 작동한다.

반대로 호수 수면이 우물보다 낮아지면 이제 우물 안의 물이 밖으로 새어나갈 것이다. 그러면 우물 안의 수위가 낮아지고 다시 장치가 작동해서 이번에는 호수의 물을 우물 안으로 펌프질하여 더 이상 우물의 수위가 내려가지 않도록 한다. 마치 겨울이 되어 기온이 떨어지면 체온도 떨어지게 되고 따라서 체온조절 중추는 땀구멍을 막아 닭살이 되게 하고 덜덜 떨게 하여 마찰열을 발생시켜서 체온을 올리려고 노력하는 것과 같다. 즉 이 우물은 자신의 상태를 외부의 변화와 상관없이 항상 일정하게 유지한다. 즉 냉장고보다는 생물시스템에 가깝다.

이렇게 생명체는 스스로 자신의 상태를 유지하기 위해 끊임없이 외부와 내부(자신)의 상태에 대한 정보를 수집하고 비교해야 한다. 여기서 독자는 어떻게 내부의 상태 즉 자기자신을 알 수 있느냐는 의문에 빠진다. 이 문제는 눈은 눈 자신을 결코 볼 수 없다는 논리적인 문제 때문이다. 나 자신이 나 자신을 살펴서 나의 상태를 아는 그 순간 이미 나는 나를 살펴볼 때의 나와 같지 않다. 왜냐하면 나를 살피기 전에는 나에 대한 지식이 없었던 나의 상태가 나를 살핌으로 해서 나에 대한 지식이 생긴 새로운 '나'가 되어 버리기 때문이다. 그러나 이 문제는 단지 논리적인 문제일 뿐 실제 생물체에서는 자기 자신을 인식하는 문제를 간단하게 해결한다.

즉 나에 대한 모든 상태를 알아야 하는 것이 아니고 어느 한 가지 데이터에만 주목하기 때문이다. 예를 들면 체온만을 감지하거나, 혈액의 혈당량 등 각각의 데이터에 대해 이를 감지하고 처리하는 생체의 부위가 각각 따로 정해져 있다. 그리고 이들 데이터에 대해서만 그 대처방법을 내놓으면 된다. 체온이 너무 높으면 땀을 내어 체온을 내리고 혈당량이 낮으면 식욕을 자극해 밥을 먹도록 조치를 취한다. 이렇게 살아있다는 것은 바로 정보의 비교와 처리의 문제라고 할 수 있는 것이다.

다세포생물의 탄생

세포는 원래 독립적인 생명시스템으로 혼자서도 충분히 살아갈 수 있다. 앞에서도 말했지만 사실 지구의 전 역사인 46억 년 중에서 그 절반인 20억 년 동안 이 지구상에는 오로지 단세포생물밖에 살지 않았다.

그러나 그 평화롭던 20억 년이 지나 원생대가 끝나고 캄브리아기가 시작되기 바로 전에 갑자기 극적인 변화가 생기기 시작했다. 혼자서 바다 위에 떠서 파도에 밀려 정처 없이 떠돌던 단세포 진핵세포들이 고독한 혼자서의 삶을 끝내고 무리를 이루기 시작하여 마침내 다세포 생물이 되었다. 단세포생물은 세포분열로 번식을 하는데, 이제 서로 떨어지지 않고 함께 붙어 공동생활을 시작한 것이다. 그 동안 이들 생물의 먹이였던 바다 속의 풍부한 유기물이 바닥나고 경쟁이 치열해지자, 보다 큰 덩치가 먹이싸움에 유리해진 것이다.

다세포생물을 구성하는 개개의 세포들은 조직적으로 협동하여 각각의 역할을 맡는 분화가 이루어졌으며, 보다 거대한 하나의 생명체로 나타나기 시작한 것이다. 가히 혁명적이라 할 수 있는 생물학적인 사건이 캄브리아기에 일어난 것이다. 이로써 오랜 시간 동안 지구의 주인이었던 단세포생물은 이제 다세포생물의 먹이로 전락하고 말았다. 그후로 생명체의 진화과정은 이러한 패턴의 반복이다. 다세포생물 번성기에 보다 고등한 삼엽충이 출현하고, 삼엽충 번성기인 올도비스기에 어류가 출현한다. 이어서 어류 번성기인 데본기에는 양서류가 출현한다. 그후에도 계속 극적인 변화는 계속된다. 양서류 번성기인 석탄기에 파충류가 출현한다. 파충류 번성기인 중생대 쥬라기에 포유류 출현, 그리고 포유류 번성기에 인류 출현, 드디어 지금 인류가 번성하여 지구의 주인이 되었다. 돌이켜보면 기막힐 정도로 길고 긴 진화의 여정이었다.

동물과 신경의 탄생

다세포생물은 다시 독립영양 생물(식물)과 종속영양 생물로 나누어지는데 종속영양 생물이 바로 동물과 미생물이다. 종속영양 생물이 동물, 즉 움직이는 생물이 된 이유는 먹이를 구하기 위해 계속 움직여야 하기 때문이다. 바다 속에는 한곳에 고정되어 사는 동물도 있는데 이들은 파도가 먹이를 실어 날라주기 때문에 한 곳에 고정하고 그것을 걸러 먹기만 하면 되기 때문이다. 그러나 대부분의 동물은 한곳에 고정되어 있다가는 먹이가 바닥나고 곧 굶어죽게 된다. 그래서 먹이가 풍부한 곳을 찾아 열심히 움직일 수밖에 없다.

처음의 다세포생물의 몸은 그다지 분화되지도 않았고 물결 따라 움직이는 것이 고작이며 모든 세포들이 사공이 되어 편모를 움직여서 이리저리 돌아다녔을 것이다. 그러다가 좀더 정확히 목적하는 곳으로 움직이기 위해 세포들이 보다 유기적으로 협동할 것이 요구되었다. 즉 헤엄칠 방향을 정하고 한 방향으로만 편모를 움직이도록 통일적으로 힘을 모아야 한다. 그러기 위해서는 무엇이 필요한가? 즉 세포끼리 정보교환이 시작된 것이다. 세포끼리의 정보교환은 어떻게 이루어졌을까?

통신매체의 자질

세포가 정보교환을 하기 위해서는 먼저 통신매체를 확보해야 한다. 무릇 정보를 전하는 통신매체의 특징은 첫번째로 전달 도중에 정보의 손실이나 변질이 없어야 한다. 그래서 편지의 경우는 봉투에 넣어 알맹이를 보호하거나 전화의 경우는 잡음을 최소화해서 정확한 소리가 전달되도록 노력한다. 세포의 경우에는 화학물질을 매체로 쓰기 때문에 이들 물질이 화학적으로 안정된 물질일 필요가 있다. 즉 분자량이 크지 않은 저분자 물질로서 주로 단백질 분해산물인 펩티드나 아미노산, 콜레스테롤 분해산물인 스테로이드가 사용된다.

두 번째로 많은 정보를 담을 수 있으면 좋다. 이것은 첫 번째의 안정성과 대립적인 특성이다.

세 번째로 값싸고 쉽게 얻을 수 있어야 한다. 통신매체는 한 번

쓰고 버리기 때문에 비싸고 구하기 힘든 것을 매체로 이용할 수 없다. 종이나 전파는 그러한 매체의 특성을 가지고 있기 때문에 통신매체로 잘 이용된다. 그럼 세포의 경우는 값싼 통신매체로서 무엇을 쓰고 있을까?

세포의 통신매체

세포는 지질(脂質) 2중층 막이라는 생체막으로 둘러 싸여 있다. 이 세포막은 한 번 만들어지면 평생을 가는 건물의 벽과 같은 것이 아니고, 끊임없이 부서지고 새로 만들어지는 동적 구조물이다. 이 세포막은 지질과 단백질을 주요성분으로 한다. 균질적인 지질 2중층 막에 단백질이 군데군데 들어가 있다.

다세포생물의 경우 세포끼리 서로 정보를 교환하여 긴밀한 협력을 유지하기 위해서는 어떤 통신매체를 이용하면 좋을까? 당연히 세포의 가장 바깥을 구성하는 세포막을 통신매체로 이용하면 좋을 것이다. 사람도 사람의 가장 바깥쪽인 피부, 그 중에서도 얼굴피부를 여러 가지로 색이나 모양을 바꾸어 다양한 표정을 만들어 내고 자신의 감정상태를 묵시적으로 상대방에게 전한다.

세포는 자신의 세포막의 성분을 적당히 변형시켜 분비물로서 분비하여 상대세포에게 보낸다. 이 분비물이 바로 호르몬이라는 물질이다. 상대세포는 세포막에 군데군데 묻혀있는 단백질이 수용체(리셉터)로서 그 분비물을 받아들인다. 또한 세포 내의 호르몬으로서 사이클릭AMP가 이들 정보를 세포의 핵에까지 전하는 것으로 생각된다.

정보전달의 분업

다세포생물이 진화하면서 좀더 효율을 높이기 위해 세포들이 분업을 시작한다. 즉 운동만 전담하는 근육세포, 소화만 전담하는 소화액 분비세포, 외부의 정보를 받아들이는 감각세포, 그리고 이들 세포끼리의 정보 전달을 전담하는 호르몬 분비세포로 자신들의 위치에 따라 자신의 특성들을 발전시킨 것이다. 특히 정보전달에 전념하는 호르몬 세포는 세포들의 분업이 이루어져서 전달해야 할 정보량이 많아진데다 좀더 정확히 그리고 보다 신속하게 정보전달을 해야 할 필요성이 높아져서 신경세포로 점점 변해 가는 것이다.

호르몬(hormone)

호르몬은 세포끼리 정보전달에 이용되는 극소량의 물질이며, 1905년에 영국의 생리학자 E. H. 스탈링에 의해서 제창된 용어이다. 호르몬은 그리스어로 자극하다, 유발하다라는 의미를 갖고 있다. 호르몬은 표적(target) 세포를 자극하고 활동시키는 미량의 물질이다.

호르몬은 말하자면 화학적인 정보전달 물질이다.

호르몬은 고등 진핵세포에서 생겨나기 시작한 것으로 특정 세포에서 합성되고 호르몬수용체를 갖는 세포에만 작용한다.

호르몬은 호르몬 수용체를 갖는 세포 내로 들어가서 그 수용체와 결합하고 세포핵 내로 들어가서 DNA를 자극한다. 자극을 받은 DNA는 RNA를 전사하고 RNA는 호르몬이 전한 정보에 대한 단백질을 합성해 낸다.

다세포생물은 세포끼리 보조를 맞추어서 일사불란한 행동을 해야 하므로 세포끼리의 정보교환이 필요하다. 단세포생물일 때는 먹이가 되는 물질을 찾는 감각기구와 운동기구만 있어도 충분하지만 다세포생물에서는 세포끼리의 대화가 필요한 것이다.

인간끼리는 물론이고 기계와 기계, 기계와 인간, 세포와 세포 사이에도 대화에는 반드시 언어가 필요하다. 미국의 헥터는 호르몬을 분자 언어라고 불렀다. 즉 세포끼리 대화를 할 때는 호르몬이라는 분자 언어를 사용한다는 것이다.

그런데 호르몬은 단백질의 일종이다. 그리고 단백질은 아미노산으로 이루어진다. 인간의 언어가 먼저 단어가 있고, 이들 단어의 조합으로 여러 가지 의미를 갖는 문장을 만들어 내듯이 아미노산의 조합으로 여러 가지 역할과 기능을 갖는 단백질이 만들어진다.

영어의 알파벳은 A부터 Z까지 26개이고, 이들 알파벳으로 단어를 만들고 단어를 적절히 연결해서 문장을 만든다.

우연의 일치인지 몰라도 아미노산도 글리신, 알라닌, 발린, …, 히스티딘 등 22종류가 있으며, 이들을 100~1000개 정도 연결해서 단백질을 만든다. 아미노산은 일종의 알파벳이고 알파벳을 조합해서 단어를 만드는 것처럼 말이다. 호르몬은 분명히 분자 언어로서 여러 가지 내용을 전할 수 있지만 정보형태는 아날로그적이다. 즉 호르몬의 양으로 정보의 양이 정해진다.

신경세포

호르몬 분비세포는 더욱 진화해서 신경세포로 변해 간다. 호르몬은 모두에게 똑같은 정보를 전했다. 물론 호르몬수용체를 가진 세포만이 그 정보를 해독할 수 있지만 그래도 세포수가 더욱 많아지고 그 종류가 복잡해지자 정보전달에 혼란이 생긴다. 그래서 정보전달만 전문으로 하는 세포가 생겨난다.

그것이 신경세포이다. 마치 작은 시골마을에서는 사람들이 직접 만나 서로의 소식을 전하고 소문이 퍼져나가지만, 도시가 되어 사람이 많아지면 소식을 전하는 전문직업인 즉 우체부나 신문사가 생기는 것처럼 말이다.

호르몬은 신문이나 라디오, TV방송 같은 대중매체이다. 신문을 사보거나 수신기구를 갖추면 누구나 그 정보를 얻을 수 있다. 즉 호르몬은 생체의 아주 많은 세포가 다같이 공유하는 정보이다. 따라서 보안이 필요한 고급정보는 흘릴 수 없다.

그러나 전화나 편지는 목적하는 사람만이 정보를 전달받는다. 신경세포는 전화나 우체부처럼 목적하는 세포에게만 정보를 전한다. 꼭 필요한 세포에게만 정보를 확실하게 전하기 위해서 호르몬 분비세포는 기다란 신경섬유를 만들어내어 표적세포에만 연결하여 더욱 미량의 호르몬만 분비하게 되었다. 그래서 좀더 고급정보를 줄 수 있게 된다.

이처럼 신경세포가 생기자 생물체는 좀더 다양한 정보를 다룰 수 있게 되고, 신속한 반응도 할 수 있게 되어 보다 먹이를 잘 잡게 되고 적으로부터 보다 잘 피할 수 있게 된 것이다.

신경세포는 감각세포로부터 새로운 정보를 받아서 가공하고 저장하며 운동세포에 지령을 내린다. 그 대신 신경세포는 더 이상의 분열증식이 불가능하고 스스로 영양을 섭취하는 일도 불가능하게 되었다. 그래서 신경세포를 보조하는 세포들도 생겨난다. 즉 전화선을 깔았으면 그것을 유지 보수하는 사람이 생기는 것과 똑같다.

이렇게 신경세포의 진화로 생물체는 신경세포와 그 보조세포를 먹여 살리기 위해 좀더 많은 에너지를 소비하게 되며, 그만큼 에너지를 더욱 많이 획득해야 한다. 즉 손익 계산을 맞추어 보아야 한다. 신경세포가 생기므로 해서 생기는 손실과 부담, 그리고 이득 어느 쪽이 더 큰 것일까? 생물의 진화를 보건대 분명 그것은 남는 장사였다. 신경세포를 갖춘 생물들은 자신보다 느리게 움직이는 생물까지도 먹이로 잡아먹을 수 있게 되어서 보다 먹이를 얻기 쉬워진 때문이다. 이것은 신경세포의 등장이 육식동물의 등장을 가능하게 했다는 의미이기도 하다.

무수신경과 유수신경

다시 한 번 설명하지만 신경세포는 신호를 보다 효율적으로 전달하기 위해 신경 섬유에 절연 물질인 수초(髓革肖;미엘린초)를 입히는데 아직 수초가 없는 신경을 무수신경, 그리고 수초가 잘 발달된 신경을 유수신경이라고 한다.

무수신경은 독일의 생리학자 레마크(Robert Remak, 1815~65)가 처음으로 연구하였기 때문에 레마크 섬유라고도 부른다. 신경세포에는 신경세포에게 먹이를 제공하는 신경교(膠)세포가 포대 모양으로 몇 겹 감긴 신경초(시반초)가 있다. 그런데 어떤 무수신경은 아예 신경초도 없는 것이 있다. 가장 원시적인 무수신경인 것이다. 이렇게 수초와 신경초의 유무에 따라 신경세포는 다음의 4가지로 구분된다.

① 무초무수신경 : 수초도 신경초도 없는 신경. 후신경이나 원시적인 무척추동물 중에 보인다.

② 유초무수신경 : 신경초만 있고 수초는 없다. 교감신경이 이 경우다.

③ 무초유수신경 : 수초는 있고 신경초가 없는 경우로 고등척추동물의 두뇌나 척수에 있다.

④ 유초유수신경 : 수초와 신경초가 모두 갖추어진 경우로 원구류를 제외한 모든 척추동물의 감각신경과 운동신경이 이것이다.

①, ②는 무수신경, ③, ④는 유수 신경이라고 크게 분류한다.

유초유수신경은 신경섬유인 축색(軸索)을 수초가 두껍게 둘러싸고 그 바깥을 신경초가 둘러싼다.

수초가 두꺼울수록 신경의 흥분 전달속도는 빠르다.

무척추동물

원시적인 강장동물인 산호(珊瑚, coral)나 해면동물은 아주 원시적인 다세포동물이다. 그래서 아직 근육이나 신경이 보이지 않는다. 해파리, 섬게, 해삼 같은 강장동물과 극피동물에서 비로소 원시적인 근육과 신경이 나타난다. 이때는 근육과 신경이 온몸에 산재하는 산만신경계이다. 이들은 잘 발달된 감각기도 없고 운동기관도 없이 온몸이 꾸물꾸물 움직인다.

더 진화하여 환형동물(지렁이), 연체동물(조개, 낙지, 오징어)이 되면 좀더 신경계와 근육이 정리가 되어 사다리꼴의 네트워크망을 만들고 앞뒤가 생기고 좀더 조직적으로 움직인다. 그러나 이들은 하나의 자극에 대해서 하나의 반응을 보이는 단순한 정보전달 시스템에 지나지 않는다. 즉 정보를 가공처리하지 않는다는 의미이다. 그래서 비슷한 자극에 대해서도 항상 같은 반응을 보이며 이것은 생존에 매우 불리한 것이다. 즉 자극의 미묘한 차이를 구분해서 대응해야 한다. 그러려면 감각기도 더욱 발달시키고, 운동기구도 더욱 발달시켜야 한다. 그리고 이들간의 여러 가지 조합을 만들기 위해서 중간에 전화교환기나 전자계산기 같은 간단한 정보처리기를 만들어야 한다. 그것이 바로 신경절이다. 절지동물(곤충, 거미, 게)이 되면 신경은 한군데 모여 보다 정교한 움직임을 할 수 있는 신경절이 만들어진다. 신경절(神經節, ganglion)은 신경세포가 수만 개 모인 작은 신경덩어리이다. 이것이 전신에 산재해서 전신의 운동을 보다 미묘하게 컨트롤한다.

이 신경계는 아직도 호르몬처럼 아날로그 정보를 처리하는 무수 신경계이다. 아날로그 신경계로는 보다 신속하고 정교한 운동은 할 수 없다.

뇌의 기원

다세포생물은 처음에는 볼복스 같은 생물체처럼 둥글둥글한 점대칭적인 모습이었다. 그러나 보다 효율적인 분업을 위해 감각세포들은 감각세포끼리, 운동세포는 운동세포끼리 모여서 몸의 구조는 좌우 대칭구조로 바뀌고 머리와 꼬리가 생기게 된다. 머리 쪽에는 주로 감각세포들이 모이고, 몸통과 꼬리 쪽으로는 운동기구가 모인다. 이런 형태의 대표적인 생물이 바로 플라나리아이다. 플라나리아는 머리 쪽에 시각, 미각세포들이 모이고 이들 감각세포가 수집하는 감각정보를 빠른 시간 내에 해석하기 위해 머리 쪽에 신경세포의 덩어리가 있다. 이 신경절이 바로 가장 원시적인 뇌의 형태이다.

편형동물보다 더욱 진화된 환형동물은 몸이 여러 개의 체절로 이루어지고 각 체절마다 그 체절을 지배하는 신경절이 생기게 된다. 그리고 머리 쪽에는 한 쌍의 신경절이 생기고 여기서부터 두 줄의 사다리형의 신경 섬유가 각 체절에 연결되고 몸 전체를 지배하게 된다. 즉 환형동물은 이제 막 편형동물에서 체구만 커진 상태라고 할 수 있다. 그래서 복잡한 정보를 처리할 필요는 아직 없어서 몸을 체절로 구분하고 각 체절이 어느 정도 자치를 하는 형태이다. 말하자면 중세 봉건국가처럼 중앙집권적인 하나의 왕국과 각 지역을 다스리는 영주가 공존하는 형태이다.

다시 한 번 비유를 하면 편형동물은 작은 부족국가 정도였기 때문에 작은 중앙집권적인 정보처리 기구 하나로 충분했지만, 환형동물이 되면 권력구조는 아직 발달되지 못했는데 영토만 커진 것과 같은 상황이다. 그래서 작은 중앙집권 시스템과 지방분권 시스템이 공존하게 된다.

이 형태가 계속 진화를 한 것이 절지동물인 곤충류이다.

곤충의 뇌와 인간의 뇌

무척추동물인 곤충에도 뇌가 있지만, 척추동물의 뇌와 크게 다르다. 곤충은 머리만이 아니고 각 체절에 하나씩 뇌가 있다. 따라서 곤충의 머리를 잘라 내도 에너지가 남아있는 동안은 살아서 꼼지락거린다. 곤충은 이러한 분산시스템으로 잘 적응하여 지구상에서 가장 크게 번창하였다.

그러나 척추동물의 경우 머리가 잘리면 그것은 곧 생체 전체의 죽음을 뜻한다. 뇌 중심의 척추동물은 커다란 뇌의 정보처리로 신속한 적응이 가능하지만 반대로 커다란 약점도 있다. 즉 머리의 공격에 아주 약하다. 그래서 머리는 두개골이라는 튼튼한 보호막으로 보호되고 있다. 그렇더라도 머리를 다치게 되면 그것으로 그 동물 전신이 죽게 된다. 대장의 명령에만 따라 움직이는 조직은 대장만 잃으면 오합지졸로 변해버리는 것과 같다.

두뇌 중심의 동물은 모든 신경, 모든 혈관이 최종적으로는 뇌에 집중하여, 거기서 정보가 집중적으로 처리되며 신체의 다른 기관은 뇌를 위해서 존재하는 것처럼 보이기도 한다. 그러므로 정보중추의 뇌가 파괴되면 신체의 모든 제어가 마비된다. 컴퓨터용어로는 시스템 다운이라고 한다.

곤충은 자라면서 변태와 탈피를 하여 몸의 구조가 크게 바뀐다. 그들은 분산시스템이기 때문에 전체 조직을 쉽게 재조직하여 환경 변화에 쉽게 적응할 수 있는 것이다. 즉 누에고치로 살아가야 할 시기와 나방으로 살아갈 시기를 선택하는 것이다. 그러나 하나의 정보처리기구만 갖고 있는 시스템은 헤쳐 모이기가 쉽지 않다. 그래서 척추동물은 일생 동안 크게 몸의 구조를 바꾸는 변태를 하지 못한다.

과연 척추동물처럼 커다란 하나의 뇌를 갖는 중앙집중형 정보처리시스템이 성공적인지 아니면 곤충과 같이 여러 개의 작은 뇌를 분산시키는 분산형 정보처리시스템이 성공적인지는 아직 더 두고볼 일이지만 인간의 정신세계를 만들어 낸 것은 중앙집중형 정보처리라는 것도 기억해 두어야 할 것 같다.

분산시스템과 집중시스템의 장단점

예전에는 기업체나 은행에서 정보처리를 위해 거대한 대형 컴퓨터가 하나 있고, 이 대형 컴퓨터에 작은 터미널이 연결되어서 업무처리를 했다. 즉 중앙집중형의 정보처리 방식이다. 따라서 대형 컴퓨터 한 대가 고장나면 모든 업무가 마비되어 버린다. 그래서 다운사이징이라는 분산시스템을 도입하는 기업체가 생기고 있다.

다운사이징은 중형이나 중소형인 여러 대의 컴퓨터로 분산시키고, 이들을 모두 네트웨크망으로 연결하여 정보처리를 하는 시스템이다. 따라서 한 대의 컴퓨터가 고장나더라도 다른 컴퓨터가 업무를 이어받아 계속 업무를 처리할 수 있다.

분산시스템과 집중시스템은 정치형태 상으로 독재나 절대왕권정치, 그리고 지방자치나 민주정치에 해당한다. 중앙집중 형태의 시스템은 매우 강력하고 신속하게 효과적으로 반응할 수 있다. 그렇다고 집중시스템이 분산시스템보다 우월한 것은 아니다. 분산시스템은 그 나름의 장점도 가지고 있다. 민주주의 제도가 독재 공산주의보다 어떤 면에서는 월등하다는 것은 냉전의 종말이 그 좋은 증거이기도 하다. 그러나 민주제도가 꼭 좋은 제도라고 할 수만은 없다.

생물에 있어서 유전자는 정보처리에 중앙집중과 분산처리라는 두개의 다른 적응전략을 발견하였다. 정치형태나 전자미디어의 진화도, 생물의 신경계의 진화와 대체로 같은 두개의 방향으로 진행하고 있는 것은 흥미롭다. 그러나 컴퓨터나 멀티미디어 등의 정보시스템이 장래, 중앙집중형으로 발전할지 분산형으로 발전할지 그 어느 쪽의 적응전략을 고르는 것은 자신들이 선택할 문제이다. 그 선택에 따라 우리들 사회의 모습도 대단히 달라질 것이다.

유수신경과 척추동물

아무튼 무척추동물의 분산시스템은 무수신경이라는 약간 효율이 떨어진 신경계와 보다 작은 몸집을 유지하는 데는 충분했다. 즉 중세 봉권국가처럼 발달된 통신시설과 강력하고 거대한 국가조직이 없이 작고 느린 정보통제로 작은 영주국가를 통치한 것과 비슷하다고 볼 수 있다.

중세 봉건국가에서 정보를 독점하고 있는 신분층은 왕과 귀족, 승려 등이었다. 그러나 인쇄술이 등장하면서 정보독점이 불가능해지고 보다 빨리 정보가 확산되어 가자 봉건체제는 붕괴되고 만다. 그리고 새로운 근대국가 체제가 출범한다. 이 근대국가는 새로운 정보시스템을 바탕으로 보다 집중적인 권력을 만들 수 있게 되고 넓은 영토를 지배할 수 있게 된다. 넓은 영토와 복잡한 사회조직을 조정하기 위해서 정부기구도 훨씬 복잡해진다.

이와 비슷한 일이 생물의 진화사에도 나타난다. 절지동물 중에 곤충은 육지에 살기 때문에 빠르게 움직일 수 있다. 그러나 바다 속에 사는 절지동물은 물 속이기 때문에 보다 강력한 근육조직이 없이는 물 속을 재빠르게 헤엄칠 수는 없다. 그래서 보다 강력하고 신속한 근육과 이것을 민첩하게 조정할 수 있는 보다 빠른 유수신경조직을 발달시킨다. 그것이 바로 척수(脊髓)이다. 곤충류는 사다리형 신경계가 배쪽으로 배열되어 있기 때문에 이것을 복수(腹髓)라고 부른다.

국가의 발전양식

일반적으로 국가의 발전양식은 부족국가인 작은 중앙집권형태에서 이들의 통합체인 봉건국가로 발전하고 다시 봉건국가체제를 무너뜨린 더욱 큰 중앙집권적인 절대왕정을 지나 근대 민주국가로 발전궤도를 따른다. 따라서 근대민주국가에는 봉건시대의 지방자치제도와 절대왕정의 중앙집권적인 정치형태가 조화를 이루며 공존하고 있다. 미국 합중국은 이런 발전 양식을 그대로 본떠만든 매우 인위적인 국가형태이다.

그러나 한국의 정치형태는 이 발전양식과 약간 다르다. 한국의 경우도 고대 부족국가 시절을 지나 이들이 통일된 중앙집권적인 고대 중세국가가 나타난다. 그리고 그대로 근세를 지나 근대화에 이르고 있다. 즉 한국의 경우는 지방자치의 특성이 강한 중세 봉건국가의 시기가 없었다. 고대부터 근세에 이르기까지 죽 중앙집중형의 정치형태를 유지해 오다가 근대화를 맞았다.

앞에서 무척추동물인 곤충의 뇌와 척추동물인 인간의 뇌를 비교하였지만 사실 척추동물은 무척추동물이 진화한 동물이다. 즉 근대 국가가 중세 봉건국가로부터 진화한 것처럼 척추동물의 몸에는 대뇌의 지배를 거의 받지 않는 자율신경기구가 있는데 이것은 무척추동물 시절의 무수신경기구이다.

척추동물의 진화도 무척추동물이라는 중세봉건국가의 정치형태에서 척추동물이라는 중앙집중형으로 진화했다. 그런데 한국의 정치형태는 이러한 진화양상을 크게 벗어나고 있는 것이다. 한국은 이제야 지방자치제를 시작하고 있지만 오랜 전통을 가진 다른 나라의 지방자치제처럼 아직 성공적으로 운영되지 못하고 여러 가지 부작용이 일어나고 있다고 매스컴을 통해 보도되고 있다.

한국의 경우는 흔히 마을과 서울만 있고 중소도시가 없는 형태를 오랫동안 유지했다고 하는데 이것은 거대한 두뇌와 자급자족적인 분화되지 않은 세포덩어리로 이루어진 생물체와 비슷하다고 볼 수 있다. 여기에 그 중간단계인 지방자치단체 기구를 이식한 형태가 요즈음의 지방자치제의 상황이라고 할 수 있다.

신경과 근육

무척추동물은 무수신경계를 갖고 있으며 또한 민무늬 근육이라는 보다 하등한 근육으로 이루어져 있다. 따라서 동작이 매우 느리고 굼뜨다. 송충이 등의 벌레가 꼬물꼬물 거리며 느리게 움직이는 이유는 이들이 민무늬 근육밖에 갖고있지 않기 때문이다. 민무늬 근육은 작은 근육세포로 이루어지는데, 근육세포 내부에 근육섬유가 배열되어있고 이것의 수축으로 근육이 수축된다. 즉 세포 하나하나가 수축함으로써 근육조직의 전체적인 수축효과가 일어난다. 따라서 근육의 수축은 매우 느리며, 정보를 느리게 전하는 무수신경으로도 충분히 민무늬 근육을 통제할 수 있다.

이 무척추동물은 척추동물로 진화하기 위해 몸을 보호하던 껍질은 척추로 바꾸고, 그 척추 뼈를 대칭적으로 배열되는 가로무늬 근육이 온몸을 둘러싼다. 그리고 이 강력한 근육은 척수라는 새로운 유수신경계가 신속하게 조절한다. 가로무늬근은 다핵가로무늬근이라고도 하는데 여러 개의 근육세포가 합쳐져서 근육섬유를 가지런하게 배열하여 가로무늬를 형성하며 근육섬유가 아주 길기 때문에 섬유의 수축효과는 빠른 시간 내에 보다 큰 수축효과를 보인다.

척추동물은 내장 근육이 주로 민무늬근육으로 이루어졌다. 즉 위장, 소장, 대장, 요관, 방광, 자궁 등의 벽을 만들고 수축 확장 운동을 한다. 그리고 안구의 모양체와 홍채도 민무늬근으로 이루어졌다. 즉 척추동물의 내장은 무척추동물의 조직으로부터 유래된 것이라고 할 수 있다. 그리고 이 내장을 지배하는 신경을 자율신경계라 하는데, 영국의 생리학자 랭글리(John Newport Langley, 1852~1925)가 식물성 신경에 관한 근대적인 학설을 최초로 세우면서 주목받기 시작했다. 이것이 뇌의 지배에서 비교적 독립적으로 활동한다는 것에서 자율신경계라고 이름지었으며, 이 명칭이 오늘날까지 이어지고 있다. 이 자율신경은 가로무늬근인 골격근을 제외한 내장의 모든 근육을 지배한다. 자율신경은 해부학적으로 곤충류의 복수(腹髓)와 같은 것으로 무수신경으로 이루어진 신경절이 한 줄로 배열되어 있다.

즉, 척추동물은 중앙집중형의 정보처리기구인 척수와 지방자치인 분산형 정보처리기구인 복수를 모두 갖추고 있는 셈이다. 척수는 생체의 삶과 관련된 외부의 일을, 복수는 내부의 일을 주관한다. 마치 국가정부가 국방과 외교에 전념하고 지방정부가 내부 치안과 경제에 주력하는 것처럼 척수와 대뇌는 외부의 정보처리와 육체적인 운동에 전념하고 복수인 자율신경계는 소화와 호흡, 혈액순환 등 생체 내부의 작업을 관장한다.

복수만을 갖는 무척추동물은 거의 외부에 대해서 반응하지 못한다. 조개처럼 두꺼운 껍질 속에 숨어서 지내기를 좋아한다. 조선말의 쇄국정책은 조개처럼 무척추동물의 신경기구밖에 갖추지 못한 조선정부의 무능에서 비롯되었다. 외부세력에 대한 적절한 반응기구를 갖추지 못하고 쇄국으로 일관할 수밖에 없었던 심리를 이해할 것도 같다.

세 개의 정보전달 시스템

척추동물은 크게 신경과 호르몬이라는 두 개의 다른 정보전달 시스템이 있다. 이 두 개의 시스템의 차이는 마치 유선통신과 무선통신의 차이와 같다. 유선통신은 신경, 무선통신은 호르몬이다. 그리고 정보전달에 시간의 차이가 있다는 점에서 다르다. 호르몬은 시간이 걸릴 필요가 있는 정보를 처리하고 신경은 되도록 빠른 시간에 정보를 처리하는 데 사용된다.

즉 신경의 전도는 전기적인 자극으로 순간에 전달된다. 이것에 대하여, 호르몬 전달은 물질이 전달되어 가기 때문에 일정한 시간이 걸린다. 이에 반해 신경은 자극에 대하여 즉석에 반응하지 않으면 안되는 일시적인 정보처리에 이용된다. 한편, 호르몬은 시간적인 경과가 오히려 필요한 생리현상, 예를 들면 나비가 날개를 만드는 시기를 맞추거나 번데기가 동면에 들어가는지 어떤지를 결정하는 경우의 체내시계로 쓴다.

다시 신경계는 유수신경계와 무수신경계로 나누어진다.

정보망
- 신경계
  - 유수신경계 : 디지털 정보처리
  - 무수신경계 : 아날로그 정보처리
- 호르몬 : 육체적인 변화를 초래한다. 성숙, 탈피 등

인간의 뇌는 동물로서는 필요 이상으로 비대해진 이외는, 다른 척추동물의 정보전달구조와 기본적으로 다른 것은 없다. 인간의 정보처리기구는 항상 옛 것을 바탕으로 이루어지고 있음을 볼 때 어떤 경이감마저 드는 것이다.

뇌의 등장

뇌는 동물에게 아주 특별한 기관이다. 이 뇌는 때로 동물 그 자체를 의미할 수도 있다. 어떻게 보면 동물의 신체는 뇌를 위해 존재하는 부속물이라는 느낌이 들 정도이다.

더구나 인간의 두뇌는 사진에서 보는 것처럼 쭈글쭈글 주름진 단순한 신경세포들의 덩어리가 아니다. 그것은 생물의 정보처리시스템의 박물관과 같은 것이다. 즉 호르몬 분비세포에서부터 시작해 무수신경 시스템, 유수신경 시스템, 그리고 어류, 양서류, 파충류, 원시포유류의 두뇌가 차곡차곡 역사적인 순서에 따라 배열되어 있다. 더구나 그들은 흔적기관으로서 단순한 골동품이 아니다. 그들은 그들 원래의 방식대로 아직도 기능을 하며 가장 중요한 역할을 한다.

마치 지금의 펜티엄(586)컴퓨터가 최초의 8086의 XT컴퓨터에서 진화되어 나오면서 8086의 기본적인 정보처리방식을 계속 유지하고 있는 것과 비슷한 것이다.

이렇게 전통은 위대한 것이며, 면면히 이어져 내려온다. 그 속에

힘과 경륜이 축적되는 것이다. 인간 두뇌의 진화도 전통을 무시하지 않고 오래된 전통 위에 새로운 방식을 교묘히 결합시키고 있는 것이다. 우리는 오래되고 낡은 것을 너무 쉽게 버리는 경향이 많다. 비록 일제시대에 세워진 건물들이지만 그 건물들은 매우 튼튼하고 나름대로 멋과 향수를 지니고 있는 건물들이다. 그러나 이제 좀 살만해졌다고 곳곳에서 일제시대의 건물을 헐어내고 네모 반듯한 콘크리트 건물로 바꿔 가고 있다. 기차역이 그렇고, 파출소 건물이 그렇고, 중앙박물관마저 쉽게 헐어 버렸다. 그러나 우리보다 훨씬 부자나라인 일본이나, 유럽각국에서는 몇 백 년 전의 목조건물을 그대로 쓰고 있다. 나는 메이지(明治)유신 때 세워진 일본의 어느 시골 초라한 목조 역사(驛舍)를 보고 그들이 결코 게을러서 그것을 그대로 방치한 것이 아니고 21세기의 첨단과학시대에도 전통을 지킨다는, 옛 것을 소홀히 하지 않는다는 넉넉함에 흠뻑 빠진 적이 있다.

우리는 흔히 젊은것들이 어른을 몰라본다고 나무라는 소리를 자주 듣는다. 그러나 젊은이들이 어른을 몰라보게 만든 것은 어른들 탓이 아닌지 반성해볼 일이다. 우리의 젊은이들은 자신을 있게 해준 전통을 알고 싶어도 알 길이 없다. 외국의 관광객들도 한국에 오면 온통 콘크리트 건물뿐 한국의 정취를 맛볼 만한 한국다운 곳이 드물다고 말한다. 마치 표본실의 박제처럼 각을 떠서 민속촌을 만들어 놓고 이것이 한국의 전통이요 하고 보여주지만 그것은 이미 죽어있는 전통에 지나지 않는다. 오히려 지리산 청학동처럼 한국의 전통을 지키는 마을을 양성적으로 살려나가야 살아있는 전통을 맛볼 수 있다.

우리의 경박함이 낡은 것을 박대하여 유물과 전통기술이 제대로 보전되지 않기 때문에 시간이 갈수록 우리 것을 잃게 된다. 고려청자나 금속활자처럼 되찾고 싶어도 다시 찾을 수 없게 된다. 뇌의 진화에서도 우리는 배울 점이 많은 것 같다. 뇌는 비록 오래된 기술이라고 쉽게 버리지 않고 그것을 바탕으로 오늘날의 훌륭한 구조물을 만들어냈다. 이처럼 인간의 두뇌는 어느 날 갑자기 생긴 것이 아니고 오랜 전통 위에서 서서히 진화해서 오늘날의 모습을 갖추게 되었다는 점을 알아야 한다. 온고지신(溫故之新)의 교훈을 되새겨볼 일이다.

뇌하수체

뇌하수체는 뇌 중에서도 가장 안전한 위치에 가장 튼튼하게 보호되어 있는 호르몬 분비 뇌이다.

뇌하수체는 뇌의 가장 안쪽 한가운데의 시상하부 아래에 위치하면 뇌하수체에 꼭 맞는 모양으로 파여 있는 터키안이라는 오목한 두개골에 둘러싸여 있다.

뇌하수체는 여러 가지 종류의 세포로 구성되어있고, 그들이 분비하는 호르몬은 10여 종류로 성장과 성기능 등을 관장한다. 즉 우리 몸의 형태를 만들고 생식을 위한 성기능을 관장하는 생명체의 아주 기본적인 역할을 하는 뇌이다.

뇌하수체가 없다면 생명체로서 존재가 불가능하며 존재의의를 상실하는 것과 같다. 뇌하수체와 시상하부는 가장 원초적인 호르몬 분비 뇌이며 인간을 비롯한 모든 동물의 기본적인 뇌이다. 특히 곤충에게는 변태 호르몬을 분비하여 성충을 만드는 중요한 뇌에 해당한다.

대뇌변연계

간뇌와 대뇌변연계를 이루는 조그만한 무수신경핵들은 대뇌 전체에 그 신경섬유망을 고루 만들어두고 있다. 그리고 척추 끝까지 그 신경섬유가 뻗어 있다. 이 무수신경은 호르몬보다 100나 빨리 정보를 전하지만 여전히 아날로그 정보를 다룬다고 했다. 즉 대뇌변연계의 무수신경은 아날로그적인 정보인 감정을 만들어낸다.

대뇌변연계는 원래 파충류나 원시포유동물 시절에는 변연계에 밀려나 있는 것이 아니고 두뇌의 대부분을 차지하고 있었는데, 인간으로 진화가 되면서 신피질의 대뇌가 크게 부풀어오르자 밑으로 속으로 밀려나 말 그대로 변연계가 되어버린 것이다.

물고기나 개구리 등의 하등동물들도 인간의 뇌와 같이 기본적인 구조는 모두 갖추고 있지만 이들이 충분히 발달하지 않았기 때문에 감정을 나타내는 표정 같은 것을 만들지는 못하지만, 포유류는 충분히 대뇌변연계가 발달했기 때문에 다양한 감정을 나타낸다.

대뇌변연계가 발달했다는 의미는 아주 중대하다. 대부분의 하등동물은 거의 독립적인 생활을 한다. 그들이 무리 지어 사는 것도 있지만 그 무리는 단순히 무리일 뿐 사회적인 구조를 갖춘 것은 아니다. 따라서 대화는 거의 필요가 없다. 그렇다고 일종의 신호 같은 것도 없는 것은 아니다. 서로는 서로를 인식할 수 있는 아주 간단한 대화채널은 있다.

하지만 포유류가 되면서부터 사정이 달라진다. 대부분의 포유류는 무리를 지어 산다. 거의 홀로 사는 호랑이나 표범도 있지만 그것은 그들이 무리 지어 사는 것보다 홀로 살아갈 만큼 충분히 강하고 그 편이 먹이를 구하기 쉽다는 이유 등이 있다. 하지만 대부분의 표유류는 작게는 가족집단에서 아주 거대한 무리를 이루고 사는 경우가 대부분이다. 그것은 단순한 무리가 아니라 그 무리 속에는 지도자가 있으며, 그를 따르는 부하무리와 보호받는 암컷과 새끼들이 유기적인 조직을 유지한다. 그러기 위해서는 서로 대화가 필요하다. 그 대화의 수단이 바로 감정이다.

여기서 잠깐 앞으로 되돌아가 다세포생물이 등장하면서 호르몬 분비세포가 나타나고 신경세포로 진화했던 이야기를 상기해 보자. 원래 독립적으로 살던 단세포생물들이 다세포생물이 되면서 세포들 간의 정보교환의 필요에 의해 호르몬 분비세포가 등장하게 되었다는 이야기를 했었다. 즉 독립적으로 살던 동물들이 점점 무리를 이루어사는 편이 번식이나 먹이를 얻는 일, 적을 방어하는 일에 효율적이라고 깨닫고 무리를 이룬다. 이것은 단세포생물들이 다세포생물로 진화한 것과 같은 이유이다. 그렇게 무리를 이루면서 그들 간에 점점 대화가 필요해진 것이다. 그 이유도 다세포생물의 경우와 같다. 그 대화는 바로 아날로그 정보를 전하는 감정이며 이를 위해 대뇌변연계가 발달한 것이다.

여기서 미리 이야기하지만 인간의 언어는 이 감정을 보다 효율적으로 원하는 상대에게만 전하기 위해 발달되었다고 볼 수 있다. 즉 얼굴로 드러내는 감정은 그것을 보는 모든 무리에게 전해진다. 그뿐 아니라 미묘한 내용을 전하기도 어렵다. 그래서 음성을 이용한 언어가 등장한다. 물론 이 음성도 처음에는 감정을 그대로 드러내는아날로그적인 울부짖음에서 시작되었다. 큰소리로 보다 오래 길게 할수록 자신의 감정이 그만큼 크고 깊다는 것을 뜻한다. 그 아날로그적인 음성이 디지털적인 신호로 바뀐 것이 바로 인간의 언어이다. 그래서 인간의 언어에는 아직도 아날로그적인 냄새가 남아있다. 흔히 아 다르고 어 다르다는 속담이 있는데 같은 말이라도 그 소리의 크기나 빠르기, 억양 등에 의해 감정이 미묘하게 달라진다. 그래서 우리는 흔히 거짓말도 쉽게 눈치챌 수 있는 것이다.

그러나 완전히 디지털적인 언어가 있다 그것은 바로 문자에 의한 언어이다. 문자로는 아날로그적인 감정을 음성처럼 살아있는 그대로 직접 나타낼 수 없게 된다.

드디어 두뇌 진화의 최고점인 디지털컴퓨터 대뇌 신피질이다. 대뇌 신피질은 인간에게서 가장 거대하게 발달한 부분으로 인간의 지적 능력을 직접 만들어 내는 부분이다.

신피질은 디지털정보를 전하는 유수신경으로 이루어졌으며 대뇌 변연계보다 100배나 빨리 디지털 정보를 처리한다. 신피질은 6층의 신경세포층으로 이루어져 있다. 이 6층의 신경세포는 원주형태로 그룹지어져서 작은 기능을 하는 하나의 모듈로서 작동하는 것으로 알려져 있다.

이들 6층의 신경세포는 원주 모양의 단위를 이루어 하나의 조그만 컴퓨터가 된다. 이 작은 기능단위들이 피질층에 넓게 약 100개 정도 모여서 보다 큰 기능단위인 시각령, 청각령, 브로카영역, 운동령 등의 영역을 만든다. 수직 방향에 연속해 있는 신경세포로 이루어지는 기본적인 단위로 조직되어 있다. 이들 작은 원주구조는 다음 4종류의 세포로 이루어진다.

1. 피질 아래의 구조, 시상의 특수 감각핵이나 운동핵으로부터 주요 입력을 받는다.
2. 피질의 다른 영역에서 입력을 받는 신경 세포.
3. 국소회로를 형성하여, 수직방향의 원주구조를 완성시키는 모든 개재신경세포.
4. 원주구조를 한 시상이나 다른 피질영역, 때로는 변연계에 결부된 출력세포.

대뇌 변연계와 신피질의 관계

지휘부와 행동부는 일방적인 관계일까? 즉 지휘부는 명령만 내리고 행동부는 명령을 수행하기만 하면 될까? 사실 이러한 일방적인 시스템은 결코 오래가지 못한다.

흔히 드라마에서 보듯이 부하들이 대장에게 강한 요구를 하는 것을 볼 수 있다. 저희들은 준비가 되었습니다. 명령만 내려주십시오 하고 대장을 독촉하는 장면이다. 즉 행동부가 지휘부에 오히려 자극을 주는 것이다. 이렇게 어떤 조직이라도 서로 자극을 주고받아야 한다.

예를 들어 군대조직을 보자. 군대에는 작전을 세우고 명령을 내리는 지휘부와 명령을 받아 수행하는 행동부대가 있다 지휘부는 먼저 자신들의 하부조직인 행동부대가 사기충천한지 확인해야 한다. 즉 행동부대는 항상 작전에 투입되도록 준비되어 있어야 한다. 즉 사기충천으로 항상 지휘부에 자극을 주어야 한다.

지휘부는 그런 자극을 받아 그럼 멋진 작전을 세울 수 있다고 생각하고 목표를 구체적으로 정하고 치밀한 작전도 세운다. 이 작전사항을 행동부대에 다시 전달하고 행동부대는 달성할 목표가 정해졌기 때문에 더욱 사기충천해 한다. 그리고 작전을 행동으로 옮긴다. 작전에 성공하면 서로가 더욱 자극을 받는다. 지휘부는 행동부대의 행동력을 믿게 되고, 행동부대는 지휘부의 치밀함을 믿을 수 있게 된다.

이것은 한 나라의 운영에서도 마찬가지다. 국민은 정부를 향해 여러 가지 요구를 하고 국민으로부터 자극 받은 정부는 그 요구들에 따라 구체적으로 국정방침을 세우고 국민에게 알린다. 그러면 국민은 국정을 수행하기 위해 열심히 일하고 그에 따라 국가목표를 이루기 위해 노력한다.

이러한 상호작용이 인간의 두뇌에서도 일어난다는 것은 신기하다. 아침이 되면 간뇌에서는 전 대뇌에 퍼져 있는 무수신경망을 통해 대뇌를 잠에서 깨워 각성시킨다. 잠에서 깨어난 대뇌(특히 전두연합야 부분)는 그날 무슨 일을 할 것인지 계획을 세운다. 그리고 그 계획은 의욕의 뇌인 대뇌 변연계에 보내진다. 대뇌에서 받은 계획내용을 보고 더욱 의욕이 솟구친다. 즉 이제 실천에 바로 옮길 수 있을 정도로 온몸을 긴장시키고 달구는 것이다.

이것은 흔히 아침에 일어나서 "자 오늘도 열심히, 힘차게 나아가자!" 하고 외치는 것으로 나타나기도 한다. 인간의 두뇌는 이처럼 일방적으로 명령을 내리는 시스템이 아니라 서로가 격려하고 상호작용하는 피드백 시스템인 것이다.

뇌간 망양체에서는 대뇌 전체에 무수신경섬유를 광대하게 분포시키고 있다. 그리고 이것으로 신경흥분을 전해서 대뇌의 각 부위가 깨어있게 한다.

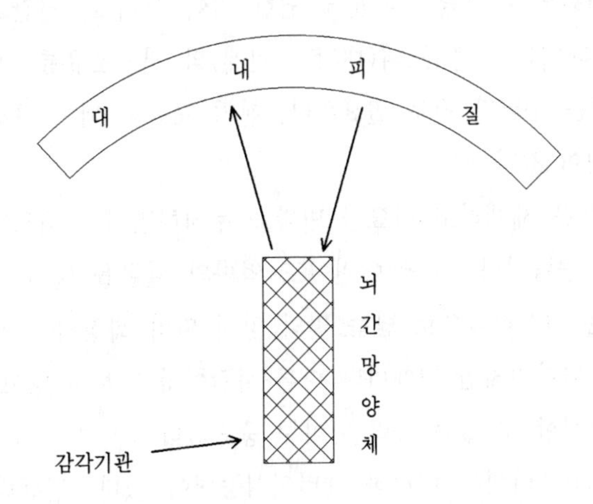

망양체는 온몸의 감각기관으로부터 각종 감각정보를 받고 있는데 이 중에서 중요한 정보를 즉각 대뇌에 전해서 그쪽으로 주의를 돌리게 만들기도 한다.

이와 같이 의식이 감각의 강도나 망양체의 자극에 의해 수동적으로만 유지되는 것은 아니다.

예를 들어 졸음이 쏟아져도 의식적으로 깨어있어야 한다고 스스로 강하게 자극하는 경우도 있다. 이때는 대뇌 피질에서 역으로 망양체를 자극하여 망양체를 깨우고 망양체가 다시 대뇌를 자극하도록 한다. 불면증도 이런 기구가 잘못 유지될 때 일어난다.

전기(前期)포유류 뇌

인간의 두뇌와 컴퓨터를 비교할 때 특히 인간적 요소라고 생각되는 것은 전기 포유류적인 뇌(=후기포유류 뇌의 우뇌)의 기능이다. 컴퓨터적인 지능은 인간에게도 있다. 이것은 후기 포유류 뇌의 좌뇌 기능이다.

새로 진화되어 나왔기 때문에 귀한 것이 아니고, 인간을 인간답게 하는 데에는 파충류 뇌(대뇌 변연계)와 전기포유류, 후기 포유류의 3계층 두뇌가 전부 필요하다. 전기 포유류 뇌는 특히 패턴인식과 관련이 깊다.

패턴인식은 세세하고 미묘한 변화를 무시하면서 전체적인 특징을 잡아내는 능력이다. 갓난 어린이도 엄마의 얼굴을 알아본다. 엄마의 얼굴은 시시각각으로 받는 빛의 양에 따라 화장의 여부에 따라 미묘하게 달라지지만 그때마다 다른 사람이라고 보지 않고 같은 사람으로 인식할 수 있는 능력은 아주 중요하다.

그러나 컴퓨터에는 이러한 패턴인식능력이 없다. 컴퓨터는 대소

문자의 착오도 봐 주지 않는다. 조그만 차이도 융통성 없이 넘기려 하지 않는 것이다. 이러한 컴퓨터의 고지식함 때문에 애를 먹을 때가 많다.

이 때문에 인간의 대뇌 신피질 중에서도 오른쪽 반구가 어떻게 패턴인식을 하는지에 대한 연구는 아주 활발하다. 패턴인식은 일종의 정보압축의 효과를 갖는 것으로 필요한 정보만을 골라내는 작업이다. 예를 들어 다음과 같이 전혀 다른 두 개의 그림을 보더라도 한글을 아는 사람은 모두 '가'라고 읽는다.

가 가

그러나 요즘에 한창 유행하는 문서인식기(OCR) 중에서 성능이 가장 좋은 프로그램도 이 둘을 같은 문자로 인식하지 못한다. 이 둘은 기하학적(글자를 구성하는 점들의 위치관계나 연결관계, 거리관계)으로 그 구조가 너무나 다르기 때문이다. 그러나 인간의 인식능력은 이러한 차이를 너무나 쉽게 극복하고 같은 문자로 인식한다. 놀랍지 않은가?

'이성의 뇌'인 좌뇌

인간은 호모 사피엔스, 즉 이성적 동물이라고 흔히들 일컬어왔고, '이성'을 가지고 있다는 점에서 다른 동물보다도 우월한 특징이 부여되었다는 신념에는 변화가 없었다.

인간을 제외한 동물들은 본능이나 감정적인 차원에서 행동한다. 가장 인간과 가깝다는 유인원도 매우 감정적이다. 즉 싫은 감정, 좋은 감정에 따라 행동한다. 그러나 인간은 가슴을 저미는 정 따위는 무시하고 냉철하게 이성적으로 행동한다. 귀여운 자식을 때리는 것도 모두 이성적인 판단이다. 자식의 아픔을 가슴에 묻고 자식의 성장을 바라며 회초리를 치켜드는 부모의 심정, 즉 감정과 이성의 미묘한 긴장을 자식은 알지 못한다.

2차 대전 당시 태평양의 한 무인도에 낙오된 일본군과 미군은 이 무인도에 오로지 그들만이 남았다는 것을 알고 휴전하며 함께 협력하여 그 무인도에서 생존을 도모한다. 그들은 서로 말도 잘 통하지 않지만 공존을 위해 부대끼면서 한국말로 미운정 고운정이 다들었다. 그런데 미군의 군함이 그 섬에 오게 되고 미군은 다시 돌아가게 된다. 이때 일본군 소좌는 이미 미군을 적이라고 결코 생각하지 않지만, 이제까지의 휴전은 미군함의 등장으로 모두 깨어지고 다시 서로 총을 겨누고 싸워야하는 적군이 되었다고 말한다.

일본군은 군인의 소임을 다해야 한다는 책임감으로 항복을 권하는 무인도의 친구인 미군들의 제의를 거절하고 눈물을 흘리며 선전포고와 함께 정글로 숨어든다. 그리고 그들은 그 정들었던 미군들의 무사귀환을 막기 위해 해안선에 진지를 구축하고 최후 일전을 감행한다. 그들은 그냥 정글에 숨어서 전쟁이 끝나기만을 기다릴 수도 있었고, 또는 항복할 수도 있었다. 그러나 그들은 처절하게도 정들었던 미군을 향해 총을 쏘아댄다. 결과는 화력이 열세인 일본군의 전멸로 끝난다. 젊은 나이에 무모한 전투로 숨을 거둔 일본군 소좌의 가슴에서 미군 장교는 일기장을 찾아낸다. 거기에는 그간 미군들과 무인도에서 살아남기 위해 고생했던 일들, 미군을 적이 아닌 자신들처럼 전장에 끌려나온 가여운 피해자로까지 보는 연민으로 가득 차 있었다.

그들은 왜 목숨을 버리면서까지 최후의 저항을 했을까? 그것도 이미 적이라고 생각지도 않는 상대를 향해서 그것은 그간의 모든 감정을 억누르고 이제는 일본제국 군인의 신분으로서 맡은 바 책임을 다해야 한다는 이성이 작용했기 때문이라고 생각한다. 이 일화의 처절한 아름다움은 얼마든지 모른 척할 수 있는 감정을 누르고 이성적인 판단에 성실하였다는 점이다. 아마 그들이 조용히 살아남았다면 이 이야기가 영화로까지 만들어지지는 않았을지도 모른다.

이처럼 얼음 같이 차가운 이성의 세계는 인간의 신피질 중에서도 왼쪽 반구에서 주로 담당하는 것이다. 인간의 IQ테스트는 이 좌뇌의 능력을 테스트하는 것이다. 즉 어휘력, 수리능력, 공간지각력 등이 그것이지만 이들 테스트를 해결하는 데는 오른쪽 뇌의 역할도 무시할 수 없기 때문에 IQ가 꼭 좌뇌만의 능력이라고 할 수는 없다. 아무튼 좌뇌는 기호처리 등의 논리적인 사고와 크게 관계 있는 것은 분명하다.

인간의 두뇌가 슈퍼컴퓨터보다 우수한 이유

인간의 두뇌 중에서 논리적인 분석력을 담당하고 있는 왼쪽 뇌의 신피질은 컴퓨터와 마찬가지로 튜링기계의 일종이라고 볼 수 있다. 그러나 인간의 뇌는 슈퍼컴퓨터에 비하면 기억용량과 속도에서는 비교가 되지 않을 정도로 형편없는 수준이다. 계산속도 면에서는 간단한 전자계산기만도 못하다. 그러나 인간의 두뇌는 분명 슈퍼컴퓨터보다 우수한 정보처리시스템이다.

그 이유는 바로 아날로그적인 정보처리와 디지털적인 정보처리를 동시에 할 수 있다는 점 때문이다. 특히 인간의 두뇌는 디지털 컴퓨터와 아날로그 컴퓨터가 교묘하게 결합되어 협력한다.

인간의 두뇌는 구체적으로 받아들인 아날로그 정보를 차근차근 디지털화함으로써 추상화한다. 정보를 추상화한다는 뜻은 정보를 가장 효율적으로 압축한다는 의미이다.

인간의 뇌가 아날로그 정보를 어떻게 추상화해 가는지 예를 들어 설명하면 다음과 같다.

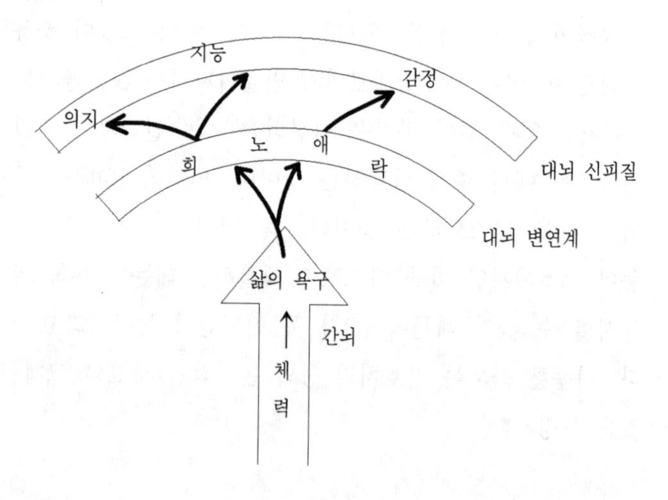

인간의 육체적인 에너지인 체력은 간뇌에서 강한 삶의 욕구로 승화되며, 그 삶의 욕구(식욕이나 성욕 등)는 대뇌 변연계에 의해 동물적인 의욕(意慾)으로 표출되고 그리고, 대뇌 신피질에 의해 인간적인 의지력으로 바뀌어 나타난다. 즉 동물적인 의욕은 아날로그 정보로서 이것이 대뇌 신피질에서는 좀더 추상화되어 의지력이라는 개념이 되어 나타난다.

그리고 삶의 욕구는 그것이 달성되거나 좌절될 때 대뇌 변연계의 원색적인 감정으로 드러난다. 그러나 인간이 되면 이 원색적인 감정은 대뇌신피질을 통해서 섬세하고 세련된 정서로 다듬어지고 예술로까지 승화된다.

인간의 뇌는 모든 자극과 감각을 이런 식으로 추상화해서 추상개념을 얻었던 것이다. 이러한 과정을 겪어서 얻은 추상적인 개념은 오랜 시간 동안 많은 사람들의 노력이 축적된 것이기도 하다. 그런데 학교에서는 이렇게 얻어진 추상적인 개념들을 바로 학생들이 받아들일 것을 요구한다. 이것은 사실 무리이다. 아직 젖도 떼지 않은 강아지에게 뼈다귀를 던져주고 먹으라는 것과 같다. 추상성이 높은 개념이 뼈다귀처럼 강하게 압축되어 딱딱하기 때문에 결코 소화시키기가 쉽지 않다.

지극히 추상성이 높은 디지털정보, 수학적인 개념이나 기호들을 학생들이 학습할 때는 교사는 그것을 그대로 학생들에게 제시해서는 안된다. 교사의 역할은 그 추상성이 높은 즉, 최대로 압축된 정보를 압축을 풀어서 학생들에게 보여주어야 한다. 그래야 학생들이 머리로 공부하는 것이 아니라 가슴으로 공부하게 되며 쉽게 납득할 수 있기 때문에 즐거워지는 것이다.

그럼 압축을 어떻게 푸는가? 압축을 푸는 방법은 압축을 했던 방법을 역으로 이용하면 된다. 즉 대뇌 신피질로 받아들인 디지털 정보를 대뇌 변연계로 보내면서 구체화시키고 감정을 집어넣어 주는 것이다. 그러면 그 정보는 좀더 실감나는 아날로그적인 정보로 바뀌어간다.

예를 들면 방정식을 그대로 강의할 것이 아니라 방정식을 연구했던 수학자들 이야기도 소개한다. 그들의 인간적인 고뇌를 수학으로 달래면서 수학을 연구했다는 이야기는 참으로 감동적이다. 그 어렵다는 수학도 결국 나와 같은 나약한 인간이 그 나약함을 이기기 위해 수학을 연구했다는 이야기는 학생들에 큰 위로가 되기도 한다.

실제로 필자는 20살의 나이에 죽어간 수학의 천재 갈르와의 이야기를 읽고 수학을 다시 보게 되었다. 그는 죽음을 앞둔 상황에서도 방정식을 연구하였다. 자신의 삶이 얼마 남지 않았다는 것을 예견하면서도 죽음의 공포를 잊고 바삐 수학에 대한 새로운 아이디어를 갈겨 써 내려갔다. 잠시 멈추어서 여백에 "아! 시간이 없다"라는 낙서를 하면서 써 내려간 그 수학은 도대체 무엇일까?

과연 수학이 죽음을 이길 만큼, 한 젊은이의 모든 것을 앗아갈 만큼 가치 있는 학문인가 하고 수학에 큰 매력을 느꼈고 결투전야를 꼬박 새우면서 생각했다는 군론이라는 수학이 어떤 수학인지 알기 위해 가장 싫어했던 수학을 열심히 공부했다.

나는 수학을 공부하면서 수없이 갈로와의 눈물을 보았다. 수식 하나, 공식 하나는 단순한 것이 아니다. 그것을 얻기 위해 수학자는 밤을 새워가며 그의 뇌수를 말리는 고뇌 속에서 얻어낸 것이다. 그야말로 아날로그 정보가 덕지덕지 붙어 있는데 우리의 교육현장은 그것을 보지 못하며 그것을 무시한다. 그것은 우리의 두뇌구조를 무시한 학습법이기도 하다.

자신의 천재성을 인정해 주지 않는 부패한 세상을 혁명으로 뒤엎겠다는 투지를 불사르며 수학을 연구했다는 이야기는 나의 가슴에 깊이 그 수학을 새겨주었다. 어려운 수학기호도 아날로그적인 감정과 함께 익히면 쉽게 기억된다. 즉 수학교육은 수학사 교육을 병행함으로써 좋은 효과를 올릴 수 있다고 생각한다. 대부분의 학생들이 왜 삼각함수를 배우는지, 이런 것이 어떤 계기로 어떤 순서를 밟아 연구되었는지에 대한 의아심에 가득차 있다는 점에 주목해야 한다. 너희는 이것만 알면 된다는 것이 아니라 학생들이 알고 싶은 호기심이 생기게 하고 알고자 하는 것을 알 수 있도록 모든 것을 제공하여야 한다. 단지 교과서 하나만 주면 모두 해주었다고 팔짱 끼어서는 안 된다.

감동이 없는 교육이 어떻게 학생들의 머리에 남아 있기를 바라겠는가? 인간의 뇌는 슈퍼컴퓨터보다 우월하다. 그 이유는 아날로그 정보를 이용하기 때문이다. 우리의 교육현장도 온통 디지털 정보만 담겨 있는 교과서 중심의 교육을 벗어나 아날로그 정보가 풍부한 살아있는 교육의 장으로 바뀌어야 겠다.

디지털과 아날로그의 결합

지금의 컴퓨터 기술에서는 아날로그 컴퓨터와 디지털 컴퓨터가 인간처럼 효율적으로 결합되지 않고 있다.

인간의 뇌가 어떻게 두 가지 형태의 정보를 결합하고 있는지 자세히 살펴보아야 한다. 인간의 두뇌는 아날로그 컴퓨터에 디지털 컴퓨터가 군데군데 산재되어있는 형태라고 할 수 있다.

즉 무수신경의 섬유가 대뇌에 광역적으로 분포한다. 그래서 광역분포 무수신경이라고 부르기도 한다. 그런 네트워크망에 유수신경의 대뇌 신피질의 원주구조를 한 작은 기능을 가진 디지털 컴퓨터가 결합되어 있는 것이다. 그래서 뇌 전체에는 항상 아날로그 정보가 흐르고 있다. 이것이 바로 배경이 되는 분위기라는 것이다. 그렇게 분위기가 형성되고, 그 속에서 분명하고 명확한 디지털적인 개념이 솟아 나온다. 마치 스프 국물 속에 고기 건데기가 둥둥 떠있는 모양이라고 할 수 있다.

아날로그 정보는 어릴 적의 기억과 비교되면서 증폭되고 감소되면서 디지털 정보로 바뀌어 간다.

요즘에 인간의 지능지수 즉 대뇌 신피질의 능력보다 대뇌 변연계쪽의 감성지수를 더욱 크게 부각시키고 있다. 뇌의 해부학적, 기능적 측면을 보아도 지능보다는 감성이, 그리고 감성보다 기본적인 삶의 의욕이 더욱 중요하다는 것을 알 수 있다.

뇌의 비밀

뇌의 과학은 뇌의 정체는 무엇인가? 라는 소박한 의문에서 비롯된 것이다. 거기서 더 나아가 동물은 왜 뇌를 갖추고 있는가? 식물은 왜 뇌가 필요 없었을까? 그 답으로 움직일 필요와 불필요 때문이라고 말했다. 그럼 왜 동물은 움직여야 하고 식물은 움직일 필요가 없을까? 그것은 이들이 종속영양인가 독립영양인가의 차이점 때문이라는 것에서 왔다.

결국 뇌는 종속영양으로부터 비롯된 것이라는 이야기다. 그 뇌가 만들어 내는 신비한 정신이라는 현상도 종속영양의 결과라는 이야기다. 결국 인간의 정신은 남을 이용하고 의존하는 나약한 존재인가? 그렇다. 인간의 정신은 홀로 존재할 수 없다. 요즘에 독신주의 때문은 아니겠지만 홀로 사는 가구가 늘어나고 있다. 이것은 정신병리학상으로 결코 바람직한 현상이 아님을 명심해야 한다.

아무리 고고한 신선이라도 대화의 상대가 필요하며 그 속에서 존재가치가 빛난다. 인간의 본능 중에서 가장 오래 유지되는 것은 집단본능이라고 한다. 인간에게 가장 가혹한 벌은 독방에 가두는 것이다. 인간은 항상 집단 속에서 자신의 존재를 확인 받는 종속영양적인 시스템이다.

의식도 뇌라는 물질적 기반에 강하게 종속되어 있는 것이다. 이 말을 유물론이라고 오해말기 바란다. 촛불은 분명 초라는 물질에 종속되어 있다. 그렇다고 유물론자처럼 촛불을 초에서 발현된 현상에 지나지 않는다고 덮어두기는 어렵다. 초는 어둠을 밝힐 수 없지만 촛불은 어둠을 밝히는 능력이 있기 때문이다. 뇌는 분명 의식의 물질적인 기반이지만 뇌가 곧 의식은 아니라는 이야기다.

앞으로 뇌의 비밀은 급속도로 벗겨질 것이다. 그것으로부터 우리의 뇌에 대한 여러 가지 의문도 풀리게 될 것이다. 그리고 여러 가지 심리현상도 그 실체가 드러날 것이다.

생명시스템의 계층성

이렇게 고도의 정신현상을 만들어내는 생명시스템은 계층성을 가지고 있는데 그 내용을 자세히 알아본다. 지금으로부터 40억 년 전 최초로 등장했던 우리 모두의 조상인 원시생명체는 현재의 박테리아 같은 원핵세포로 추정되고 있다. 이 단순한 생명체는 여러 가지 변화를 겪으면서 놀라울 정도로 다양하게 진화해서 전 지구상에 번영하게 된다. 생명체는 물질의 계층시스템과는 양상이 조금 다르다. 그 차이가 무생물과 생물의 차이를 가져오는지도 모른다.

가장 단순한 태초의 원핵생명체를 계층시스템으로 살펴보면 우선 크게 4가지의 고분자복합체(초고분자)로 이루어져 있다. 생명활동에 대한 모든 정보를 가지고 있는 핵질은 단백질과 DNA가 결합하여 실을 뭉쳐놓은 것처럼 되어 있고, 세포질은 엄청난 수의 리보솜이 들어 있다. 그리고 이들을 둘러싼 지방질의 이중막인 세포막이 있고, 그 외벽은 세포막보다 더 튼튼한 세포벽으로 보호되고 있다. 여기에 단백질을 만들어 내는 데 필요한 전령 RNA, 전이 RNA, 여러 가지 생명활동을 촉발하는 효소들인 고분자 화합물이 있으며, 세포의 에너지원인 ATP, 글루코스, 아미노산, 물 등의 저분자 화합물, 그리고 칼륨, 나트륨, 수소이온 등의 원자수준에 이르기까지 여러 계층의 구조물들이 동시에 활동하여 복잡한 생명현상을 만들어낸다. 원핵세포의 DNA는 한 가닥의 환상형으로 한 점에서 세포막에 고정되어 관리된다.

원핵세포는 처음으로 물질대사라는 기능을 갖춘 가장 간단한 생

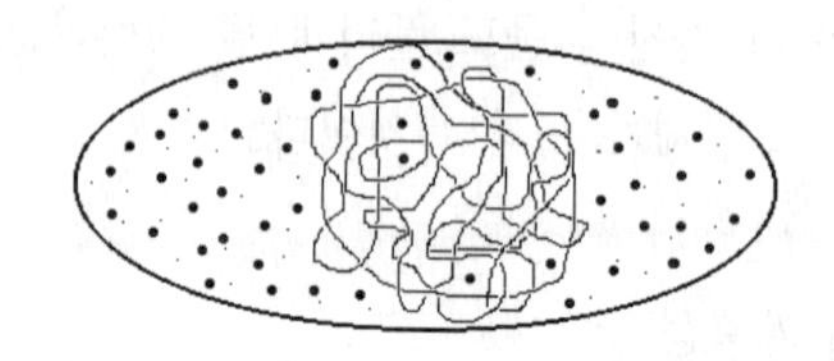

명체이다. 이 원핵세포들 중에서 딱딱한 세포벽을 갖지 않는 마이코플라즈마 같은 종류의 원핵세포들이 융합하여 거대해지고, 여기에 산소호흡을 하거나 광합성을 하는 원핵세포들이 공생하여, 단상의 진핵세포로 진화한다.

이 단상 진핵세포는 원핵세포의 세포막보다 더 탄력적이어서 소포체, 골기체, 리소좀, 핵막 등 복잡한 세포 내막계를 발달시키고 세포내 골격계가 발달하여 원핵세포보다 다양한 생명현상을 보여준다.

단상진핵세포는 원핵세포를 서브시스템으로서 포함하고 원핵세포보다 기능적으로 복잡하기 때문에 한 계층 위에 있는 상부구조이다.

단상(單相) 세포란 종(種)에 따라서 살아가는 데 반드시 필요한 기본적인 개수의 염색체를 갖춘 세포이다. 사람의 경우는 23쌍(46개)의 염색체가 반드시 필요하고, 초파리의 경우에는 8개, 말은 64개이다. 개개의 염색체의 길이는 불규칙하기 때문에 염색체의 수가 진화의 정도를 말해 주지는 않는다. 즉 전체 유전정보량이 중요한 것이다. 이에 대해 복상(複相)세포는 생명유지에 필요한 염색체를 2배나 가지고 있는 세포이다. 하나는 아버지에게서 다른 하나는 어머니에게서 물려받은 것으로 한 쌍을 이룬다. 그래서 이것을 상동염색체라고 부른다.

단상 진핵세포는 접합의 과정을 통해 복상의 진핵세포가 된다.

복상 진핵세포는 단순한 세포덩어리에 지나지 않는 다세포생물에서부터 세포의 수가 어느 한계를 넘어서면 조직의 재구성이 일어나서 새로운 구조가 출현하는 복잡한 동물들까지 진화했다. 이 새로운 체제의 첫 번째가 바로 상피체제이다.

2배엽동물-상피체제

상피체제를 갖는 동물은 낭배(囊胚)기의 강장동물이다. 상피체제로 넘어가기 전에 우선 포배기 동물을 살펴보자. 다음은 포배기 시기를 나타내는 그림이다. 한겹의 세포막으로 이루어진 공모양이다. 작은 원(○)은 하나의 복상 진핵세포를 뜻한다. 포배기는 단순한 세포덩어리에 지나지 않는다고 할 수 있다.

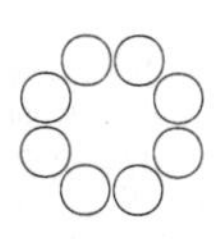

포배기 동물로 해면동물이 있지만 이들은 너무 원시적이어서 하나의 개체로 인정받지 못하기도 한다.

하지만 포배기는 낭배기를 형성하는 단위로 볼 수 있다. 다음 그림은 포배기가 모여 낭배기를 형성하는 것을 나타내는 그림이다. 이처럼 낭배기가 단순히 포배기의 다음 단계가 아니고 계층적으로 한 단계 위의 구조인 것이다. 즉, 포배기가 단세포가 모인 1계층 구조물이라고 하면 낭배기는 이들 포배기가 모인 2계층 구조물이다. 2계층 구조의 세포집합이 2배엽 동물이 되는 것이다.

상피조직의 세포는 매우 단단하게 결합하여 서로 밀접한 기능단위를 이룬다. 무척추동물은 격막(septate)결합으로 단단하게 결합되어 있다. 상피는 이러한 결합조직이 반복되기 때문에 끝이 없다. 따라서 상피체제는 공처럼 닫힌 구조를 해야 한다. 한편 결합구조는 분자를 거의 통과시키지 않는다. 이 때문에 상피로 둘러싸인 공간은 외부와 다른 분자조성을 갖는다. 이곳에 세포외 매트릭스라는 입체적인 분자망을 형성한다.

상피체제는 세포외 소화기관인 강장(腔腸)의 등장으로 대량의 영양물질을 처리할 수 있게 되어 다른 세포를 양육할 수 있는 여유가 생긴다. 이것으로 상피체제의 동물은 영양섭취를 전문으로 하는 소화점막상피인 내배엽 세포와 외부환경 정보를 수집하고 먹이를 포획하는 외배엽 상피세포로 분화된다. 우리 몸의 피부조직은 우리 몸을 감싸는 보호막일 뿐만 아니라 외부의 정보를 수집하고 먹이를 취하는 기관이다. 참고로 단상 세포로 이루어진 상피체제는 없다는 점을 덧붙인다.

3배엽 동물

2배엽 동물보다 상위 계층의 동물이 3배엽 동물이다. 1947년에 호주 남부의 에디아카라(Ediacara) 언덕의 사암에서 7억 년 전의 것으로 보이는 해파리를 닮은 화석을 발견했다. 이들 에디아카라 동물들은 근육, 신경, 먹이잡는 기관 등이 고도로 분화된 조직을 가진 다세포생물이며, 현생동물처럼 잘 발달된 유성생식을 했다는 것이 아델레이드 대학의 글래스너(Glaessner) 교수의 연구로 밝혀졌다. 이 에디아카라 동물들은 2배엽성 동물들로 초식성이고 매우 부드러운 몸통을 가지고 살았다. 그런데 이들을 먹이로 하는 강력한 포식자가 나타나 이들을 닥치는 대로 잡아먹고 크게 번성하였을 것이라고 과학자들은 추정한다. 이러한 위기에 당면한 초식성 생물들은 새로운 방어장비를 갖추지 않으면 안 되었다. 그래서 등장한 것이 단단한 껍질을 가진 3배엽성 생물이다. 이들은 2배엽 동물보다 훨씬 뛰어난 기능을 갖추었기 때문에 폭발적으로 번식하고 이러한 세력에 밀려 에디아카라 동물군은 멸종하고 만다. 이것을 캄브리아기 대폭발이라고 한다.

이때까지 종의 수가 50개에 머물던 것이 10,000종 이상으로 폭발적인 진화를 가져온다. 캄브리아 대폭발의 특징 중 하나는 몸통 디자인의 다양성이라는 것이다. 크기도 1cm에서 60cm까지 다양하고 다리의 개수나 눈의 수, 입의 구조 등에서 개성이 뚜렷하다.

캄브리아기 동물의 외피는 각질(角質)이거나 키틴질이다. 그리고 석회질의 외피는 올도비스기에 나타난다.

캄브리아기는 우리가 지금 볼 수 있는 모든 생명의 원형이 등장하여 그 우월성을 시험받던 시기이다. 갖가지 시스템의 생명이 생겨났지만 대부분이 이 시험을 통과하지 못하고 멸종하였으며 지구상에는 크게 곤충류와 척추동물류가 살아남게 된 것이다.

이러한 3배엽 동물은 2배엽 동물을 기본단위로 삼고 있다.

즉 3계층 구조의 세포집합은 외배엽, 내배엽, 중배엽을 갖춘 3배엽 동물이 된다.

3배엽 동물에는 가장 원시적인 간충직 체제의 동물부터 상피체강 체제의 동물이 있다.

간충직 체제

상피 체제의 성장에는 뚜렷한 한계가 있다. 얇은 두 겹의 상피로는 거대한 몸을 만들어 지탱할 수 없는 것이다. 그래서 내외 상피 사이의 공간에 콜라겐, 피브로넥틴, 흡수성 다당류를 많이 넣어 물을 흡수하게 하여 부풀린다. 이것이 간충직 체제이다. 이렇게 물의 팽압을 이용해서 체형을 유지하기 때문에 이것을 정수압성 골격이라고 부른다. 정수압성 골격을 갖춘 동물은 상피 체제 동물이 위와 아래의 구분이 있는 것에 비해 배와 등이라는 새로운 구분이 생긴다. 운동기구가 발달하지 못한 상피 체제의 동물은 고정된 자리에서 생활할 수밖에 없다. 에디아카라 동물들은 고착생활이나 부유생활을 하는 것이 많다. 이에 비해 간충직 체제는 더욱 거대해진 몸을 먹여 살리기 위해서라도 먹이를 찾아 돌아다니지 않으면 안되게 되어 수면 바닥을 기어다니기 시작한다. 여기서 등과 배의 구분이 생기고 동시에 앞과 뒤의 구분도 생긴다. 그리고 배 쪽에는 이러한 이동을 하기 위한 근육과 신경이 발달한다. 간충직 체제의 동물로는 편형동물이 있다. 에디아카란기에 등장했던 포식자는 편형동물 같은 존재였는지도 모른다.

그러나 간충직 체제도 성장에 한계가 있다. 아무리 체형이 커져도 몸통의 두께가 6mm를 넘지 못한다. 그 이상이 되면 정수압성 골격을 유지하는 간충직 내의 가느다란 근육이 물의 무게를 견디지 못하고 끊어지기 때문이다. 큐티클라를 분비해서 몸통을 더욱 강하게 만든 위체강류도 15mm 정도이다.

여기서 생명체는 다시 비약적으로 시스템을 재조직하지 않으면 안된다. 시스템의 재조직은 지금까지의 조직을 밑바탕으로 하여 새로운 상부구조를 형성하는 것이다. 그것이 바로 상피체강 체제이다.

상피체강 체제

간충직 내에 중배엽이라는 조직을 만든 것이 상피체강 체제이다. 중배엽은 일종의 수분 저장탱크라고 할 만큼 체액으로 차 있다. 이렇게 생명체는 몸 안에 수분 저장탱크를 갖춤으로써 처음으로 물을 떠나서 보다 장시간 존재할 수 있게 된다. 그리고 결합조직을 발달시켜 체벽을 강화하면 얼마든지 체형을 거대하게 만들 수도 있다.

중배엽의 존재는 여러 가지 기관을 만들 수 있는 가능성을 열어주고 수분의 비열이 크다는 것을 이용해서 체온유지에도 커다란 역할을 한다.

상피체강 체제는 진화를 통해 다양한 생물로 분화하는데 특히 등쪽의 외배엽이 내부로 함입하면서 척색이라고 하는 고도의 신경계를 만든다. 외배엽에서 유래하였기 때문에 이 신경계의 주된 임무는 외부환경에 대한 정보수집과 처리이다. 이렇게 등쪽에 생긴 신경계 때문인지는 몰라도 생명체는 수면 바닥에 더 이상 관심을 보이지 않고 수면 위쪽에 관심을 두고 물 속을 보다 멀리 헤엄쳐 나간다. 그리고 더욱 빨리 헤엄치기 위해 근육섬유를 발달시키고 더욱 커진 몸통을 지탱하고 염분이 없는 곳에서도 살아남기 위해 칼슘으로 이루어진 내골격을 갖춘다. 그리고 이 동물은 드디어 육상으로 올라오고 이성을 갖춘 인간으로까지 진화한다. 앞의 표는 각 생명체의 계층단위와 상위계층에서 창발된 새로운 기능을 정리하였다.

<table>
<tr><th colspan="2" rowspan="2">생명 계층 단위</th><th colspan="4">창발된 새로운 기능</th></tr>
<tr><th>영양물 섭취방법</th><th>생식방법</th><th>운동기구</th><th>체형유지</th></tr>
<tr><td colspan="2">원핵세포</td><td>세포막수송</td><td>무사분열</td><td rowspan="3">편모</td><td>세포막</td></tr>
<tr><td colspan="2">단상 진핵세포</td><td>식세포작용
(세포내 소화)</td><td>유사분열</td><td rowspan="3">세포내 골격</td></tr>
<tr><td colspan="2">복상 진핵세포</td><td>영양세포 분화</td><td>유성생식</td></tr>
<tr><td>2배엽체제</td><td>상피 체제</td><td rowspan="3">세포외 소화</td><td rowspan="3">개체발생</td><td>근섬유와
산만신경계</td></tr>
<tr><td rowspan="2">3배엽체제</td><td>간충직 체제</td><td>근육세포</td><td rowspan="2">정수압
성골격</td></tr>
<tr><td>상피체강 체제</td><td>근육세포</td></tr>
</table>

시스템 성장의 한계

시스템의 성장에는 한계가 있다고 앞에서 이야기했다. 시스템이

성장의 한계에 도달하면 시스템은 둘로 분할되어 다시 성장하기를 반복한다. 이 경우는 시스템이 단순한 경우이다. 그리고 이러한 분할에도 한계가 있어서 똑같은 시스템이 언제까지나 유지되는 것은 아니다. 모든 시스템은 어떤 형태로든 성장의 한계를 가지고 있으며, 결국에는 멸종이나 멸망에 이르기도 한다. 그러한 한계를 극복하는 하나의 방법으로서 시스템의 내부구조를 크게 변화시키거나 계층시스템으로 비약하는 것이다. 여기서는 시스템 성장에 왜 한계가 있는지 그 근본적인 이유를 탐구해 본다.

자기조직 임계(self-organized criticality) 현상

인더스문명의 붕괴, 마야문명의 붕괴, 1980년대 말 옛 소련의 붕괴, 그리고 앞으로 있을 북한의 붕괴에는 어떤 공통점이 있을까?

어떤 시스템이 처음에 조직되면 급속히 성장한다. 그리고 성장의 한계점에 도달하면서 시스템은 곳곳에서 경직되기 시작한다. 매너리즘에 빠진 것이다. 그리고 그 경직성은 환경의 조그만 요동으로도 시스템을 붕괴시키게 된다. 마치 딱딱한 도자기가 외부의 충격으로 쉽게 부서지듯이 시스템이 일시에 붕괴되어 부서진다.

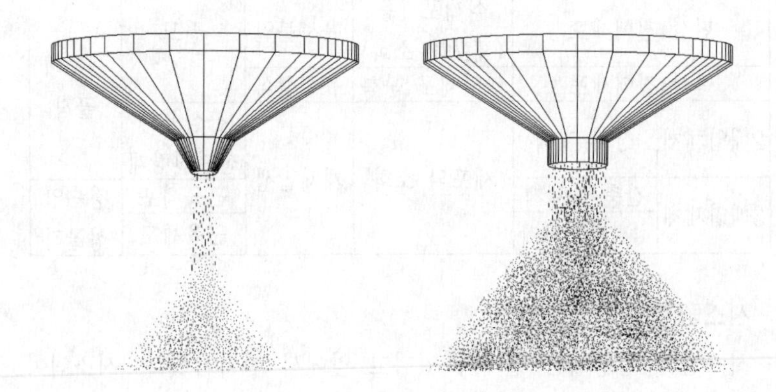

경직된 북한체제도 반드시 붕괴한다. 북한보다 더욱더 쇄국적이고 구태의연했던 과거의 통일신라, 고려, 그리고 쇄국의 기치를 높이 처 들었던 조선도 모두 붕괴되었다. 경직된 조직은 외부의 요동에 의해 쉽게 붕괴되는 것이다. 이러한 시스템의 붕괴는 우리 주변에서 얼마든지 쉽게 찾아볼 수 있다.

생물들의 대 멸종은 지금까지 5번이나 있었다. 과거 지구상 각기 다른 환경에서 전혀 다른 종의 생물들이 태어났는데 이들은 한동안 크게 번성하다가 결국에는 파국을 맞이하였다. 어떤 것은 화석이라도 남겨서 그 존재를 알리고 있지만, 대부분의 생물들이 흔적도 없이 사라지고 말았다. 거기에는 어떤 공통점이 있는 것이다.

결국 일반적으로 시스템의 탄생과 번영, 그리고 쇠망에는 어떤 법칙성이 숨어있는 것이 아닌가? 하는 의문이 든다. 그것을 밝히고자 하는 것이 바로 자기조직화의 임계현상에 대한 이론이다.

덴마크 출신의 물리학자 페르 백(Per Bak), 신하(S. Sinha), 챠오 탕(Chao Tang), 바이젠펠트(Kurt Weisenfeld) 등은 전하밀도파동이라는 응집물질현상을 연구하면서 자기조직 임계현상을 발견했다. 프리고진이 발견한 자기조직 현상에는 아무리 상황을 좋게 해주어도 어디까지나 자기조직화가 일어나는 것이 아니고 어떤 임계가 있다는 것이다. 이러한 자기 조직임계현상을 모래산사태라는 모델로 설명하고 있다.

지금 다음 그림처럼 깔때기 구멍을 통해 모래를 아래로 떨어뜨려서 모래산을 만든다. 모래가 떨어지는 구멍의 크기와 모래산의 크기는 비례한다.

모래산은 위에서 떨어지는 모래를 받아 자랄 수 있는 최대한의 한계까지 스스로 자란다. 즉 바닷가에서 어린이들이 손으로 다독이

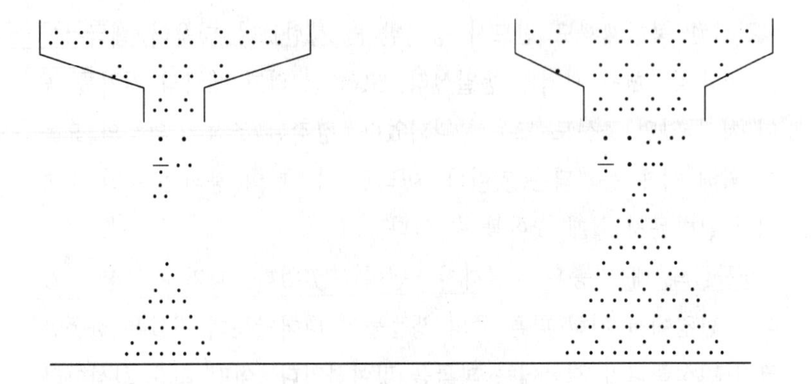

면서 만드는 모래산이 아니라 쌓여서 만들어진 모래산이다. 모래가 떨어지는 구멍이 클수록 모래는 넓은 바닥에 기초를 만들기 때문에 보다 높은 모래산을 만들 수 있다. 그러나 그 한계에 도달하면 모래산은 더 이상 자라지 못하고 만다. 위에서 공급되는 모래와 아래로 흘러내리는 모래의 양이 같아져버리기 때문이다. 특히 모래산이 최대로 커지면 모래산은 매우 불안정해진다. 여기에 모래알이 하나라도 첨가되면 모래산은 사태를 일으켜서 한 구석이 크게 무너지기도 한다.

주어진 충격(원인)의 크기는 항상 같아도 결과는 여러 가지로 크기의 산사태로 나타난다. 산사태가 일어나는 회수(확률, p)와 산사태의 크기(M)는 동시에 지수함수적으로 작게 되는 것이 아니고, 반비례적($p \fallingdotseq 1/M\alpha$; $\alpha \fallingdotseq 1$)으로 작게 된다(멱 법칙).

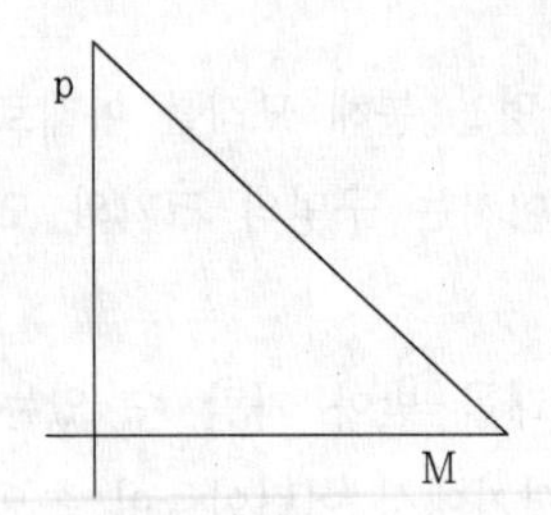

멱 법칙은 사태와 그 후의 사태간에 상관관계가 있음을 가리킨다. 즉 일반적으로 한 번 산사태가 일어나면 다음에 그 장소에서 또 산사태가 일어나기는 어렵다.

상관이 없는 경우는 지수함수적으로 된다. 예를 들면 동전을 던져, 앞이 나오면 1점을 얻고, 뒤가 나오면 0점을 얻는 게임을 생각한다.

동전 던지기할 때 앞이 나와도 그 결과가 다음의 동전의 던지기에 영향을 주지 않는다. 즉 상관이 없다. 큰 점수를 얻기 위해서는 계속 앞이 나오지 않으면 안되지만, 이것이 일어날 확률은 지수함수적으로 작아진다.

산사태를 시간적으로 관찰하면 모래는 일정하게 계속 떨어지는데 작은 산사태나 큰 사태가 일어나, 산사태의 크기의 시계열은 1/f 요동(시계열 안에 진동수가 f인 성분이 1/f에 비례하는 만큼 포함되는 이 시계열은 주기적인 것과 잡음의 중간에 해당한다. 자세한 것은 『프랙탈과 카오스』 참조)이 된다. 즉 작은 산사태는 자주 일어나고 큰 산사태일수록 어쩌다 한 번 일어난다.

백(Per Bak)은, 자연에서 자주 관찰되는 1/f 요동의 프랙탈(fractal) 구조는 이 자기조직적 임계현상에 의한 것이라고 설명한다.

특히 큰 산사태는 모래산의 크기가 최대의 임계치에 이르러서 발생한다. 이 때문에 모래산의 크기는 작아지고 다시 모래산은 새롭게 성장하는 것이다. 마치 생명의 역사에서 공룡과 같이 일시에 대량의 멸종이 일어나면 생태계는 크게 위축되었다가 다시 서서히 새로운 모습으로 성장하는 것과 유사하다고 할 수 있다.

조금씩 일정하게 공급되는 에너지는 자기조직화를 일으키는 원동력이 된다. 이 에너지는 조금씩 조직을 만들어 간다. 마치 조금씩 떨어지는 모래알들이 하나하나 쌓여서 모래산을 만들어 가는 것과 같다.

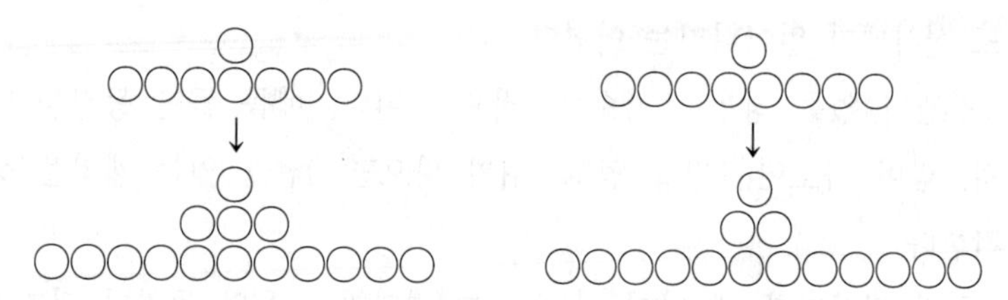

최초의 가장 작은 모래산의 두 형태 중 하나는 불안정한 모래산이고 다른 하나는 아주 안정된 모래산이다. 불안정한 모래산은 곧 안정된 형태로 변하거나 그러기 전에 새로 첨가되는 모래들에 의해 불안정한 상태로 고정되어 버린다. 이렇게 안정된 상태와 불안정한 상태가 혼합되어 자연의 모래산이 형성된다. 그러나 불안정한 상태

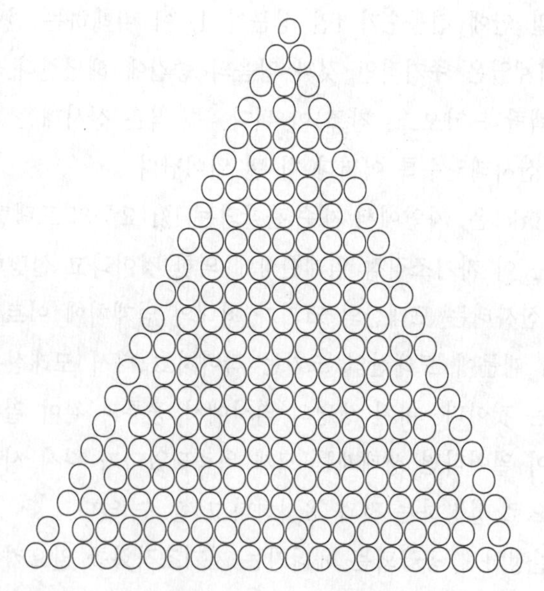

최대의 높이를 갖는 모래산의 구조

보다 안정된 상태가 훨씬 많다는 것은 확률적으로 알 수 있다. 그래서 큰 산사태는 자주 일어나지 않는다. 큰 산사태는 산 내부 깊은 곳에 자리잡은 불안정한 모래에게까지 그 여파가 전달되어 일어나기 때문이다.

이웃하는 모래기둥의 기울기가 충분히 작으면 모래산은 흘러내리지 않는다. 그러나 기울기가 커지면 미끌어져 쏟아진다. 최대의 높이를 갖는 모래산에는 기울기가 큰 모래기둥이 많이 생긴다. 여기에 모래알 하나만 더해지면 이것이 방아쇠가 되어 커다란 산사태가 일어나게 된다.

이렇게 시스템은 성장하면서 자신을 붕괴시킬 자폭용의 폭탄까지 만들어가는 것이다. 방글라데시인들은 오랜 세월 동안 일곱 명의 아이를 낳는 것이 그들의 오랜 전통이고 습속이 되어 버렸다. 그래서 그들은 인구폭발로 인한 대재앙을 알면서도 아무런 조처를 취하지 못하는 것이다. 그것은 바로 자살과 같기 때문이다. 일곱의 아이를 낳는 것이 바로 방글라데시의 본질이라면 아무리 그 때문에 미래가 암담할지라도 포기할 수는 없는 노릇 아닌가?

나라는 존재 자체가 나를 점점 파멸로 이끌어간다고 해서 나를 죽일 수는 없는 것처럼 말이다. 이것은 종래의 연구방법이 이러한 현상에는 유효하지 않다는 것을 의미한다. 페르백은 대지진이나 경제공황, 공룡의 멸종은 자기조직적 임계상태에 의한 것으로 이러한 현상들의 어떤 특별한 원인을 찾아 나서는 것은 어리석은 일이라고 주장하고 있다.

공룡멸종의 원인을 놓고 과학자들은 오랫동안 많은 연구비를 쏟아가며 연구했다. 거대운석의 충돌로 인한 지구기온의 변화가 공룡을 멸종케 했다고 주장하는 사람, 공룡 알을 훔쳐먹는 작은 포유류 때문에 멸종케 되었다고 주장하는 사람 등등.

그러나 그런 환경 속에서도 똑같은 파충류였던 뱀, 악어 등은 멸종되지 않고 살아남았다. 공룡이 멸망한 것은 자기 내부에 멸종의 원인을 이미 만들고 있었던 것이 외부의 작은 충격으로 그것을 드러낸 것에 불과하다.

같은 이치로 대제국 로마 멸망의 원인을 찾는 사학자들도 같은 잘못을 범하고 있다. 로마가 멸망한 원인으로 납으로 만든 상수도 시설을 드는 사람, 귀족계급의 사치를 드는 사람들이 있다. 그러나 이미 로마는 자기조직의 임계점에 도달해 있었다. 더 이상 제국의 영토를 넓혀갈 수 없게 된 것이다. 즉 로마의 성장은 멈추고 이제 늙어가기 시작한 것이다. 로마를 일으켰던 처음의 정신은 사라지고 말과 보병이라는 군사력으로 제국을 조직해 왔던 자기조직의 기구가 이제 한계를 드러낸 것이다. 로마는 더 이상 성장할 새로운 먹이감을 잃어버린 것이다. 이제 로마의 군사조직은 무용지물로 변해가기 시작했다. 로마는 점점 활력을 잃어간 것이다. 그리고 로마는 경직되어 간다. 로마의 내부에서 증가하는 엔트로피를 더 이상 흡수할 능력을 상실하게 된다. 여기에 로마가 한참 융성했을 때 게르만은 야만인으로서 감히 로마에 대적할 수 없었다. 게르만족의 침입은 마치 감기와 같은 것이다. 그러나 에이즈에 걸린 환자에게는 감기라도 치명적인 병인 것처럼 게르만 침입이라는 작은 충격이 경직된 로마를 급격하게 붕괴시키게 된다. 게르만 침입이 없었더라도 로마는 내부로부터 굳어지기 시작하여 죽은 시스템이 되었을 것이다.

그리스의 멸망도 마찬가지다. 그리스는 지중해라는 호수에서 번성해 가는 산호와도 같은 것이었다. 그러나 더 이상 식민지화할 만한 곳을 잃자 몰락의 길로 빠지게 된다. 호수의 가장자리를 모두

메운 산호들이 더 이상 성장치 못한 것처럼 말이다. 이처럼 문명의 흥망성쇠란 인간들이 환경을 어떻게 인식하는가에 따라 서로 다른 시기에 서로 다른 문화적 선택을 하게 되는 일종의 자기조직화와 그 임계현상이다.

생명체 즉 자기조직계는 계속 자라지 않으면 죽게 된다. 그러나 주변의 환경은 계속 자랄 수 있게 무한히 허용되지 않는다. 사람의 몸이 계속 자란다면 어떻게 될까? 키는 너무 크고 체중도 너무 무거워져서 더 이상 움직일 수도 없게 되고 말 것이다. 근육을 최대한 효율성 있게 쓸 정도로 자라면 성장은 멈추고 늙어간다. 일단 성장이 멈추면 그 상태를 유지하기는 쉬운 일이 아니다.

엔트로피 증대법칙에 의하면 구성요소의 수가 증가하면 엔트로피는 그만큼 증가하기 쉬워진다. 즉 공룡처럼 덩치가 큰 최대성장 시스템은 내부에서 일어나는 엔트로피 처리문제도 그만큼 커지고 간신히 균형을 잡아 시스템을 유지한다. 그러나 이 균형을 잃게 되면 급격한 엔트로피 유출로 시스템이 붕괴된다.

이상의 내용을 정리하면 다음 그림과 같다. 더 이상 내부구조를 생각하지 않는 기본요소들로 이루어진 시스템에 이러한 요소들이 계속 증가하면 복잡성과 엔트로피는 같이 증가한다. 그러나 요소들의 수가 어느 정도 크게 되면 자기조직화로 계층구조가 나타나기 시작한다. 이 계층구조가 나타나는 시점이 그래프에서 엔트로피가 최대가 되는 점이다. 이때부터 시스템은 계층적으로 정돈되면서 엔트로피는 감소하지만 실효복잡성이 나타나 복잡성은 계속 늘어난다. 그러나 계층구조의 임계점에 도달하면 더 이상 엔트로피의 감소는 일어나지 않고 다시 엔트로피의 증가가 나타난다. 이 엔트로피의 증가를 막을 새로운 계층구조가 생길 수 없으므로 자기조직

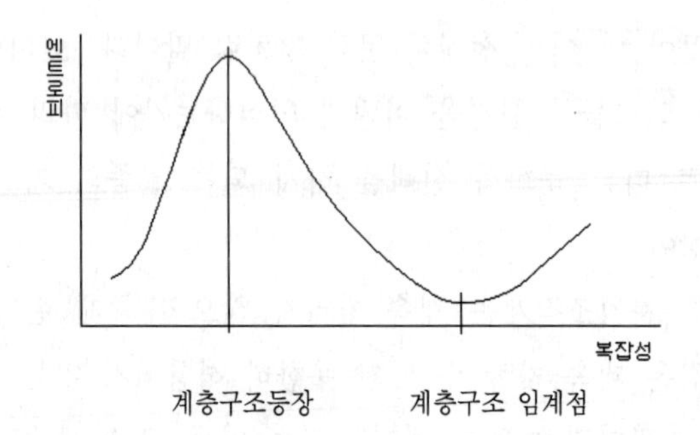

임계점에 도달하고 시스템은 마지막으로 붕괴된다.

이처럼 비평형 열역학과 생물학에서 복잡성의 법칙을 밝혀내고 시스템론은 이것을 일반화 시키며, 세포자동자는 이 법칙을 실용화 한다는 일관성 아래 이 책은 꾸며졌다.

제 4 장

세포자동자

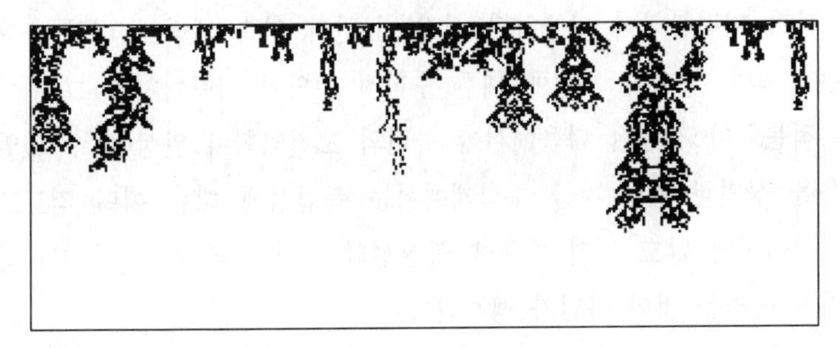

바닷가의 수면에서 미역 따위가 자라는 모습이나 호수의 수면에서 물풀이 자라는 모습과 매우 흡사한 패턴을 만드는 세포자동자

복잡성 과학에 대한 수학

현재 복잡성의 과학은 매우 산만하고 애매한 상황이다. 혁명기의 사회 분위기가 그렇듯이 신생과학인 복잡성의 과학은 기존의 보수적인 과학관을 모두 거부하고 새로운 우주관을 발판으로 하기 때문에 더욱 큰 혼란을 초래하고 있다.

과학사를 되돌아보면 새로운 과학이론이 등장하기 위해서는 먼저 수학적인 개념이 선행되어 정착되어야 했다. 그러나 과학이 진보하는 속도가 점차 빨라지면서 과학이 수학보다 앞서 나가는 지경에 이르렀다. 마치 철길이 수학이고, 그 위를 달리는 기차가 과학이라면 철길 공사를 하고 있는 곳까지 기차가 다다랐기 때문에 기차도 더 이상 나아가지 못하는 형국이 되었다.

복잡성의 과학이 정비되기 어려운 이유는 이런 점에도 있지 않은가 하는 생각이 든다.

지금 수학에서는 복잡성에 대한 연구가 거의 이루어지지 않고 있다. 단지 프랙탈 기하학만이 복잡성에 대한 기하학적 접근을 시도하고 있을 뿐이다.

과거 미적분학이 탄생하던 시절, 무한과 연속 개념에 대한 오랜 논쟁 속에서 이들 개념에 대한 수학적 정의가 이루어지고 그 위에 미적분학이 정립된 다음에서야 뉴턴의 고전역학이 완성될 수 있었음을 상기한다면, 지금 수학계에서는 복잡성에 대한 어떤 검토도 이루어지지 않고 있기 때문에 복잡성의 과학이 과학으로서 자리잡기가 어려운 것이 아닌가 생각된다.

이에 필자는 세포자동자가 그런 역할을 할 수 있을 것으로 제안한다. 어떤 시스템이 복잡하다는 것을 수학적으로 정의를 내려야 하는 것이다.

우주는 세포자동자이다

세상을 이해하는 데는 여러 가지 방법이 있다. 그 중에서도 세포자동자를 통한 세상바라보기는 가장 폭넓은 방법이 될 것이다. 실제로 우리 인체만 살펴보더라도 약 60조라는 세포로 구성된 거대한 세계이다. 지금의 인류가 50억(1987년 통계)인 것에 비교하면 엄청나게 큰 세계라는 것을 알 수 있다.

한 인간을 이루는 이 60조 개의 세포는 그 사람과 평생을 함께 하는 것이 아니고 계속 새로운 세포가 생겨나고 성장하고 죽어 가는 세대교체를 계속하고 있다. 세포의 삶과 죽음은 주위의 세포들과 밀접하게 관련되어 있다. 예를 들어 뇌세포는 간 조직에서는 제

기능을 발휘할 수 없는 데다 살아갈 수도 없고, 간세포도 허파 조직에 들어가서는 살아갈 수 없다.

유유상종이라는 말이 있는 것처럼 세포들도 같은 성질을 갖는 세포끼리 모여서 조직을 형성하고 그 속에서 삶과 죽음의 세대교체를 하고 있다. 이러한 세포들의 생명활동의 모임이 바로 한 사람의 활동상으로 드러나는 것이다. 각각의 세포들이 건강하고 잘 조직되어 있으며 잘 협동하면 그 사람은 원기왕성하고 건강한 삶을 유지할 것이고, 세포들이 무력하거나 조화가 깨져 있으면 그 사람은 어딘가에 질병이 있거나 매우 피곤을 느끼게 될 것이다.

따라서 세포들의 활동상을 간단하게 연구하는 방법이 있으면 좋을 것이다. 세포들은 주위의 세포들이 건강한지 허약한지, 새로 태어난 것인지, 노쇠하여 죽어 가는지에 따라 자신의 역할이 결정된다. 이러한 주위의 관계를 무시하고 제멋대로 살아가는 세포가 바로 암세포이다. 이런 의미에서 세포들간의 관계를 좀더 보편적으로 연구하는 방법이 필요해질 것이다.

이 책에서 소개하는 세포자동자는 이러한 목표를 갖고서 연구된 것은 아니지만 나름대로 전혀 무관하지만은 않은 것 같다. 세포자동자를 살펴보면 인체세포들의 생활을 수학적으로 간단히 추상화해 놓았다는 느낌을 받을 것이다.

인간만이 아니라 우주의 삼라만상이 알고 보면 모두가 세포자동자의 일종이라는 생각이 들기도 한다. 주변 사람 중에 하나라도 성공하면 모두가 성공하기도 하고 반대로 주변의 한 사람이 잘못되면 그 영향을 받아서 모두 심각한 어려움에 빠지기도 하는 것을 볼 때 인간사회도 세포자동자의 일종이고, 물질의 변화나 공허한 우주공간의 진화도 세포자동자의 다양한 변화의 모습으로 생각되기도 한다. 이런 것 때문에 세포자동자야말로 우주의 신비를 밝히는 궁극의 이론이 될 것이라고 강력하게 주장하는 사람도 나오고 있다.

이탈리아의 토마소 토폴리(Tommaso Toffoli) 교수는 그의 저서 세포자동자 기계(CAM 1987)에서 CAM은 우주를 합성하는 장치라고 주장하고 있다. 에드워드 프레드킨(Edward Fredkin, 1934~)은 세포자동자를 모델로 우주의 모든 것을 설명할 수 있다고 주장한다. 프레드킨은 우주가 물질과 에너지로 이루어진 것이 아니라 정보가 그 본질이라고 생각한다. 전자나 광자 등의 소립자도 정보의 공간적인 한 패턴으로 보는 것이다. 원자핵의 궤도를 도는 전자의 운동도 이 패턴이 마치 파동이 옮겨가듯이 움직이는 것으로 설명한다. 입자 자신이 움직이는 것이 아니다. 앞으로 달려드는 파도의 움직임이 바닷물의 움직임이 아닌 것처럼 말이다.

아인쉬타인의 방정식에 의해 물질은 에너지의 다른 모습이다. 그리고 에너지는 정보의 다른 모습이라는 것이 프레드킨의 생각이다. 즉 진공에 에너지가 있고 없고 라는 정보로 볼 수 있다는 것이다. 전 우주에 에너지가 충만해 있다면 그것은 이미 에너지로서의 의미를 상실한다. 물은 높은 곳에서 낮은 곳으로 흐르듯이 에너지는 에너지가 있는 곳에서 없는 곳으로 흐른다.

한마디로 우주는 거대한 컴퓨터라는 것이다. 우주는 정보의 바다이고, 이 우주에 존재하는 모든 것들은 그 정보들 중에서 자기와 관련 있는 정보를 이용해서 자기를 변화시킨다.

필자는 세포자동자이론이 차세대 컴퓨터 구조의 중추적인 이론이 되리라 믿고 있다. 세포자동자의 특성은 병렬적이고 발견적, 창발적, 자기조직적이라는 면에서 인간의 직관적인 사고특성을 보여준다는 것이다. 더구나 카오스이론의 핵심이 되어 있다. 이런 점에서 인공지능을 구현하는 가장 좋은 수학적 모델이라고 생각한다.

양자우주와 세포자동자

시간은 연속적으로 흐르고, 공간도 연속적으로 뻗쳐 있다. 에너지도 연속량이다. 근대과학을 확립시킨 뉴턴(Isaac Newton, 1642~1727)은 이렇게 믿어 의심치 않았다. 그러나 뉴턴의 이런 믿음은 19세기에 들어와 무참히 깨지고 말았다. 독일의 물리학자 막스 플랑크는 에너지의 변화가 아주 작기는 하지만 불연속적으로 변한다는 것을 알아냈다. 이러한 에너지의 덩어리를 그는 양자(量子)라고 불렀다.

우주는 이산(離散 : 불연속)적이다. 우주는 연속적인 아날로그가 아니라 디지털적이다. 우주의 기본적인 구성요소는 바로 양자(量子)라는 것을 양자역학은 이야기하고 있다. 세포자동자도 디지털의 세계이다. 즉 세포자동자야말로 아인쉬타인의 꿈이었던 통일장이론이 될지도 모른다. 세포자동자는 그야말로 모든 것을 설명할 것이다. 세포자동자야말로 아담이 품었던 의구심을 깨끗이 해소시켜 주고 그를 원죄에서 해방시켜 줄 것이다. 이제부터 그 놀라운 세포자동자의 이론을 본격적으로 알아보자.

1. 세포자동자란 무엇인가?

세포자동자는 생물학 용어가 아니다.

세포라는 말에서 생물학적인 것이라고 생각하겠지만 세포자동자는 물리학과 더 깊은 관계가 있으며 세포자동자는 물리학, 생물학을 비롯하여 인문사회과학 등을 통합하는 종합학문의 성격을 갖고 있다.

필자가 세포자동자에 주목하게 된 동기는 카오스이론을 공부하면서이다. 카오스이론의 심연에 세포자동자가 숨어있다는 것을 직감하였다. 더구나 세포자동자는 컴퓨터와 아주 관련이 많다. 세포자동자를 연구하는 데는 컴퓨터가 자주 사용되며, 컴퓨터 동작의 기본원리와도 관계가 깊다.

컴퓨터의 이론적 토대를 마련한 수학자는 영국의 튜링이라는 괴짜 수학자이다. 그가 고안한 튜링머신이 오늘날 컴퓨터의 기본원리가 되었으며, 오늘날 컴퓨터의 아버지라고 불리는 노이만은 이 튜링머신을 구체적으로 고안한 것에 불과하다. 그는 튜링머신의 상태를 내부기억장치로 구현해 내어 오늘날의 기본적인 컴퓨터의 구조, 즉 직렬처리 방식의 컴퓨터를 탄생시켰다.

튜링머신을 보다 일반적으로 오토마타(Automata)라고 부르는데 이 오토마타를 하나의 세포단위로 생각하고 다음과 같이 병렬로 연결해 놓은 것이 세포자동자이다. 작은 세포들이 결합해서 생물체가 이루어진 것과 마찬가지이다. 따라서 세포자동자는 개개 오토마타의 동작에 의해 결정되는 것이다.

오토마타가 여러 개 연결되어 있기 때문에 전체 세포자동자의 변화는 매우 다양하게 되고 다음에 어떻게 변해 갈지 예측하기 어려

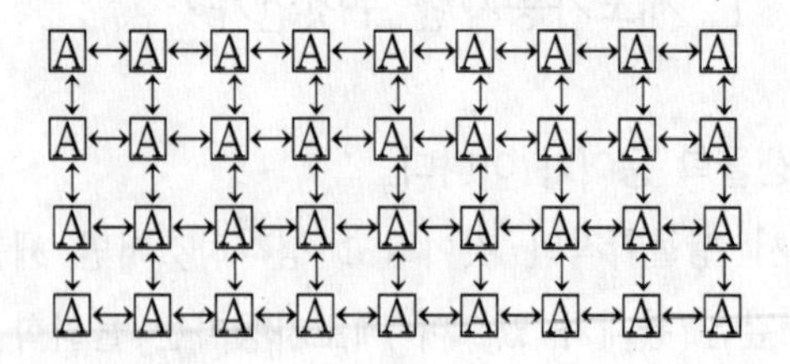

운 것이다.

어원을 찾아서

세포자동자(細胞自動子 : Cellular Automata)에서 먼저 자동자(自動子 : Automata)라는 말부터 알아보자. 오토마타는 스스로 움직이는 것이라는 의미의 그리스어 automatos에서 유래한 것이다. 즉 세포자동자는 스스로 움직이는 세포모양의 것이다.

세포자동자는 여러 가지 이름으로 불리워 왔다. 세포공간(cellular spaces), 세포구조(cellular structures), 균일구조(homogeneous structures), 모자이크자동자(tessellation automata), 반복배열(iterative arrays), 세포 자동기계, 셀(세포)구조기계, 일양(一樣)구조기계, 컴퓨터 백과사전에서는 원소 자동장치(元素自動裝置), 범양사의 『이성의 꿈』에서는 세포 자동조작 등으로 번역하고 있지만 여기서는 세포자동자라는 역어를 쓰기로 한다. 그리고 약호로 CA라고 나타내기도 한다.

세포의 기하학

세포자동자에서 사용하는 세포의 기하학적 모양은 임의로 만들 수 있다. 가장 흔하게 사용하는 것은 다음과 같이 규칙적인 기하학적 모양인 정사각형, 정삼각형, 정육각형 등의 모양이 주로 사용되지만 이 책에서는 주로 정사각형 모양을 사용한다.

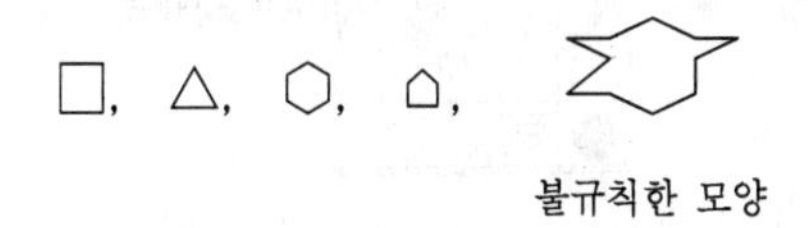

세포자동자의 모양은 세포자동자의 특성, 즉 세포의 이웃의 개수나 배열방법에 따라 그에 맞는 것을 적절하게 선택하면 된다.

이러한 같은 모양, 같은 크기의 세포들로 빈틈없이 평면을 메우도록 배열한다. 세포자동자의 배열을 한 줄로만 배열할 경우 1차원 세포자동자라 하고, 평면에 배열하면 2차원 세포자동자라 한다. 3차원 세포자동자, 일반적으로 n차원 세포자동자도 생각할 수 있지만 그림으로 나타내기 어렵기 때문에 주로 2차원 이하의 세포자동자를 생각하게 된다.

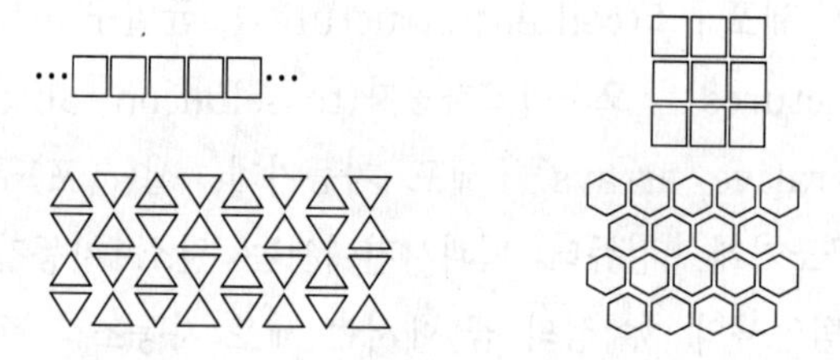

세포의 내부구조

생물의 세포를 현미경으로 관찰하면 매우 복잡한 내부구조를 갖고 있음을 알 수 있다. 마찬가지로 세포자동자의 세포도 내부구조를 가지고 있다. 그것은 논리적인 구조이기도 하며, 정적이거나 동적인 구조이기도 하다. 세포의 내부구조는 세포자동자의 특성을 결정한다. 그리고 이 내부구조의 변화에 따라 세포는 여러 가지 상태

세포의 내부구조

를 취한다. 세포의 내부구조가 간단하면 그에 비례해서 세포가 취할 수 있는 상태의 가지수도 작아진다. 따라서 여러 가지 상태를 갖는 세포를 만들려면 그만큼 복잡하게 내부구조를 설계해야 할 것이다. 이 책에서는 0과 1로 이름지은 단 두 가지 상태만을 갖는 2 상태 세포자동자에 대해서 이야기한다. 0과 1만을 상태값으로 갖는 것은 컴퓨터의 기억장치이다. 컴퓨터의 기억장치는 일종의 스위치회로이다. 스위치회로는 초등학교 3학년 때에 배울 만큼 간단한 회로이다. 즉 건전지에 꼬마전구와 스위치를 연결한다. 그리고 스위치를 누르면 꼬마전구에 불이 켜지고 스위치를 열면 꼬마전구의 불이 꺼진다. 즉 스위치회로는 불이 켜진 상태와 꺼진 상태 두 가지 상태를 보여줄 수 있다. 불이 켜진 상태를 1로 표시하고 꺼진 상태를 0으로 표시한다.

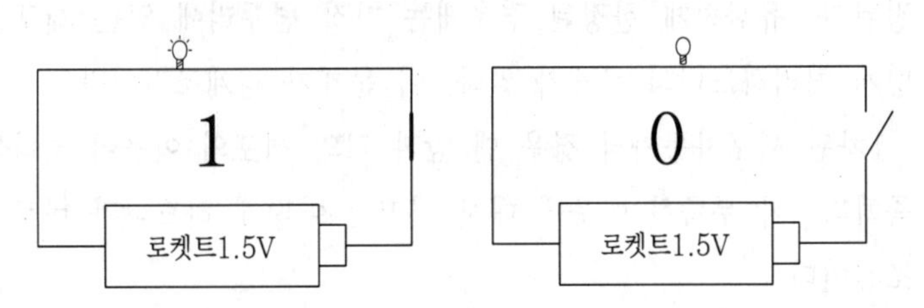

뿐만 아니라 실제 세포가 그렇듯이 세포자동자의 세포도 입력부와 출력부를 가지고 있다. 즉 환경으로부터 고립된 폐쇄계가 아니고 외부환경과 교류하는 개방계이다. 특별히 세포자동자는 외부의 다른 세포의 상태를 입력값으로 받아들이고 자신의 상태를 다른 세포에게 알린다.

세포자동자의 배열

보통 세포자동자는 같은 모양, 같은 크기의 세포를 균일하게 분열하지만 일반적으로는 여러 가지 모양과 다양한 크기의 세포를 불균일하게 배열할 수도 있다. 자연에서 보는 세포모양의 구조물들도 규칙적인 균일한 것도 있지만 불규칙하고 불균일한 것도 많은 것처럼 말이다.

다음 그림은 불균일하게 배열된 세포자동자의 보기이다.

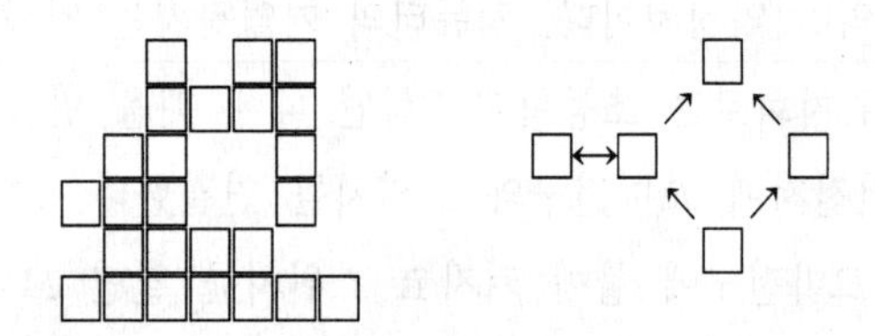

경계조건

세포자동자의 배열을 무한히 펼칠 수 있지만 대개는 유한하게 한정된다. 유한하게 한정된 경우에는 가장 변두리에 있는 세포를 어떻게 처리하느냐의 문제가 있다. 이 문제가 경계조건이다.

1차원 세포자동자의 경우 맨 앞과 뒤의 세포의 이웃이 하나씩 부족하다. 이 부족한 이웃에 대한 처리를 어떻게 하느냐가 바로 경계조건이다.

경계조건에는 주기 경계조건과 0 경계조건이 있다. 주기 경계조건은 1차원 세포자동자의 맨 앞 세포와 맨 끝 세포를 이어주는 것이다. 즉 세포들이 원통에 배열된 것처럼 생각하는 것이다.

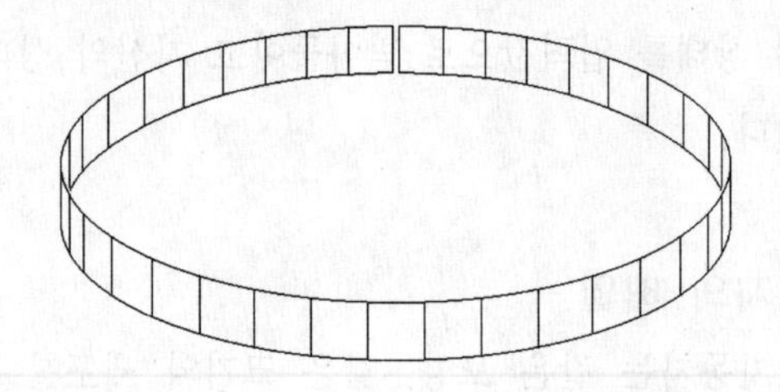

0 경계조건은 세포 배열의 가장자리 세포의 바깥쪽에 이웃세포가 있다고 생각하고 그 세포의 상태를 무조건 0의 상태로 보는 것이다.

0	?	?	?	?	?	?	?	?	0

세포의 이웃

세포자동자에서 가까이 이웃한 세포끼리는 서로의 상태에 따라서 영향을 주고받는다. 마치 인간세계와도 같다. 이웃사촌이라는 말처럼 가까운 세포끼리 서로 영향을 준다. 영향을 주고받는 이웃들을 다음과 같이 임의로 정해 줄 수도 있다.

다음은 보통 자주 사용되는 이웃이다.

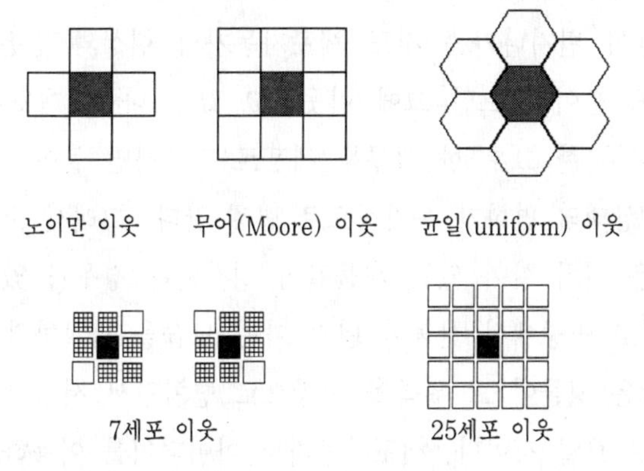

2차원 세포자동자에서 생각할 수 있는 여러 가지 이웃들

세포의 이웃은 한 세포의 환경으로서 입력 데이터가 된다.

세포자동자는 불교에서 말하는 연기(緣起)의 세계이다. 우주만물은 서로의 인연으로 말미암아 생성되고 성장 소멸한다. 인연의 세계는 공간적으로나 시간적으로 가까운 것들끼리 보다 강하게 맺어진다.

세포는 혼자서는 아무 것도 하지 못한다. 마치 절해고도에 갇힌 고독한 인간과 같다. 세포는 세포끼리 모여서 서로 부대끼고 하는 중에 무엇인가 창조되어 나온다. 가장 가까운 이웃세포의 상태에 따라 새로운 세포가 생겨나기도 하고 죽어가기도 한다. 이러한 생사 인연의 파장은 마치 잔잔한 호수에 돌을 던질 때 파문이 퍼져 나가듯이 멀리 있는 세포에게까지도 그 영향이 서서히 미쳐서 그 세포의 생사를 결정하게 된다.

이러한 인연의 세계는 인간사에도 그대로 적용된다. 인간 한 사람 한 사람을 세포로 간주하면 한 인간의 성공과 실패는 파문이 되어 가장 가까운 가족에서부터 점점 그의 친구들과 친척들에게 그 영향이 퍼져 나간다.

산불이 번져나가는 것도 세포자동자의 현상과 같은 것이다. 한 나무에 불이 붙으면 그에 이웃하고 있는 나무에게도 불이 옮겨간다. 나무 한 그루 한 그루를 세포로 간주하면 불이 붙은 상태, 안 붙은 상태의 변화가 유기적으로 변해 간다. 그래서 소방관들에게는 산불은 마치 살아 있는 괴물같이 생각되는 경우가 있다. 헬리콥터를 타고 공중에서 산불이 번져 가는 모습을 관찰하면 아마도 아메바 같은 생물이 그 위족을 사방으로 뻗치면서 서서히 기어가는 모습으로 보일 것이다. 세포자동자의 아이디어를 이용하는 것의 하나는 매스게임(단체경기)에서 보여주는 글자 만들기 등이다.

세포의 상태

세포자동자에서 한 세포의 상태란 생물학에서의 세포가 세포막으로 구획된 조그만 생명체인 것처럼 세포자동자의 세포는 조그만 네모격자로 구획된 것으로 그 안에 여러 가지 상태, 즉 살아 있음,

새로 태어남, 죽어감, 죽음 등의 상태를 갖는 어떤 알 수는 없지만 동적인 구조가 들어 있다는 것을 뜻한다.

세포자동자에서 '세포'는 생물학에서 말하는 세포를 포함하여 원자나 분자, 동물개체나 식물개체 등의 존재를 추상화한 개념이다. 따라서 이들 존재가 가진 상태도 추상된 것이다. 이 상태는 여러 가지로 표현된다. 색깔을 사용해서 표시하기도 하고 수치를 이용해서 표시하기도 한다. 즉 세포의 상태는 1(삶), 0(죽음) 등의 숫자로 나타내기도 한다.

다음은 가장 간단한 두 가지 상태만을 갖는 경우이다.

□ 죽어 있는 상태 ■ 살아 있는 상태

□ 죽은 상태 ▦ 병든 상태 ■ 건강한 상태

[0][1][2][3][4]…

세포의 다양한 상태를 아라비아숫자로 표현하기도 한다.

정보이론의 창시자 샤논이 증명한 바와 같이 모든 정보를 0과 1이라는 단 두 가지 기호로 나타낼 수 있는 것처럼 아무리 다양한 상태를 가진 세포자동자라도 결국에는 0과 1이라는 두 가지 상태만을 가진 세포자동자로 환원될 수 있다.

일반적으로 세포자동자는 세포배열의 차원과 세포가 취할 수 있는 상태수에 따라 n차원 p상태 세포자동자를 생각할 수 있다.

세포자동자의 상태변환 규칙

세포자동자의 상태는 이웃세포의 수와 그 상태에 따라 영향을 받아 상태가 변화한다. 그 변화를 어떤 규칙에 따라 하게 할 것인가를 정한다. 우선 모든 가능한 변화의 경우를 생각하고 거기에서 적당한 것을 택하여 실행하면 된다.

1차원 세포자동자라도 다음과 같이 여러 가지 규칙을 생각할 수 있다.

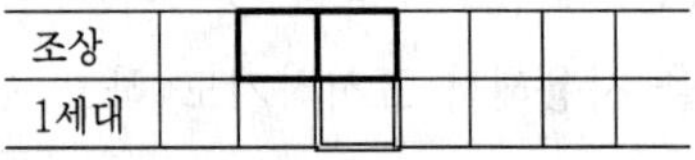

조상
1세대

두 세포의 상태가 다음 세대의 새로운 세포의 상태를 결정하는 경우

①
조상
1세대

②
조상
1세대

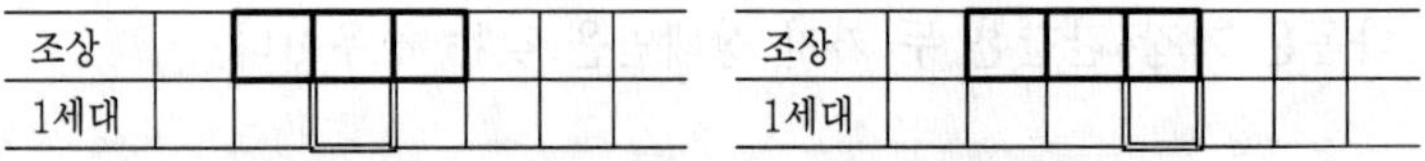

세 개의 세포 상태가 다음 세대의 새로운 세포의 상태를 결정하는 경우 ①과 ②에서 새로운 세포가 만들어지는 위치가 다른 점에 주의할 것

①
조상
1세대

②
조상
1세대

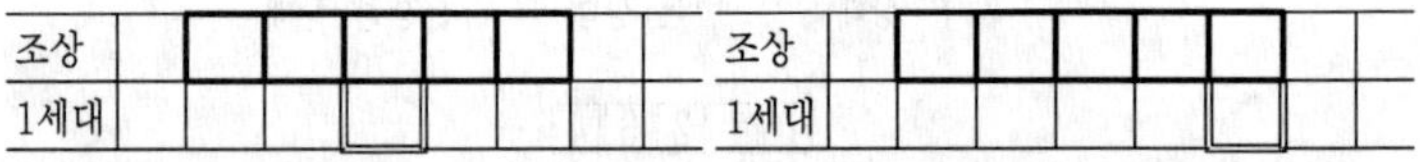

다섯 개의 세포 상태가 다음 세대의 새로운 세포의 상태를 결정하는 경우 ①과 ②에서 새로운 세포가 만들어지는 위치가 다른 점에 주의할 것

또 세포자동자의 상태변화가 오로지 한 가지로만 정해진 결정적 상태변화인가 아니면 2가지 이상이 되어 어느 것을 확률적으로 선택해야 하는 상태변화가 있다. 이것을 비결정적 세포자동자라고 한다.

세포자동자의 종류

이제까지 보아온 여러 가지 세포자동자의 조건에 따라 다양한 세포자동자의 종류를 생각할 수 있다. 모든 세포가 같은 양식으로 이웃을 갖는 균일한 상호결합과 그렇지 않은 불균일 상호결합에 따른 균일 세포자동자, 불균일 세포자동자가 있다.

또 상태변화가 결정적인 결정적 세포자동자, 비결정적 세포자동자, 입력과 그에 관계되는 출력 사이에 시간경과를 인정하는 밀리(Mealy)형 세포자동자, 이웃의 상호결합이 시간에 따라 변하지 않는 정적 세포자동자, 시간에 따라 변하는 동적 세포자동자가 있다.

이들 세포자동자는 각각 그 활용목적에 따라 적당히 변형되어 사용된다. 결정적 세포자동자에 대한 유명한 문제로 일제사격(firing-squard), 즉 각 세포를 사병이라 하고 그 중에 장군이 하나 있어서 모든 세포는 처음에 0(off)의 상태가 있다. 이때 장군세포 하나의 변화로 모든 사병이 동시에 사격을 개시할 수 있는지 어떤지 하는 문제를 상정할 수 있다.

불균일 이웃 세포자동자(graphical CA), 동적 세포자동자(Lindenmayer system)는 생물의 성장, 발육의 모델로 사용되기도 한다.

이제까지 설명한 내용은 세포자동자 이론에서 사용하는 용어의 뜻과 세포자동자의 활용방법을 대략적으로 설명한 것으로서 세포자동자 이론의 입문에 해당한다고 볼 수 있다.

따라서 세포자동자를 깊이 다룬 것이 아니다. 세포자동자의 효용성은 이 이론의 깊은 내용을 읽고 그 구체적인 전개방법을 보면 스스로 파악할 수 있게 된다. 이제부터 본격적으로 세포자동자 이론으로 들어간다.

2. 세포자동자의 역사

사고의 기계화

우리 주변에는 생각하기 싫어하는 사람들이 있다. 이들은 다행인지 불행인지 아담의 정신병을 거의 유전 받지 않은 것이 분명하다. 그들은 흔히 어렵고 복잡하다는 문제들, 예를 들면 수학 문제를 내면 "어휴 수학은 정말 골치 아파!" 하면서 고개를 흔든다.

그렇게 '복잡한 생각' 하기를 싫어하는 사람들을 위해 사람 대신 생각해 주는 기계를 만든다면 어떨까? 사실 이 생각하는 기계는 그런 게으른 사람들을 위해서가 아니고 보다 생각하는 일을 효율적으로 하기 위해 고안되었다. 인간의 생각은 시시각각 다르고 종잡을 수 없는 것처럼 생각되지만 잘 생각해 보면 인간의 생각도 몇 가지 종류로 구분할 수 있고 또 어떤 규칙성을 찾을 수도 있다. 즉 같은 생각을 되풀이하면서 아까운 시간을 허비할 수도 있다는 이야기다.

예를 들면 1+1=2, 1+2=3 같은 덧셈 문제는 덧셈이라는 한 가지 법칙을 되풀이 생각하는 것이다. 인간은 단순 반복적인 지루한 일을 싫어한다. 생각하는 일도 같은 내용을 계속 반복하는 것은 비능률적이고 지루한 일이다. 지루한 일을 반복하면 짜증이 나고 실수가 일어나기도 한다.

그래서 한 가지 법칙을 단순 반복하여 생각하는 일을 기계에게 시키면 어떨까 하는 생각에서 계산기라는 생각하는 기계를 만들기 시작한 것이다. 사실 프랑스의 수학자 파스칼은 세금 계산으로 온종일 똑같은 덧셈만을 반복해야 하는 아버지를 위해서 손잡이만 돌리면 자동으로 덧셈을 해주는 톱니바퀴 식 계산기를 고안해 냈다.

이 계산기는 계속 개선되어 덧셈만이 아니고 곱셈, 나눗셈 등을 하는 계산기, 더욱이 미분적분까지 하는 계산기를 만들게 되었다. 그리고 마침내 아예 모든 수학문제를 기계적으로 처리할 수 있는 만능계산기가 있다면 어떨까? 하는 생각으로 발전한다. 대부분의 수학문제는 어떤 법칙에 따라 풀기 때문에 모든 법칙을 기억하여 어떤 수학문제라도 풀어 주는 계산기를 상상하는 것도 결코 공상만은 아니다. 그리고 인간은 보다 고상하고 창조적인 생각을 하면서 여유 있는 시간을 보낼 수 있을 것이다. 이러한 상상이 가능한 것은 세상일에는 모두 어떤 법칙성이 있다는 오랜 신념에서 비롯된 것이기도 하다. 즉 흔히 속담에 "엿장수 맘대로"라는 말처럼 자기 멋대로 종잡을 수 없는 인간의 사고에도 어떤 법칙성이 있지 않을까? 하는 믿음에서 인간의 사고를 기계적으로 구현하겠다는 발상이 나왔던 것이다.

더구나 변덕이 심한 여자의 심리를 수학적으로 분석해서 연애를 성공시킬 수 있다는 새로운 수학 '카타스트로피(파국) 이론'까지 등장했다. 사람의 생각이 죽 끓듯 변한다고 치부해 버리는 사람에게서는 인간의 사고를 기계화한 '계산기'라는 발상은 나올 수 없었다. 이 사고의 기계화의 정점이 오늘날 '인공지능', '인지과학'이라는 신과학으로 나타나고 있다. 그러나 과학자들의 장담과는 달리 인공지능의 구현이 그렇게 쉬운 일이 아니다. 이미 현재의 기술로는 불가능에 가깝다는 결론이 나왔고, 그래서 새로운 모색이 시작되고 있다. 그 새로운 모색에서 가장 주목받는 것이 바로 세포자동자이다. 인간의 두뇌구조는 세포자동자와 같다. 뇌 신경세포 하나 하나의 움직임은 세포자동자의 세포와 다를 바 없다. 인간의 뇌세포는 세포자동자의 세포들이 그렇듯이 병렬적으로 동작하며 비선형적으로 전개되는 동안 전광석화 같은 아이디어를 번쩍 떠올린다. 이것은 세포자동자가 보여주는 거시적인 창발성 바로 그것이다. 사고의 기계화라는 사업은 아마도 세포자동자로 매듭지어질 것이다. 사고의 기계화라는 그 역사(歷史)를 살펴보자.

어떤 문제라도 푸는 기계

세포자동자를 이해하는데 필수적이기 때문에 여기서 오토마타 이론을 간단히 소개한다. 오토마타 이론은 문제를 기계적으로 푸는 방법을 연구하는 이론이다.

어떤 문제, 예를 들어 수학 문제를 기계에게 맡겨 풀게 하려고 기계를 만든다고 하자. 그렇다면 어떻게 설계해야 할까?

보통 어떤 문제를 해결할 때는 단계마다 절차를 밟아가면서 하나 하나 해결해 간다. 즉 복잡한 문제를 단순한 문제로 분해해서 하나씩 해결해 가는 것이다. 이렇게 문제를 분해해서 기계적으로 문제를 해결할 수 있는 수준까지 문제를 쪼개야 한다. 그리고 이들 문제를 하나씩 단계를 밟아 기계적으로 해결하면 되는 것이다.

이때 각 단계는 서로 그 내용이 다를 것이기 때문에 이에 대응하는 기계의 상태도 무언가 달라야 한다.

예를 들어 목수가 집을 짓거나 할 때에 각 단계마다 목수가 쓰는 연장이 달라지듯이 기계의 구조가 달라져야 할 것이다. 이 기계의 구조변화를 기계의 상태변화라고 말하는 것이다. 여러 가지 연장을 다룰 줄 아는 목수일수록 그가 만들 수 있는 물건의 가짓수가 많아지는 것처럼 기계의 상태수가 많아질수록 기계가 해결할 수 있는 문제도 많아질 것이다. 그런데 문제가 없는 것이 아니다.

여러 가지 연장을 사용하는 것은 좋지만 그렇게 되면 연장의 종류가 늘어나고 그것을 관리하고 운반하는 것이 번거롭게 된다. 되도록 한 연장이 여러 가지 역할을 할 수 있다면 좋을 것이다. 기계도 상태수가 많아지면 기계를 설계하고 만들기가 어려워진다. 그래서 어떤 문제라도 해결할 수 있는 보편적인 상태를 갖추는 문제가 있는 것이다. 이런 문제를 연구하는 것이 오토마타 이론으로서 기계가 가지는 상태수는 유한한 것이 바람직하기 때문에 유한상태 기계를 생각한다.

유한상태 기계(Finite State Machine ; FSM)

유한상태 기계는 말 그대로 유한 개수의 '상태'를 가진 기계이다. 신(神)을 제외한 우주 안의 모든 존재는 유한한 '상태'를 가지므로 모두 유한상태 기계의 일종으로 볼 수 있다. 연속적으로 변하는 것은 유한상태 기계가 아니라고 생각할지 모르지만 우리의 우주가 불연속적인 양자(量子)우주라는 것이 현대물리학의 결론이고 보면 우리 눈에 아무리 연속체로 보이지만 그것도 아주 작은 양자들의 흐름에 불과하다. 따라서 우리가 살고있는 우주는 데모크리토스가 주장한 원자론적 우주이며, 니이체가 말하는 영겁회귀(永劫回歸)의 우주이기도 하다. 즉 모든 것은 언젠가는 다시 처음으로 돌아와 똑같은 상태를 되풀이하는 유한상태 기계에 지나지 않는다. 유한상태 기계는 동양의 윤회사상과도 비슷하다. 유한상태 기계는 유한자동자(Finite Automata : FA)라고 부르기도 한다.

우주 안의 모든 존재는 어느 시각에 어떤 한가지 상태에 놓여 있다. 모든 존재는 상태를 통해서 자신을 드러낸다. 사람을 예로 들면 건강한 상태일 때도 있고, 병든 상태일 때도 있으며 기쁜 상태, 우울한 상태, 슬픈 상태 등등의 상태를 시시각각 바꾸어가면서 자신의 존재를 확인한다.

수학자는 이러한 어떤 시스템들이 갖는 상태들의 변화에서 공통점을 찾고자 이것을 수학적으로 추상화하려고 노력한다. 그 결과 탄생한 것이 유한상태 기계라는 개념이다. 유한상태 기계는 컴퓨터 프로그래밍을 공부할 때도 나오는 개념이다. 컴퓨터를 프로그래밍

한다는 이야기는 곧 컴퓨터를 원하는 상태로 한 단계 한 단계 변화시켜 간다는 것을 의미한다. 곧 프로그램은 컴퓨터 상태변화의 순서도라고 말할 수 있다.

단순한 시스템일수록 그 시스템이 가질 수 있는 '상태'의 수는 작다. 보다 많은 '상태'의 수를 갖고 싶다면 그만큼 부속품을 많이 갖춘 복잡한 시스템이 되어야 한다. 1970년대의 XT 컴퓨터는 지금의 펜티엄급의 컴퓨터와 비교해 볼 때 아주 단순한 컴퓨터이며 XT 컴퓨터가 갖는 상태의 수도 작아서 화려한 컬러 그래픽도 보여줄 수 없고, 대부분 문자 위주의 프로그램밖에 실행할 수 없었다. 하지만 지금의 컴퓨터는 자연색상 그대로의 화려한 그래픽과 음악을 들을 수 있는 멀티미디어 컴퓨터가 되었다. 그만큼 컴퓨터의 부속품이 많아지고 복잡해졌으며 기억용량도 급격히 팽창한 것이다. 하지만 아무리 컴퓨터가 발달해도 컴퓨터는 한계를 갖고 있다.

컴퓨터의 부품들은 대부분 고정적이다. 물론 몇몇 부속은 시스템의 성능을 높이기 위해 바뀔 수도 있다. 이렇게 고정된 부품들로 이루어진 컴퓨터는 한마디로 정적인 시스템이다. 정적인 시스템은 더 이상 '상태'의 수를 늘려갈 수 없다. 그러나 생물은 다르다. 생물은 시시각각 신진대사를 통해 생체내부의 물질이 바뀐다. 즉 생물은 컴퓨터와 같은 무생물과 달리 동적인 시스템이다. 생물은 동적인 시스템으로서 스스로 성장할 수 있다. 성장을 통해 그가 가질 수 있는 상태의 수가 늘어난다. 학습도 바로 상태의 수를 증가시켜 가는 성장의 하나이다. 훌륭한 내용의 책을 읽으면 우리의 정신 상태는 크게 고양되어 성장되어 간다. 학습을 통해 자신의 정신 '상태'의 수를 늘리는 데 게으르지 말아야 한다. 스스로 진화하지 않는 자는 도태될 뿐이다.

유한상태 기계의 수학적 정의

유한상태 기계는 보고 듣는 것은 할 수 있지만 자신의 생각을 말할 수 없는 사람과 같다. 즉 입력은 가능하지만 그리고 그 입력으로 자신의 상태가 변하기도 하지만 어떠한 출력도 내놓지 않는 답답한 친구이다. 유한상태 기계를 설명하는 책자들을 보면 내부의 '상태'를 유지하고 변화시키는 제어장치(control box)와 테이프를 판독하는 헤드(reading head)로 이루어졌으며 기다란 테이프는 네모 칸으로 구획되어 거기에는 유한 개의 기호가 나열되어 있다고 설명하고 있다.

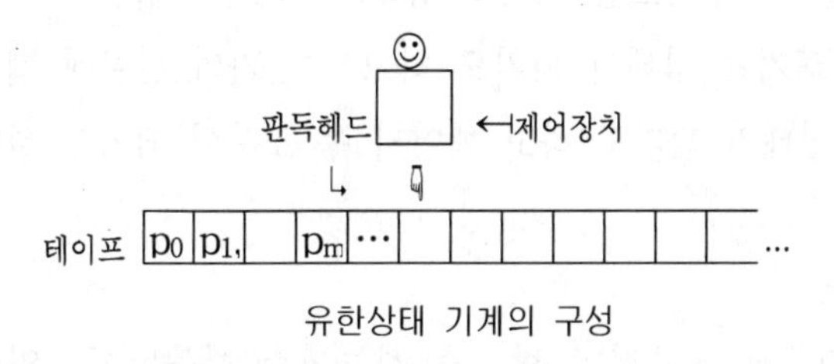

유한상태 기계의 구성

즉 우리의 두뇌는 제어장치이고, 두 눈은 테이프를 판독하는 헤드이며, 우리가 보고 있는 책은 유한 개의 기호가 나열되어 있는 테이프라고 하는 것이다.

이러한 기계를 수학자들은 수학적인 기호로 정의하였다.

유한상태 기계는 유한 개의 내부상태 즉 기계적 구성 s_0, s_1, s_2, …s_n,을 갖고 무한히 긴 테이프에 쓰여진 잘 정의된 유한 개의 기호 p_0, p_1, p_2, …p_m,를 읽을 수 있다. 그리고 자신의 상태와 읽은 기호의 조합에 의해 다음 상태가 결정된다. 따라서 유한상태 기계는 다음 5가지로 정의된다.

FSM=(S, P, f, s_0, T)
상태집합 : $S=\{s_0, s_1, s_2, \cdots s_n\}(\neq \emptyset)$
입력기호집합 : $P=\{p_0, p_1, p_2, \cdots p_m\}$
※$S \cap P=\emptyset$일 것
상태전이 함수 : $f : S \times P \rightarrow 2^S(=S)$
초기상태 : s_0
마지막 상태 : $F(\subseteq S)$

이러한 정의에 따르면 길에 굴러다니는 돌멩이도 유한상태 기계이다. 돌멩이도 분명히 어떤 유한 개의 상태를 갖고 있으며, 그 상태는 외부의 압력(입력)에 의해 변하기 때문이다. 예를 들면, 입력으로서 햇빛을 많이 받으면 뜨거운 상태가 되고, 차가운 물이 닿으면 온도가 내려가는 상태가 되기도 하고 누군가의 발길에 채어 장소를 옮기는 상태가 되기도 하고 깨어져 두 조각이 되기도 한다.

상태 천이도

유한상태 기계의 전체적인 변화를 한눈에 알아볼 수는 없을까? 그래서 유한상태 기계의 상태변화를 그림으로 나타낸 것이 상태전이도(transition diagram)이다.

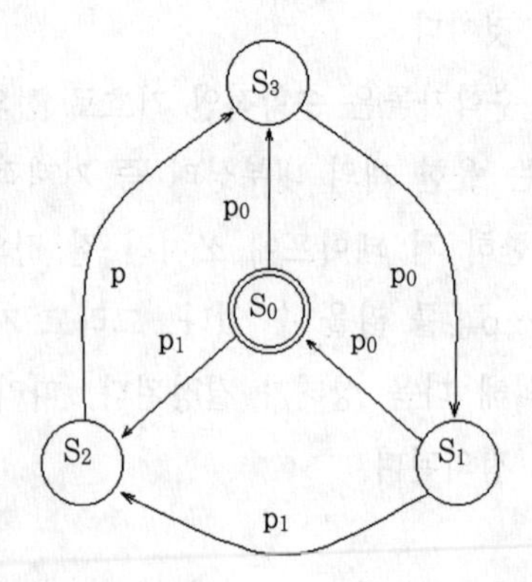

유한상태 기계를 작은 원(○)으로 나타내고 이 원 안에 현재의 상태를 써넣는다. 그리고 입력기호를 화살표 위에 써둔다.

상태 천이도를 그리기 위해서는 먼저 상태전이 도표를 작성해야 한다. 이것은 유한상태 기계의 동작을 전부 표로 작성한 것이기 때문에 동작 일람표라고도 부른다.

테이프상의 기호 / FSM의 상태	p_0	p_1
s_0	s_3	s_2
s_1	s_0	s_2
s_2	·	s_3
s_3	s_1	·

FSM의 동작 일람표

오토마타

인간의 행동은 사고로부터 비롯된다. 따라서 사고의 기계화는 행동의 기계화를 의미하기도 한다. 행동의 기계화·자동화의 산물이 바로 오토마타이다. 세포자동자의 역사를 제대로 살펴보려면 오토마타의 역사부터 살펴보아야 한다. 오토마타 즉 자동인형은 이미 고대 그리스 시대부터 제작되어 그 후로도 여러 나라에서 다양하게 제작되어 근대에는 아주 정교한 것까지 등장했으며, 어린이들에게 장난감으로 크게 애용되기도 했다.

오토마타의 자세한 소개는 나중에 『컴퓨터의 역사』라는 책자를 통해서 소개할 계획이고, 여기서는 단순하게 세포자동자를 중점적으로 살펴보기 위해 오토마타가 본격적으로 이론화되기 시작한 1936년까지 거슬러 올라가 보기로 한다.

튜링(A. M. Turing
1912~54)

42세의 젊은 나이에 동성연애 때문에 음독 자살한 비운의 수학자 튜링(A. M. Turing, 1912~54)과 폴란드에서 미국으로 이민한 논리학자 포스트(Emil Leon Post, 1897~1954)는 거의 동시에 어떤 수학 문제라도 푸는 상상 속의 계산기계를 생각했다. 이것을 튜링기계라고 한다.

괴델(Kurt Gödel, 1906~78)의 불완전성 정리를 증명하는 데 초수학(超數學)의 산술화라는 방법이 사용된 뒤로 클린(S. C. Kleene), 처치(A. Church) 등의 수학자들은 실제로 계산 가능한, 즉 답을 얻을 수 있는 수학 문제를 분명하게 정리할 필요를 느껴 수학적 정식화를 시도한 결과로서 나온 것이 튜링기계이다.

오래 전부터 수학자들은 모든 수학 문제를 기계적으로 풀이할 수 있는 절차, 이것을 알고리즘이라고도 하는데 이 절차가 반드시 존재하는지를 알고 싶어했다. 이 문제를 공식적으로 제기한 것은 독일의 수학자 힐베르트(D. Hilbert, 1862~1943)이다. 힐베르트는 1900년 파리에서 열린 제1회 국제수학자회의에서 23개의 미해결 수학문제를 내놓았다. 여기서 10번째 문제인 부정방정식의 해가 있는지 없는지를 알아내는 방법이 있는가 하는 문제이다. 이 문제는 곧 모든 수학문제를 일반적으로 해결하는 알고리즘이 존재하느냐는 문제이다. 이 문제의 해결을 위해 수학자들이 덤벼들었다.

수학자들은 먼저 알고리즘의 개념을 분명히 하였다. 알고리즘은 다른 말로 계산 가능한, 재귀(귀납)적인, 효과적인 이라는 말로도 표현된다. 알고리즘은 유한 회수의 절차인데 이것을 하나의 자연수에 대응시킨다. 이 대응을 귀납적 함수(일반적으로 수론적 함수)라고 하는데 이 함수를 일반화시켜서 수학적으로 정식화하는 문제이다.

1924년에 쇤핀켈(M. Schönfinkel), 1929년에 커리(H. B. Curry), 1934년 괴델과 허브랑(J. Herbrand)이 이 문제에 뛰어들었다. 그후 클린(Kleene)은 이들의 결과를 더욱 개량하고 발전시켰으며, 처치(A. Church)와 클린은 λ기법(記法)으로 λ정의 가능한 함수개념을 도입했다. 여기에 튜링이 나타난다.

영국 런던에서 인도 공무원의 아들로 태어난 튜링은 셔본 학교와 케임브리지에 있는 킹스 칼리지에서 공부하고 미국의 수학자 처치의 지도로 박사학위를 받은 그는 튜링기계를 고안해 내고 계산가능한 함수를 정의한다.

어떤 집합 $S=\{x_1, x_2, \cdots, x_n\}$의 원소에 관한 명제 $P(x_1, x_2, \cdots, x_n)$가 주어질 때, S의 어떤 원소들의 조합 $(x_1, x_2, \cdots, x_n)$에 대해서도 $P(x_1, x_2, \cdots, x_n)$가 성립하는가 어떤가를 유한 회의 조작으로 판정할 수 있는 일반적인 수순이 존재하는가를 묻는 문제를 그 명제의 항진문제라고 한다.

예를 들어 집합 S를 다음과 같이 조건제시법으로 나타낼 때

$$S=\{x|\ p(x)\}$$

명제 p(x)는 S 안에서는 항진명제이며, 이 명제가 S에 대해 항진인지 판정하는 수순을 찾는 것이다.

그리고 적당한 원소의 조합에 대해서 즉 S의 어떤 진부분집합에 대해서 명제 P가 성립하는가 어떤가를 판정하는 일반적인 수순이 존재하는가를 묻는 문제를 그 명제의 충족문제라고 한다. 그리고 이 두 개의 문제를 합쳐서 그 명제의 결정문제라고 한다.

예를 들어 집합 S를 자연수 전체집합이라고 하자. 그러면 짝수의 집합에 대한 명제 '짝수는 적당한 두 홀수의 합으로 나타낼 수 있다'는 명제가 참인지 어떤지 증명하는 절차를 찾는 문제가 그것이다. 또 임의의 짝수를 구하는 공식 2n(n은 자연수)도 있다. 이렇게 공식으로 어떤 집합의 원소를 모두 구할 수 있고 그 집합이 가산집합이라면 그러한 집합을 귀납적 가산집합(recursively enumerable set) 또는 재귀적 열거 가능한 집합이라고 한다. 그리고 나아가 어떤 집합이 그 자신과 그 여집합이 모두 귀납적 가산집합일 때 귀납집합(recursive set)이라고 한다.

귀납적 가산집합이라도 귀납 집합이 아닌 것이 존재한다. 프랙탈 기하학에서 등장하는 만델브로트 집합은 비귀납 집합이라고 알려졌다. 비귀납 집합은 프랙탈 기하학에서 보는 것처럼 복잡한 모습을 하고 있다.

튜링기계는 비귀납적 집합에 대해서는 분석하지 못한다. 이 때문에 튜링기계의 연장선상의 인공지능은 불가능할 것이라고 로저 펜로즈(Roger Penrose)는 주장했다.

생물의 환경적응과 오토마타

생물 진화의 역사를 보면 급변하는 환경에 대한 적응의 역사라고 해도 과언이 아니다. 환경은 생물체에게 입력기호로서 작용한다. 생물체가 그 입력신호를 인식하지 못하면 그 환경에서 살아남기 어렵다. 생물체는 환경의 압력을 해석하고 그에 대한 대처방안을 모색한다.

그러나 단정적으로 해석이 불가능한 경우도 있을 것이다. 이런 경우는 비결정적인 상태로 해 두고 점점 비결정적인 부분을 없애

가는 것이다.

학습의 경우도 그렇다. 어린이는 비결정적인 부분이 많다. 비결정적인 부분은 한마디로 모르는 부분이다. 차츰 배워 나가면서 비결정적인 부분을 없애 가는 것이다.

백지상태는 다음과 같이 두 가지 경우가 있다. 즉 아무런 회로가 형성되어 있지 않은 경우와 모두가 회로로 연결된 경우이다. 아마도 유아의 뇌는 후자 쪽인지도 모른다.

짚신벌레의 의식

현미경으로 짚신벌레를 살펴보면 그 활발한 운동에 감탄할 것이다. 섬모(纖毛)들을 움직여 재빨리 이동하면서 먹이를 잡아먹는가 하면, 다른 짚신벌레와 '성적 교섭'을 하기도 한다.

신경계나 뇌의 한 조각도 없는 이와 같은 단세포생물이 '감정'이나 '의식'을 가지고 있을까? 겉으로 보기에는 마치 의식적이고 감정적으로 움직이고 있다는 착각이 든다.

이 의문을 해소하기 위해 미국의 마취학자 스튜어트 하멜로프는 단세포생물 속에 단백질 컴퓨터가 들어 있다는 가설을 세웠다.

70년대 초에 고성능 전자현미경으로 세포 속에 단백질로 이루어진 미세한 파이프가 얼기설기 얽혀있는 것을 발견했다. 이 파이프를 미소관(微小管)이라고 부르는데, 원핵세포보다 덩치가 커진 진핵세포의 몸통을 유지하기 위한 세포내 골격으로서 역할을 하고 있다고 생각된다.

그런데 이 미소관의 네트워크가 단세포생물의 정보처리 시스템이라는 것이 하멜로프의 가설이다. 더구나 흥미로운 사실은 미소관 네트워크가 뇌세포 속에서 유난히 뚜렷하게 나타난다는 점이다. 이

미소관은 외계의 정보를 홀로그램(입체사진)과 비슷한 형식으로 처리한다는 것이다. 뇌의 홀로그램 이론의 창시자인 스탠포드 대학의 신경학자 칼 프리그램은 하멜로프의 이 가설을 전적으로 지지한다.

결국 어떻든 간에 이렇게 미세한 생명체도 나름대로 만능튜링기계를 능가하는 기구를 갖추고 있다.

노이만형 컴퓨터

수학적인 가상의 계산기계인 튜링기계는 계속 연구되어 실제 물리적인 기계로 구현되기 시작한다. 이때부터 물리적으로 동작하는 계산장치를 연구하는 학문인 컴퓨터공학과 계속 이론적으로 논리적으로 동작하는 계산장치를 연구하는 학문인 오토마타 이론으로 나누어지게 된다.

1946년 모클리(J. W. Mauchly), 엑커드(J. Presper Eckert)의 공동 설계로 에니악(ENIAC)이라는 컴퓨터가 18,800개의 진공관을 사용하여 만들어졌다. 그러나 이 컴퓨터는 전선의 배선으로 프로그램을 바꾸기 때문에 다른 프로그램을 수행하기 위해서는 일일이 배선을 바꾸어야 했다. 이렇게 해서 튜링의 가상 기계를 실제 물리적인 부속품을 이용해서 구체화시켰다.

이에 대해 1947년 노이만(John von Neumann)은 버크스(Arthur Walter Burks, 1915~), 골드스타인(Herman H. Goldsteine)과 함께 2진법을 사용한 프로그램 내장방식의 컴퓨터 설계를 마쳤다. 이로써 만능 튜링기계인 오늘날의 컴퓨터가 탄생하게 되자 이제 그의 최대 관심사인 자기복제하는 기계를 설계하는 일에 몰두했다. 노이만은 생명체를 일종의 기계로 보았기 때문에 무기물인 기계로도 생명체와 똑같이 기계 자신이 자신과 닮은 새끼 기계를 만들 수 있다고 생각했다. 새끼 기계를 만드는 기계를 설계하는 것이 노이만의 일생 일대의 꿈인 것이다. 이처럼 자기증식 기계는 생명현상을 깊이 있게 이해시켜 준다. 실제로 자기증식 기계는 공학적으로도 의의가 크다. 우주공간에 떠 있는 우주선이나 화성 탐사선 같은 것은 고장이 나면 수리하는 것이 매우 어렵거나, 불가능할 수도 있다. 전에 지구궤도를 돌고 있는 인공위성 수리를 위해 많은 비용을 들여 우주왕복선을 타고 수리하는 장면을 본 적이 있다. 그러나 자기증식 기계는 자가 수리도 가능하기 때문에 우주선에 직접 수리공을 보내지 않아도 좋은 것이다. 더구나 자기증식 기계는 피보나치 수열에서 보는 것처럼 기하급수로 증식해 가기 때문에 짧은 시간에 많은 것을 만들어 낼 수 있다. 즉 생산성이 가장 높은 것이다. 이러한 공학적인 이유 때문이라도 많은 사람이 자기증식 기계를 꿈꿀 것은 당연하다.

우선 노이만은 이 기계를 만들 수 있는 가능성부터 타진하기로 하였다. 그래서 이 작업을 논리적으로 해야겠다고 생각하고 자기복제하는 기계의 존재를 논리적으로 증명하는 데 몰두했다.

보통 선반이나 밀링 같은 공작기계는 그 기계가 만들어 내는 물건보다 복잡하다. 사진기나 복사기도 마찬가지다. 자기복제 기계가 되기 위해서는 자기와 거의 같은 정도로 복잡한 기계를 만들 수 있어야 한다. 노이만은 적어도 자신과 같은 정도의 복잡한 것을 만들어 내는 것이 가능하다는 것을 1948년에 논리적으로 증명하였다. 여기에 그 간단한 증명을 소개한다.

먼저 임의의 어떤 기계라도 만들 수 있는 만능제조 기계 UM을 설계한다. 사실 지금의 범용 퍼스널 컴퓨터는 이 UM에 해당한다. 컴퓨터에 적당한 프로그램만 넣어 주면 워드프로세서로 문서작성기가 되고, 그래픽 에디터로 그림을 그릴 수 있고, 문자인식기로, 번역기로, 노래방 기계로, TV로 변할 수 있는 다목적 만능기계이다.

요즘에는 CNC라는 완전 자동화된 공작기계가 등장하여 제품에 대한 각 스펙을 입력한 데이터만 넣어 주면 자동으로 제품을 만든다. 더구나 자동화된 로봇 공장도 등장하였다.

이렇게 UM에 어떤 기계 M을 만드는 프로그램을 담은 테이프 T(M)을 넣어 준다. 그럼 UM은 테이프 내용대로 기계 M을 만들어 낼 것이다.

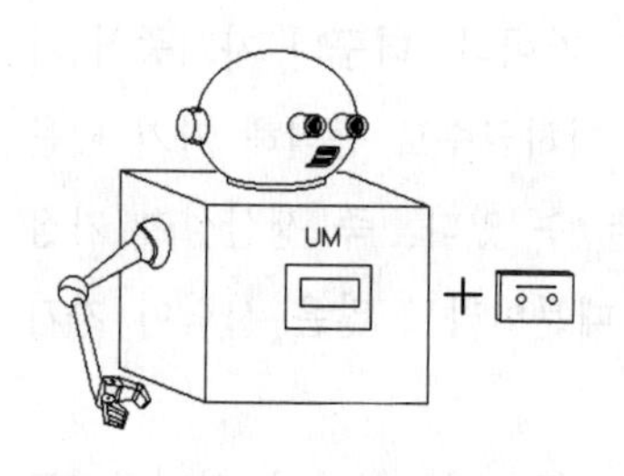

그럼 테이프 내용이 UM을 만들라는 것이라면 어떻게 될까? 물론 만능기계인 UM은 테이프 내용 그대로 자신과 똑같은 또 하나의 UM을 만들어 낼 것이다.

그리고 만들어진 새로운 UM에 테이프 내용을 그대로 복사하여 넣어 주면 새로 만들어진 UM도 복제능력을 갖게 된다. 그러나 이 증명에는 마음에 걸리는 것이 있는데 그것은 만능제조 기계 UM을 전제로 한다는 것이다. 만능, 모든 등의 개념은 파라독스를 가져오기 때문이다.

아무튼 논리적으로 가능하다고 해도 실제로 자기증식하는 기계를 만들 수 있는 것은 쉬운 일이 아니다. 노이만은 실제로 자기증식하는 기계를 설계하려고 하였다.

이러한 노이만의 작업은 생각처럼 쉽지 않았다. 고심하는 노이만에게 폴란드 수학자 울람(Stanislaw Ulam)은 오토마타를 병렬로 연결한 것을 이용해 볼 것을 권한다.

오토마타를 병렬로 연결해서 어떤 물리적인 문제를 해석하는 데 이용하고 있었던 것은 독일의 컴퓨터 과학자 콘라드 주세(Konrad Zuse, 1910~95)이다. 그는 물리적 계의 이산모델로서 계산공간을 고안해 낸다. 이 계산공간은 바로 오토마타가 병렬로 연결된 것이다. 그런 내용이 공간의 계산(Calculating Space)에 정리되어 있다.

콘라드 주세(K. Zuse)

노이만은 이 아이디어를 흉내내어 29개의 상태를 갖는 오토마타를 2차원의 평면에 배열한다. 배열된 오토마타의 수는 무려 20만 개에 달한다.

이들 오토마타, 나중에는 세포라고 불리는 작은 네모상자는 0의 상태로부터 28의 상태까지 취할 수 있다.

20만 개의 세포로 이루어진 이 세포들은 크게 두 부분으로 나누어져 있다. 만능제조 장치를 포함한 복제작업이 프로그램된 지령서로 구성된다.

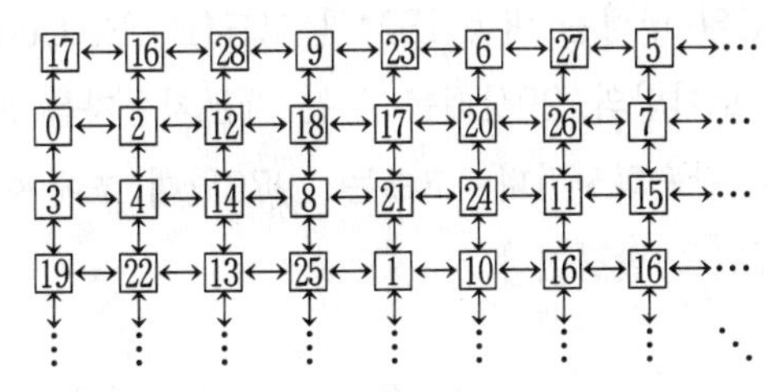

즉 자기증식 능력을 갖춘 기계를 만드는 데 사용되는 정보는 기계 자체를 직접 만드는 데 사용되고 그리고 정보 자체를 복제하는 데도 사용된다. 자기 자신을 복제하라는 정보의 자기 언급이 일어나고 있는 것이다.

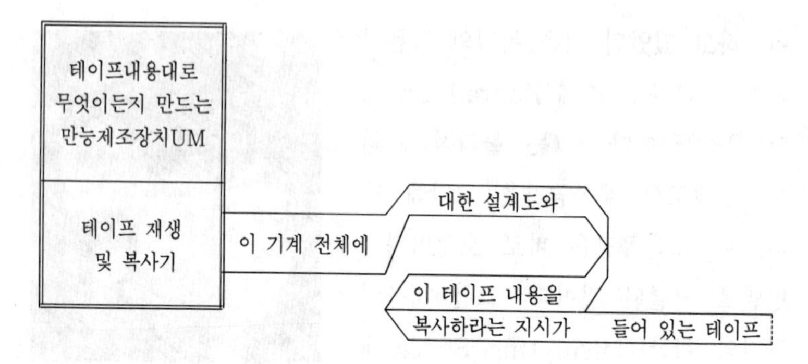

애석하게도 폰 노이만은 자기 스스로 번식하는 오토마톤을 실행해 보지 못했다. 당시의 컴퓨터 용량으로는 20만 개의 세포에 대한 처리를 할 수 없었기 때문이다. 그리고 자기증식 오토마톤에 대한 책을 완성하기 전에 골수암으로 죽었다.

노이만의 자기복제에 관한 기록은 비밀문서로 취급되었으며 훗날 그의 공동연구자 아더 버크스가 완성하여 출판하였다. 울람은 오토마톤을 작은 정사각형으로 하여 평면에 배열한 것을 모자이크 구조라고 불렀다. 세포자동자라는 명칭은 노이만의 논문을 편집했던 버크스가 붙인 것이다.

그후로 노이만의 구상은 미국 IBM의 코드(E. F. Codd)에 의해 단순화되었다. 노이만의 29상태를 갖는 세포자동자를 8가지 상태를 갖는 것으로 단순화시켰다. 코드는 1970년대 초에 이것을 가지고 자기복제 패턴을 발견했다.

생명게임(Life Game)

세포자동자가 일반인들에게 소개된 것은 '생명게임'이라는 이름으로 알려졌다. 그것은 단순한 홍미거리의 퍼즐 같은 것이었다. 처음에 어떤 임의의 모양으로 세포를 배열시키면 이들이 종국에는 어떤 모양으로 남게 되는가를 재미로 알아보는 정도이다.

영국의 케임브리지 대학의 수학자로서 '콘웨이 집합'이라는 수학적 업적을 남긴 존 콘웨이(John Horton Conway)가 1968년에 튜링기계나 노이만의 자기증식 기계로부터 2차원 세포자동자를 생각해 냈다.

세포자동자는 삶과 죽음, 그리고 번식이라는 3개의 상태를 갖는 튜링머신으로 주위의 환경을 계속 읽으면서 삶과 죽음, 그리고 번식의 상태가 결정된다. 이렇게 간단한 규칙을 주었을 때 이들 세포들이 어떤 패턴을 보이는가 연구하였다.

이 게임은 미국의 수학 계몽가 가드너(Martin Gardner)에 의해 『사이언티픽 아메리칸』*Scientific American*이라는 과학잡지에 1970년 10월과 1971년 1월호에 걸쳐 소개되었다. 간단한 규칙인데도 불가사의하게 다양한 결과를 만들어 내는 것에 매료되어 크게 대중화되었다. 특히 컴퓨터의 대중화와 함께 더욱 많은 사람들이 이 게임을 즐겼다.

패턴은 주어진 규칙에 의해 일의적으로 결정되지만 그 규칙으로부터 어떤 패턴이 나올지는 전혀 예상할 수 없다. 실제로 실행해 보기 전에는 알 수 없는 것이다. 마치 자신의 자식이 자라서 어떤 인물이 될지 전혀 예상할 수 없는 것과 같다.

세포들이 바둑판 모양의 칸에 2차원으로 배열되어 있을 때의 세포들의 배열 패턴 변화를 연구하는 것이다. 처음에 주어진 세포 배열에서 각 칸 안의 세포의 운명(살아남느냐, 죽느냐, 번식하느냐)은 이웃의 세포 수가 결정한다. 이웃은 상하좌우 그리고 대각선상의 세포가지 모두 이웃으로 간주하는 무어이웃을 사용한다.

다음은 그 예인데 세 개의 세포가 현재 살아 있지만 다음 순간

좌우의 세포는 이웃을 하나씩밖에 갖지 못했기 때문에 죽어 간다. 가운데 있는 세포도 그 다음 순간 이웃이 하나도 없어서 죽게 될 것이다. 반대로 너무 이웃이 많아도 환경이 공해로 멍들고 식량난이 생겨서 죽게 된다.

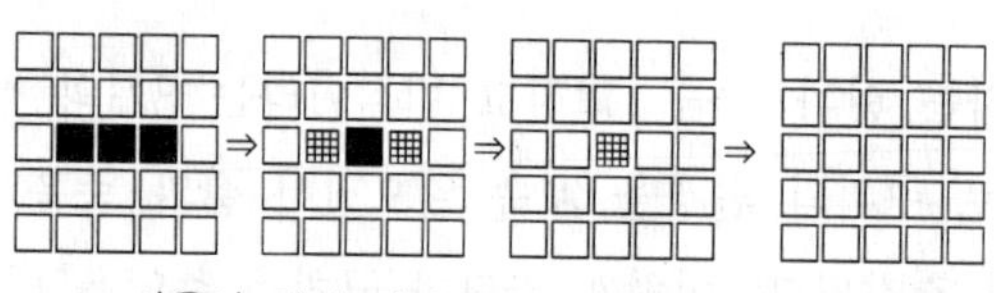

이웃이 하나 이하이면 외로움에 죽는다

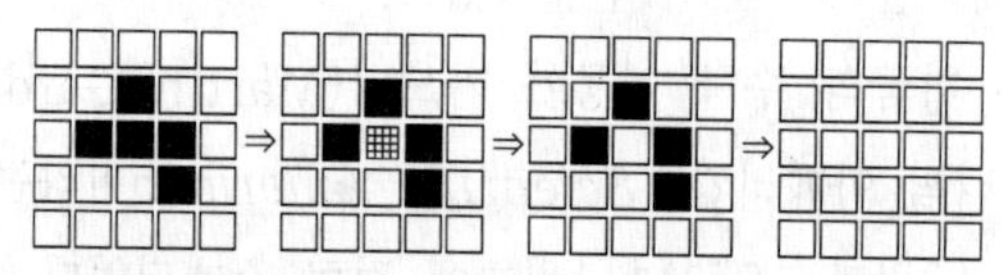

이웃이 4개 이상이면 갑갑해서 죽는다.(▦죽어 가는 세포)

이 이외는 그대로 생존이 유지되며 빈칸 주위에 3개의 세포가 있으면 그 빈칸에 새로운 세포가 탄생한다. 즉 처음에 나란히 3개가 배열된 세포는 모두 죽어서 없어지지 않고 다음과 같이 가로에서 세로로 세로에서 가로로 그 패턴이 반복적으로 계속 변하게 된다. 이처럼 생명게임에서는 죽어 없어지는 세포와 그 상태를 그대로 유지하는 세포, 그리고 새로 생겨나는 세포를 동시에 고려해야만 하는 복잡한 게임인 것이다.

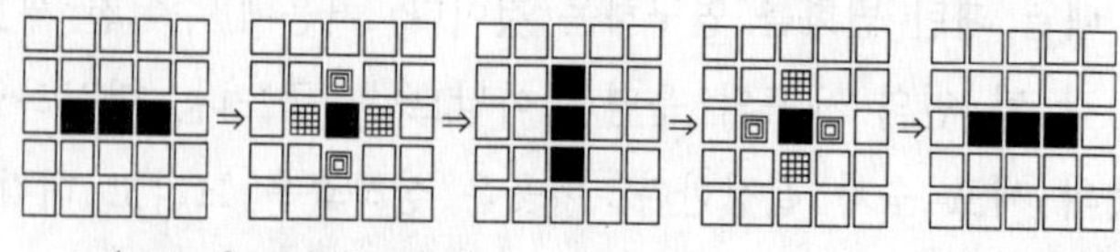

(▣는 새로 생기는 세포)

이처럼 죽음과 탄생은 동시에 일어난다. 이 규칙에 따라 세포배열이 단계마다 변화하며 재미있는 모양을 만들기도 하고, 마치 살아 움직이는 듯한 착각이 들게도 한다.

생명게임의 여러 가지 패턴

생명게임은 여러 사람에 의해 여러 가지 재미있는 패턴들이 발견되었다.

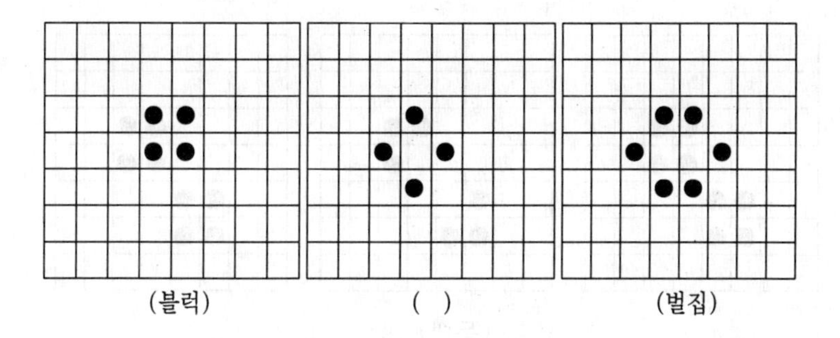

(블럭) ( ) (벌집)

우선 가장 간단한 패턴으로 아무리 시간이 흘러도 아무런 변화를 보이지 않는 앞의 3개의 패턴이 있다. 이제부터는 바둑판에 검은 바둑돌을 놓는 것으로 세포가 살아 있음을 표현한다.

두번째 그룹은 생사를 서로 반복하는 패턴이다. 곧 주기 2로 진동하는 패턴이다.

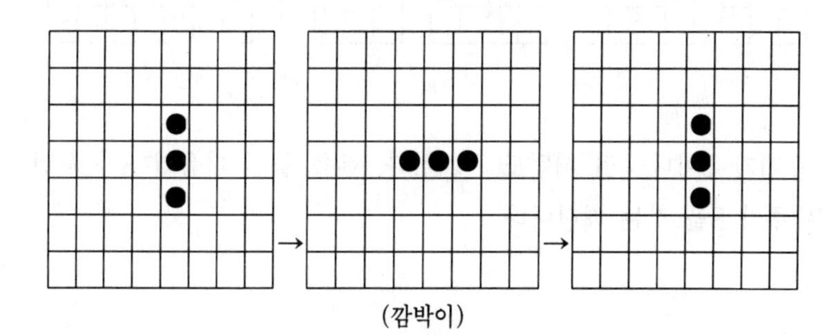

(깜박이)

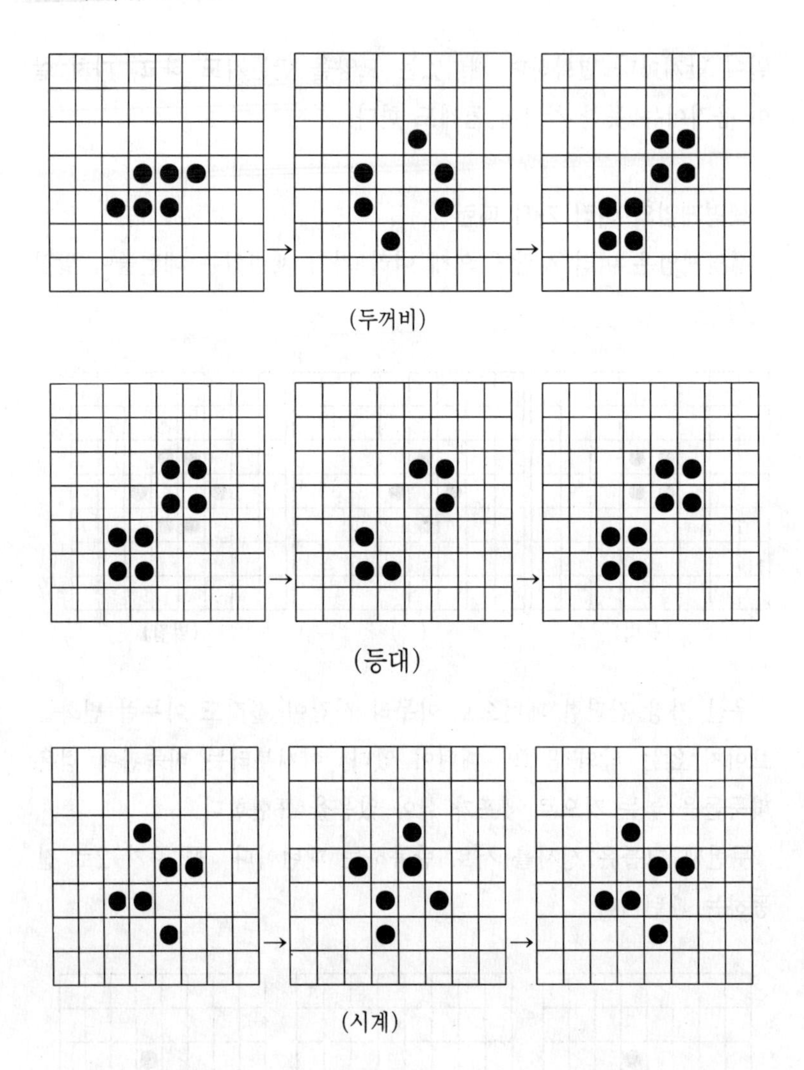
(두꺼비)

(등대)

(시계)

주기가 3이나 4인 패턴도 존재한다. 예를 들면 다음의 8자 패턴은 주기 8을 갖는 패턴이다.

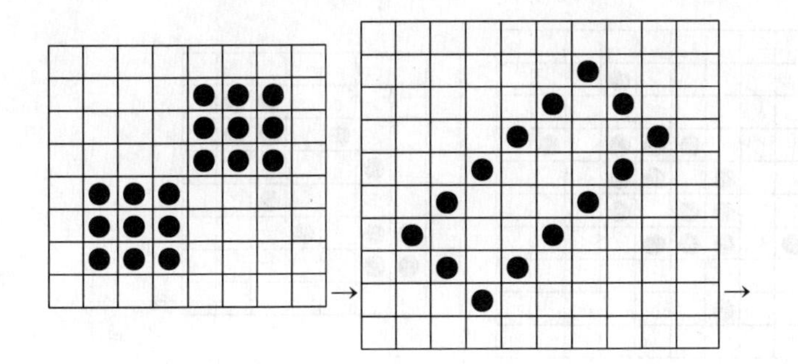

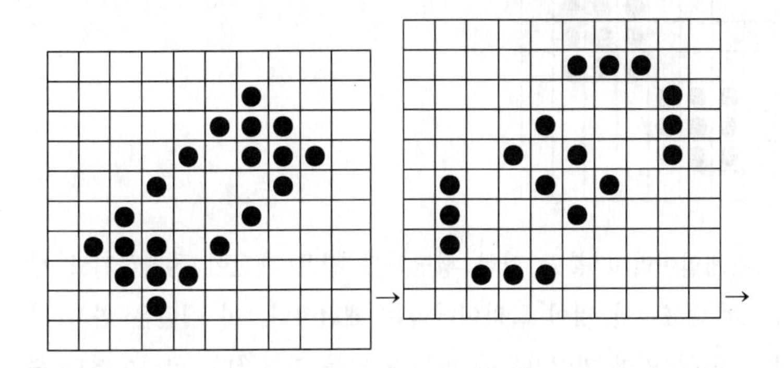

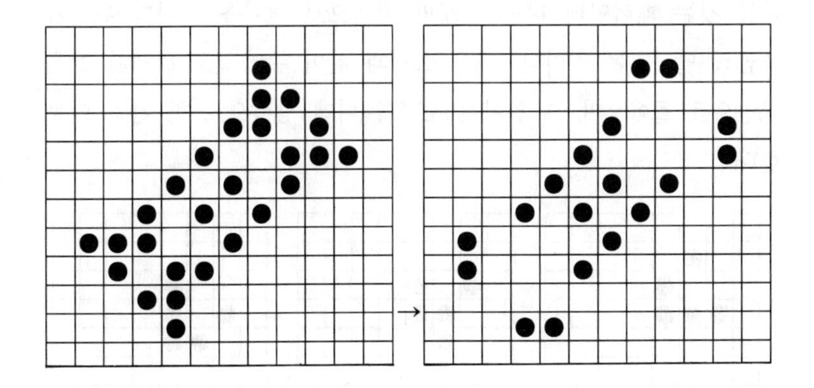

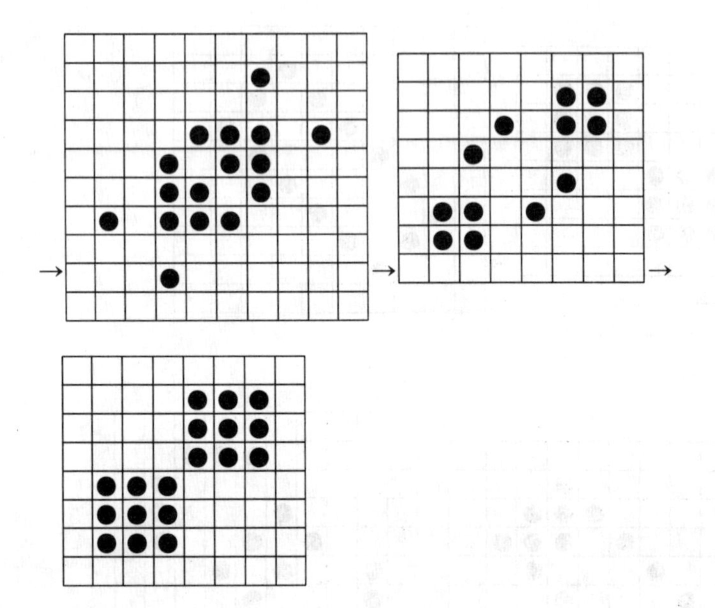

생명게임이라고 불릴 만한 생명체와 같은 패턴이 존재하기도 한다. 그 대표적인 것이 글라이더라는 패턴이다. 이 패턴은 마치 벌레가 꾸물거리며 기어가듯이 바둑판 위를 기어간다. 글라이더도 주기를 갖는 패턴인데 다만 원래의 패턴으로 돌아올 때마다 위치가 조금씩 달라지는 것이다. 다음 그림과 같이 주기 4로 원래와 같은 모양으로 돌아오며 그 위치는 오른쪽 아래 방향으로 한 칸씩 이동한다.

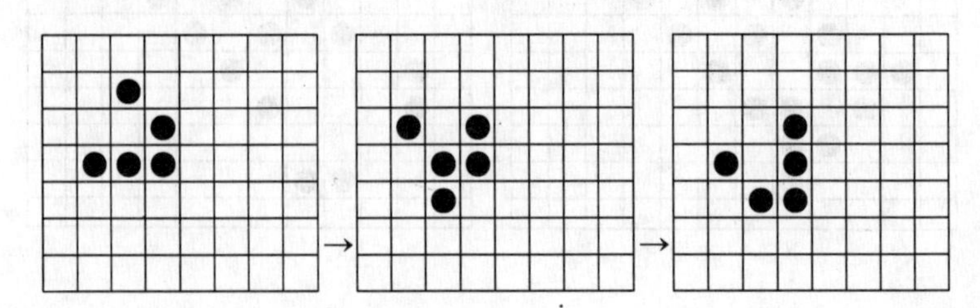

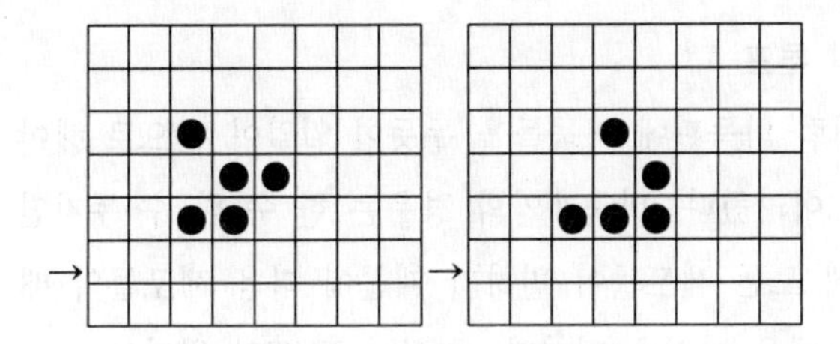

글라이더는 물리학에서 발견된 솔리톤과도 비슷하다.

이동하는 패턴은 이 외에도 주기 4로 오른쪽으로 2칸씩 움직이는 경량급 우주선이라고 불리는 패턴, 중량급 우주선 등 여러 가지 종류가 있다. 특히 재미있는 것은 글라이더를 계속 생성해 내는 글라이더 건(glider gun)이다.

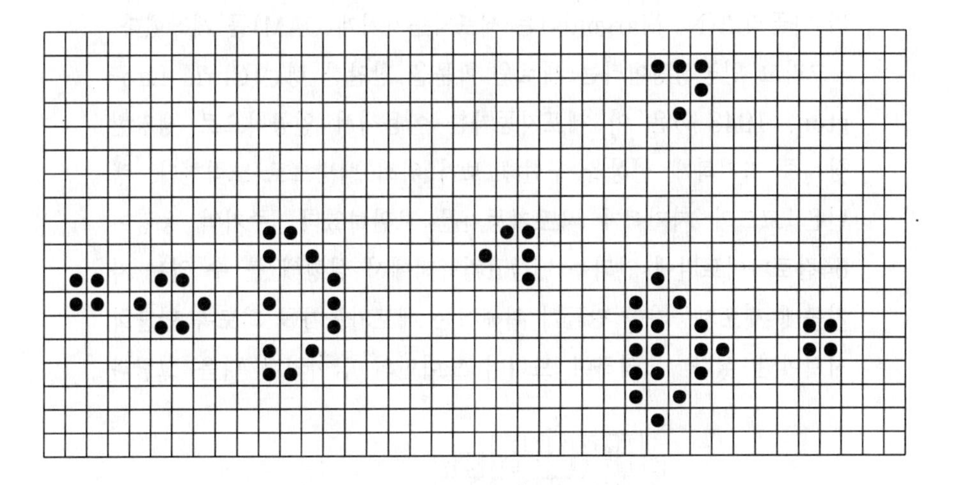

이 외에도 생명게임에는 매우 흥미 있는 변화를 보여주는 패턴이 계속 발견되고 있다. 연기를 내면서 이동하는 기차 같은 패턴, 글라이더를 만들어 내는 패턴 등등 이러한 것을 찾기 위해 많은 사람들이 연구하고 있다.

랭턴의 자기증식 루프

생명게임은 이처럼 바둑판에 바둑돌을 두듯이 일일이 손으로 해야 했기 때문에 매우 어려웠다. 바둑게임의 경우는 한 수 한 수 두지만 생명게임은 동시에 모든 세포들이 변하기 때문에 다음 세포들의 배치를 만드는 것은 매우 어려운 일이다. 그러나 MIT의 윌리암 고스퍼(William Gosper)가 생명게임을 실행하는 프로그램을 개발해서 생명게임의 연구는 크게 활기를 띠었다. 컴퓨터에 초기의 세포 배열만 정해주면 자동으로 다음 세대의 세포자동자 운명을 화면에 보여주기 때문에 생명게임은 크게 유행하게 되었다. 세포자동자를 발전시킨 버크스가 있던 미시간대학의 토마소 토플리(T. Toffoli)나 노만 마골라스(N. Margolus)는 세포자동자기계(CAM)를 제작했다.

그리고 인공생명이라는 새로운 학문을 창안한 랭턴(Chris Langton, 1948~)은 이 세포자동자를 이용해서 인공적으로 생명현상, 즉 자기복제 현상을 구현해 보기 위해 백방으로 노력한다. 랭턴은 코드의 자기복제 세포자동자를 보완하였다. 주기억 용량이 64킬로바이트밖에 안되는 애플Ⅱ컴퓨터에서 실행해 볼 수 있는 자기복제 세포자동자를 만들기 위해서는 세포자동자를 되도록 단순화시켜야만 했다. 그리하여 드디어 노이만의 꿈이었던 다음 그림과

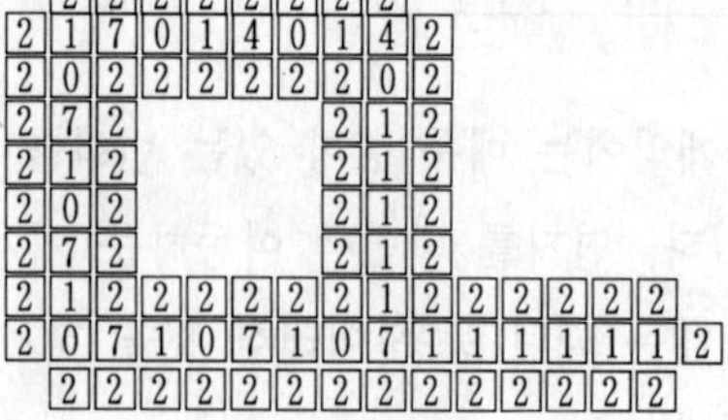

	2	2	2	2	2	2	2	2							
2	1	7	0	1	4	0	1	4	2						
2	0	2	2	2	2	2	2	0	2						
2	7	2					2	1	2						
2	1	2					2	1	2						
2	0	2					2	1	2						
2	7	2					2	1	2						
2	1	2	2	2	2	2	2	1	2	2	2	2	2	2	
2	0	7	1	0	7	1	0	7	1	1	1	1	1	1	2
	2	2	2	2	2	2	2	2	2	2	2	2	2	2	

자기증식하는 세포자동자인 랭턴의 Q자형 루프

같이 15×10의 크기로 모두 94개의 세포로 이루어진 자기복제 시스템이 탄생하게 된다. 아마도 노이만이 이것을 볼 수 있었다면 자신의 복잡한 시스템보다 간단한 것이 자기증식하는 것을 보고 감탄을 금하지 못했을 것이다.

이 세포자동자는 다음과 같이 노이만 이웃을 이용하여 변화한다. 즉 가운데 있는 세포의 다음 상태는 위, 아래, 좌우의 네 개의 세포의 상태에 의해 결정된다. 다음은 그 규칙의 일부이다.

```
   0            0
0  0  0  ⇨  0  0  0
   0            0
```

이웃이 모두 0이고 자신도 0이면, 다음에도 변함없이 그대로 0이다.

```
   2            2
2  1  7  ⇨  2  7  7
   0            0
```

이웃이 각각 그림처럼 2, 7, 0이면 1은 다음에 7로 바뀐다는 등의 규칙이다.

각 세포는 8가지 상태를 취할 수 있는데다 5의 이웃을 갖기 때문에 이들 조합의 가짓수는 모두 32,768가지나 된다. 이 가짓수에 다시 8가지 상태 중에서 하나를 선택하는 변이 규칙을 생각한다 가능한 규칙은 모두 8^{32768}가지의 규칙이 된다. 랭턴은 이 많은 규칙을 일일이 조사해 가면서 자기증식을 만드는 규칙을 찾아낸 것이다. 실로 엄청난 인내심을 요구하는 지루하고 번잡하기 짝이 없는 작업이었다. 하지만 그것으로부터 아무 것도 나오는 것은 없다. 속된 말로 밥이 나오는 것도, 떡이 나오는 것도 아니다. 이제 막 결혼한 그의 아내도 그 부질없는 작업에 대해서 불만이 대단했다. 그러나 밤늦게 작업하는 랭턴을 향해 그만하고 침대로 와서 잠을 청하라고 바가지를 긁는 정도였다. 소크라테스의 아내처럼 물벼락을 내리지 않은 것이 천만 다행한 일이었다. 이 지루한 작업은 랭턴에게는 단지 검불 속에서 바늘을 찾아냈다는 희열감 이상이었다. 그는 처음으로 그것도 직접 자기 손으로 자연의 생명체에서 볼 수 있는 것과 똑같이 자기증식하는 인공의 생명체 같은 것을 창조한 것이다.

신(神)만의 금단의 영역인 생명창조를 인간이 해낸 것이다. 비록 컴퓨터 상의 일이지만 더구나 생명의 일부 특징인 자기복제를 실현한 것에 지나지 않지만 이것은 인류역사의 가장 커다란 사건인 것이다.

이 세포자동자의 움직임은 마치 전자회로를 타고 신호가 전해지는 것과 같다. 먼저 상태 2의 세포들은 전선의 피복과 같은 역할을 한다. 그리고 상태 1의 세포는 구리선과 같은 도체로서 신호가 지나가는 길이다. 그리고 다른 번호는 신호이다. 신호는 1초에 한 칸씩 진행한다. 이제부터는 네모는 생략하고 숫자로만 세포를 나타낸다. 0번 세포는 진공을 뜻하며 특별한 경우가 아니면 나타내지 않는 경우가 많다.

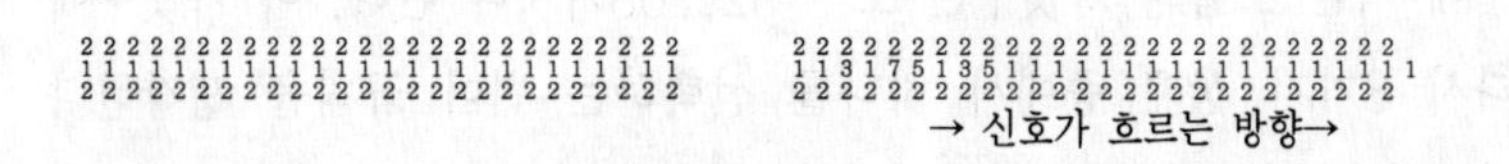


```
  2 2 2 2 2 2 2 2
2 1 7 0 1 4 0 1 4 2
2 0 2 2 2 2 2 2 0 2
2 7 2         2 1 2
2 1 2         2 1 2
2 0 2        ↑2 1 2
2 7 2     →   2 1 2 →
2 1 2 2 2 2 2 2 1 2 2 2 2 2
2 0 7 1 0 7 1 0 7 1 1 1 1 1 2
  2 2 2 2 2 2 2 2 2 2 2 2 2
```

신호의 흐름은 분기점에 도달하면 위쪽으로는 신호를 그대로 복사해서 보내고 오른쪽으로는 그 신호 내용을 실행시키도록 한다. 여기서 7 0은 핵심적인 유전코드로서 껍질 2를 자라게 하고 자신을 복제한다.

즉 다음 그림과 같이 상태 7과 0이 연속된 7 0이 꼬리 부분에 가면 꼬리를 1만큼 늘리고, 연속신호 4 0이 2회 반복되면 꼬리를 왼쪽으로 90° 돌리도록 고안되어 결국에는 자신과 똑같은 모습과 기능을 갖춘 자식을 만들어 낸다.

두 개의 2로만 둘러싸여 있을 때는 전혀 변함이 없던 7은 3개의 2를 만나면 6으로 바뀌고 6은 곧 1로 바뀌며, 6을 만난 2들은 5로 바뀐다. 2는 7과 5가 이웃에 오면 3으로 바뀌고, 3은 곧 2로 바뀐다. 2나 1에 접해 있는 5는 그 상태를 그대로 유지한다. 5를 두 개 만난 0은 2로 바뀌고, 3이 이웃에 있는 5는 2로 바뀌고, 그 외 5는 1로 바뀐다. 2로 둘러싸이지 않은 0이 1을 만나면 2가 된다. 이렇게 해서 한 칸이 늘어난다. 이때까지 시간은 10초가 걸린다.

```
  2         2         2 5       3 5 2       2 2 2         2 2
0 7 2 → 1 6 2 → 7 1 5 → 0 7 5  → 1 6 1  →  7 1 6 2 →
  2         2         2 5       3 5 2       2 2 2         2 2
```

t=5   6   7   8   9   10

```
  2 2 2 2 2 2 2 2
2 1 7 0 1 4 0 1 4 2
2 0 2 2 2 2 2 2 0 2
2 7 2         2 1 2
2 1 2         2 1 2
2 0 2         2 1 2
2 7 2         2 1 2
2 1 2 2 2 2 2 2 1 2 2 2 2 2
2 0 7 1 0 7 1 0 7 1 1 1 1 1 2
  2 2 2 2 2 2 2 2 2 2 2 2 2
```

(t=0)

```
  2 2 2 2 2 2 2 2
2 0 1 4 0 1 1 1 1 2
2 4 2 2 2 2 2 2 1 2
2 1 2         2 7 2
2 0 2         2 0 2
2 7 2         2 1 2
2 1 2         2 7 2
2 0 2 2 2 2 2 2 0 2 2 2 2 2
2 7 1 0 7 1 0 7 1 0 7 1 0 7 2
  2 2 2 2 2 2 2 2 2 2 2 2 2
```

(t=5)

```
  2 2 2 2 2 2 2 2
2 1 4 0 1 1 1 1 1 2
2 0 2 2 2 2 2 2 7 2
2 4 2         2 0 2
2 1 2         2 1 2
2 0 2         2 7 2
2 7 2         2 0 2
2 1 2 2 2 2 2 2 1 2 2 2 2 2
2 0 7 1 0 7 1 0 7 1 0 7 1 6 2
  2 2 2 2 2 2 2 2 2 2 2 2 2
```

(t=6)

```
  2 2 2 2 2 2 2 2
2 4 0 1 1 1 1 1 7 2
2 1 2 2 2 2 2 2 0 2
2 0 2         2 1 2
2 4 2         2 7 2
2 1 2         2 0 2
2 0 2         2 1 2
2 7 2 2 2 2 2 2 7 2 2 2 2 5
2 1 0 7 1 0 7 1 0 7 1 0 7 1 5
  2 2 2 2 2 2 2 2 2 2 2 2 5
```

(t=7)

```
  2 2 2 2 2 2 2 2
2 0 1 1 1 1 1 7 0 2
2 4 2 2 2 2 2 2 1 2
2 1 2         2 7 2
2 0 2         2 0 2
2 4 2         2 1 2
2 1 2         2 7 2
2 0 2 2 2 2 2 2 0 2 2 2 3 5 2
2 7 1 0 7 1 0 7 1 0 7 1 0 7 5
  2 2 2 2 2 2 2 2 2 2 2 3 5 2
```

(t=8)

```
  2 2 2 2 2 2 2 2
2 1 1 1 1 1 7 0 1 2
2 0 2 2 2 2 2 2 7 2
2 4 2         2 0 2
2 1 2         2 1 2
2 0 2         2 7 2
2 4 2         2 0 2
2 1 2 2 2 2 2 2 1 2 2 2 2 2 2
2 0 7 1 0 7 1 0 7 1 0 7 1 6 1
  2 2 2 2 2 2 2 2 2 2 2 2 2 2
```

(t=9)

```
  2 2 2 2 2 2 2 2
2 1 1 1 1 7 0 1 7 2
2 1 2 2 2 2 2 2 0 2
2 0 2         2 1 2
2 4 2         2 7 2
2 1 2         2 0 2
2 0 2         2 1 2
2 4 2 2 2 2 2 2 7 2 2 2 2 2 2
2 1 0 7 1 0 7 1 0 7 1 0 7 1 6 2
  2 2 2 2 2 2 2 2 2 2 2 2 2 2
```

(t=10)

```
  2 2 2 2 2 2 2 2
2 7 0 1 7 0 1 7 0 2
2 1 2 2 2 2 2 2 1 2
2 1 2         2 7 2
2 1 2         2 0 2
2 1 2         2 1 2
2 1 2         2 7 2
2 0 2 2 2 2 2 2 0 2 2 2 2 2 2 2
2 4 1 0 4 1 0 7 1 0 7 1 0 7 1 6 2
  2 2 2 2 2 2 2 2 2 2 2 2 2 2 2
```

(t=15)

```
  2 2 2 2 2 2 2 2
2 0 1 7 0 1 7 0 1 2
2 7 2 2 2 2 2 2 7 2
2 1 2         2 0 2
2 0 2         2 1 2
2 7 2         2 7 2
2 1 2         2 0 2
2 1 2 2 2 2 2 2 1 2 2 2 2 2 2 2 2
2 1 1 1 0 4 1 0 4 1 0 7 1 0 7 1 6 2
  2 2 2 2 2 2 2 2 2 2 2 2 2 2 2 2
```

(t=19)

```
  2 2 2 2 2 2 2 2
2 1 7 0 1 7 0 1 7 2
2 0 2 2 2 2 2 2 0 2
2 7 2         2 1 2
2 1 2         2 7 2
2 0 2         2 0 2
2 7 2         2 1 2
2 1 2 2 2 2 2 2 4 2 2 2 2 2 2 2 2 2
2 0 7 1 1 1 1 1 0 4 1 0 4 1 0 7 1 6 2
  2 2 2 2 2 2 2 2 2 2 2 2 2 2 2 2 2
```

(t=23)

2는 4와 5가 오면 3이 되고,

$$\begin{smallmatrix}&0&\\3&5&2\\&4&\end{smallmatrix}\quad\begin{smallmatrix}&2&\\0&5&4\\&3&\end{smallmatrix}\quad\begin{smallmatrix}&4&\\2&5&3\\&0&\end{smallmatrix}\quad\begin{smallmatrix}&3&\\4&5&0\\&2&\end{smallmatrix}$$

인 경우만 5가 1로 바뀌고, 그 외는 무조건 2로 바뀐다.

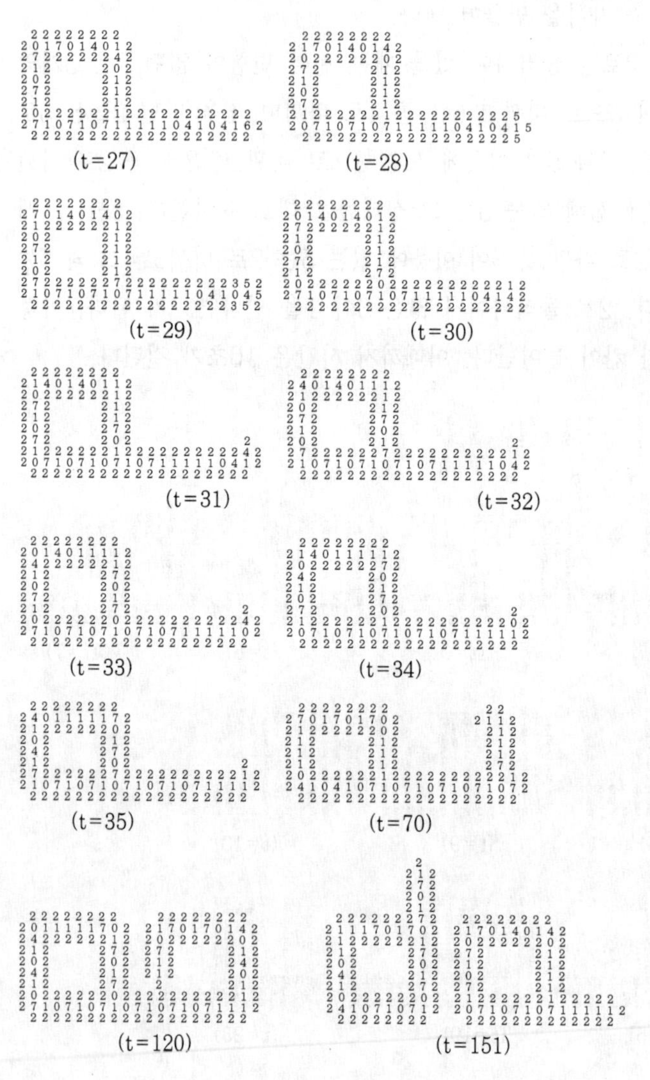

더구나 울프램의 1차원 세포자동자 연구는 카오스와 인공생명의 개념을 이어주는 가교 역할을 한다. 그리고 랭턴은 자신과 같은 생각을 갖는 사람들이 공동연구를 할 수 있으면 좋겠다는 생각에서 1987년 로스앨러모스에서 최초의 인공생명회의를 개최하였다. 이렇게 해서 세포자동자는 복잡성 과학의 중심 테마로서 인공생명 연구의 중요수단으로서 부상하기 시작한 것이다.

3. 1차원 세포자동자

스테펜 울프램

여기 또 한 사람, 아담의 원죄 때문에 십자가를 짊어진 사람이 있다. 그는 우주나 생명의 신비를 수학으로 완벽하게 설명할 수 있다고 믿었다. 지치지 않는 끈질긴 정열로 그 신념을 밀고 나갔다.

영국에서 태어난 울프램(Stephen Wolfram, 1959~)은 16세에 옥스퍼드 대학에 입학했던 수학과 물리학의 천재이다. 울프램은 우주나 생명의 비밀은 수학으로 완전히 기술할 수 있다고 믿었다. 그리고 물리학이야말로 우주의 비밀을 푸는 열쇠를 쥐고 있다고 생각하여 더 이상 얻을 것이 없는 옥스포드 대학을 그만두고 캘리포니아 공과대학으로, 프린스턴 고등연구소로 자리를 옮기면서 이론물리학을 전공하였다.

그는 우주의 근원을 찾아서 소립자 물리학을 연구하는 아담의 후예인 것이다. 그러나 소립자를 연구하면 우주의 수수께끼가 풀리기는커녕 새로운 수수께끼를 양산할 뿐이었다. 그 기본적인 입자를 연구하면 할수록 더 많은 입자가 발견되고 계산이 복잡하게 될 뿐이었다. 자연은 단순하다는 서구인의 오랜 믿음은 뭔가 잘못되었다고 생각하게 만들었다. 소립자 이론은 우주의 본질을 추구하는 이론이라기보다 우주의 다양한 현상을 보여주는 겉 핥기에 지나지 않은 것 같았다. 그에게는 무언가 새로운 변혁이 필요했다. 토마스 쿤이 말하는 패러다임의 전환과 같은 것이다.

울프램은 갑자기 소립자 이론의 연구를 멈추고 아무도 거들떠보지 않는 세포자동자를 연구하기 시작했다. 그에게는 복잡한 소립자의 세계를 단적으로 설명할 새로운 수학적 방법이 필요했던 것이다. 그 수학은 컴퓨터를 절대적인 도구로 하는 새로운 수학이었다.

물리학에서 보는 난류 현상이나, 경제학에서 보는 주가 폭락은 전혀 다른 현상이지만 공통적으로 동일한 구조의 복잡성을 나타낸다는 점에 주목하고 이러한 복잡성을 분석하는 데 세포자동자가 위력을 발휘하리라는 직감을 얻었다. 세포자동자는 간단한 규칙으로부터 스스로 복잡한 패턴을 만들어 내기 때문이었다.

울프램은 노이만의 세포자동자를 보고 이것을 최대한 단순화해서 그 메커니즘을 자세히 조사하기로 했다. 어떤 수학적 시스템에 어떤 조건을 덧붙이면 복잡함이 생기는가 이 문제를 해결하는 것이 우주의 비밀을 밝히는 관건이라고 생각한 것이다.

그래서 프린스턴 연구소로 옮겨가 얼마 있지 않아 소립자 물리를 포기하고, 세포자동자를 연구하기로 했다. 그러나 세포자동자는 아직 학문적인 틀을 갖추지 못한 상태였다. 아무도 거기에서 좋은 연구성과를 올릴 수 있다고 생각지 않았다. 그것은 마치 궤도를 이탈한 열차와도 같은 것이었다.

그러나 울프램은 지금의 과학은 어떤 한계(이러한 한계를 복잡성의 과학에서는 자기조직 임계현상이라고 부르기도 한다)에 도달했으며 새로운 돌파구를 모색할 때라고 느끼고 1982년부터 세포자동자를 연구했다. 주위 사람들의 비웃음을 받으면서….

세포자동자와 복잡성

생명게임에서 보듯이 세포자동자는 2차원만 되어도 그 전체적인 거동이 매우 복잡해진다. 울프램은 세포자동자를 더욱 간단히 하여야만 수리적 관계를 간파하기 쉬워진다고 생각했다. 그래서 울프램은 세포들을 단순히 일렬로만 배열하여 두고 그 변화의 양상을 컴퓨터로 조사하기 시작했다.

이렇게 해서 1차원 세포자동자는 울프램에 의해 집중적으로 연구되었다. 그의 『세포자동자와 복잡성』이라는 저서에 그 연구결과가 집대성되어 있다.

복잡한 것에서 복잡함이 생기는 것은 당연하지만 단순한 것에서 복잡한 것이 탄생하는 일은 놀랄 만한 것이다. 그것은 마치 마술을 보고있는 듯한 감을 주기도 한다. 그래서 울프램은 가장 단순한 시스템을 선택했다. 그것이 바로 1차원 세포자동자이다.

노이만의 세포자동자는 20만 개의 세포가 각각 29가지의 상태를 가지게 된다. 콘웨이는 이것을 단순화해서 2차원 세포자동자로 해서 생명게임이라는 새로운 수학퍼즐을 만들었다. 그러나 이것도 아직은 복잡하다. 울프램은 더욱더 간단한 것을 찾았다. 그것은 고대 그리스 수학자들이 작도 문제에서 오로지 자와 컴퍼스라는 가장 간단한 도구로 어떤 복잡한 도형이라도 그리려고 했던 고집과 일맥상통한다. 그래서 가장 간단한 1차원 세포자동자를 택한 것이다. 수학의 정신은 모든 가능성을 항상 염두에 두는 것이다. 그러나 아담이 선악과를 먹다가 말았기 때문인지 몰라도 인간의 신피질은 그다지 뛰어나지 못하다. 건망증이 아주 심하고 조금만 복잡해지면 그만 혼란에 빠진다. 따라서 모든 가능성을 염두에 두기 위해서는 처음 출발점은 되도록 간단해야 할 것이다.

너무 간단한 것에서는 아무 것도 얻을 수 없다고 생각할지도 모른다. 그러나 1차원 세포자동자는 우리에게 많은 것을 보여준다.

1차원 2상태 3이웃 세포자동자

1차원 세포자동자는 말 그대로 1차원, 즉 한 줄로 세포들을 배열한 것이다. 1차원 세계의 생물들에게 공간감각은 앞뒤밖에 없다. 즉 이들 세포들은 앞뒤의 세포들밖에 생각할 수 없는 것이다.

…■■□■□■■□□□■■□■□□□■□…

-1차원 세포자동자-

따라서 세포들이 영향을 미칠 수 있는 것은 오로지 앞뒤의 세포뿐이다. 그리고 검은 세포(■)는 살아있는 세포이고, 흰 세포(□)는 죽어있는 또는 빈자리라고 생각해도 좋다. 즉 각각의 세포는 2가지 상태를 취할 수 있는 것이다.

이 1차원 세포자동자는 어떤 장소의 세포의 상태가 양쪽 이웃에 있는 세포의 상태에 의해서 정해진다. 각각의 세포는 살아있거나 죽어있는 상태를 취한다. 좌우의 두 개의 세포를 포함해 모두 세 개의 세포 조합으로 다음 세대의 세포상태, 즉 삶과 죽음이 결정된다. 즉 3이웃 세포자동자이다. 이것을 간단히 정리해서 1차원 2상태 3이웃 세포자동자라고 부른다. 앞에서 말한 것처럼 우리는 일반적으로 n차원 p상태 m이웃 세포자동자를 생각할 수 있다. 그러나 가장 단순한 1차원 2상태 3이웃 세포자동자라도 얼마든지 복잡한 패턴을 만들어 내는 것을 보게 될 것이다. 그리고 덧붙여서 세포배열의 길이를 유한으로 한정하면 그 경계조건을 정해 주어야 하는데 여기서는 주기 경계조건을 사용하기로 한다.

이제 1차원 2상태 3이웃 세포자동자로 생명게임을 해보자. 즉 생명게임에서처럼 너무 갑갑해도 모두 죽고 너무 외로워도 죽고 적당한 조건이면 새로 생기는 그런 이웃의 조건을 찾아보면 다음과 같다.

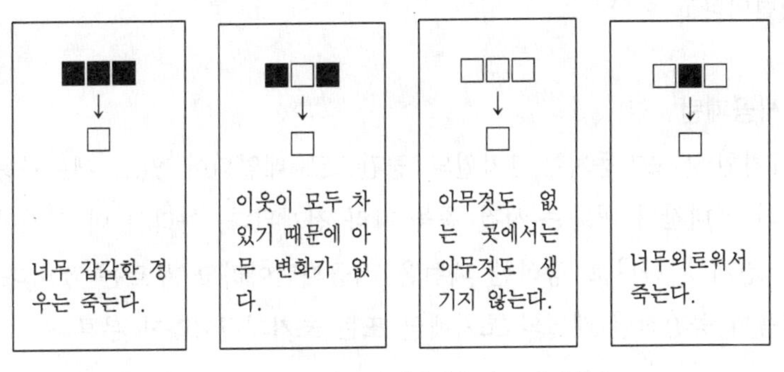

너무 갑갑한 경우는 죽는다.
이웃이 모두 차 있기 때문에 아무 변화가 없다.
아무것도 없는 곳에서는 아무것도 생기지 않는다.
너무외로워서 죽는다.

이외의 경우는 살아 있는 것이 그대로 유지되거나 새로 생겨난다.

다음과 같이 세포배열의 길이가 10인 곳에 단 하나의 세포(■)만 살아 있다고 하자. 즉 사막과 같은 곳에 살아있는 단 하나의 세포는 다음 순간에 죽어서 온통 죽음의 바다만 남게 된다. 두 개가 살아 있는 경우는 서로 의지하여서 주위에 새로운 세포를 만들어 낸다.

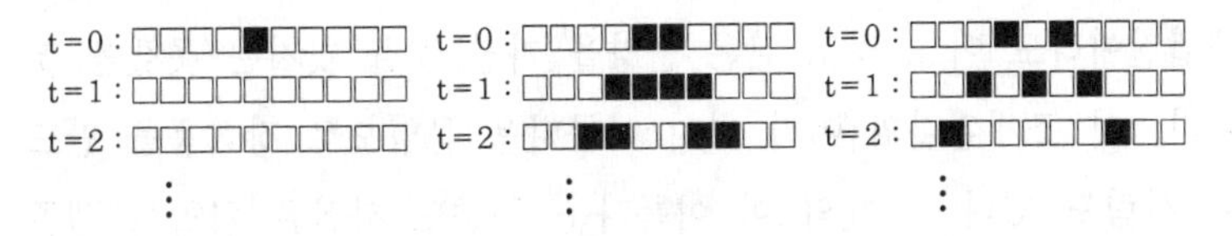

1차원 세포자동자로 2차원의 생명게임처럼 다양하고 재미있는 패턴을 찾아볼 수는 없다. 하지만 1차원 세포자동자의 경우에는

그 변화의 역사를 한눈에 볼 수 있는 장점이 있다. 그리고 그 역사의 패턴은 살아있는 세포의 개수나 그들의 배열방법 등에 따라서 다양한 패턴을 보여준다. 2차원 생명게임의 경우에도 패턴의 변화에 대한 기록을 할 수는 있지만 그것은 3차원의 패턴이 되기 때문에 안쪽에 있는 세포들의 변화는 가려서 잘 보이지 않게 되거나 산만하여 관찰하기 힘들다. 이러한 세포자동자의 변화의 역사를 시공패턴이라고 한다.

시공패턴

1차원 세포자동자는 1차원의 공간으로 배열되어 있고 세포자동자의 세대간의 변화는 시간 축을 따라 전개된다. 따라서 이 시간적인 전개를 하나로 정리한 패턴을 시공패턴이라고 부르는 것이다. 처음의 공간적인 배열의 초기배열 또는 초기패턴이라고 부른다.

←공간적인 배열→
↓
시간적인 전개
↓

이러한 시공패턴의 재미있는 예로 조개껍질의 문양을 들 수 있다.

조개도 수학을 한다

여름에 강가나 바닷가에서 조개를 주워본 적이 있는가? 같은 조개껍질이라도 어느 것도 같은 문양을 가진 것을 찾지는 못했을 것이다. 이 조개껍질의 여러 가지 아름다운 문양으로 장식품을 만드는 사람도 있다. 조개의 이 아름다운 문양도 사실은 치열한 생존경쟁을 위한 보호색이다. 마치 그냥 조약돌처럼 착각이 들도록 채색을 하는 것이다.

조개가 자라면서 조개껍질도 점점 커지는데 그 조개껍질을 만들 때 어떤 부위는 하얀 색의 석회질을 그대로 분비하고 어떤 부위는 염색한다. 이 염색하는 방법은 간단한 규칙을 반복하는 것으로 여러 가지 조개의 문양이 만들어지는 것이다.

즉 조개는 연체동물이라는 아주 하등한 동물인데 이 조개도 수학을 한다는 것이다. 그 수학이란 다름 아닌 세포자동자이다. 조개에서는 염색된 세포 ■, 염색되지 않은 세포 □로 표시한다. 그리고 이들 세포들이 상호작용해서 그들의 상태가 바뀐다.

각각의 조개들은 어떤 적당한 규칙에 따라 세포의 염색 여부를 판정해 그것을 반복하는 것으로 자신의 조개껍질을 아름답게 채색하는 것이다. 예를 들면 지금 다음과 같은 규칙을 선택한 조개가 있다면 이 규칙으로 만들어진 조개껍질의 문양 곧 시공 패턴을 다음에 그려보았다.

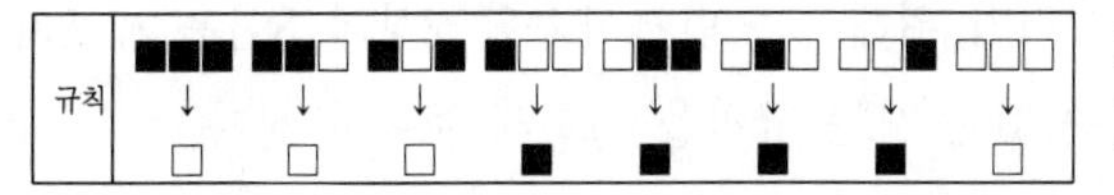

세포 배열이 ■■■일 때는 다음 세대의 세포는 □이고, ■□□일 때는 다음 세대는 ■이라는 규칙이다.

이 패턴은 아주 간단한 규칙으로 생성된 것이지만 아주 복잡하고 불규칙한 양상을 보인다. 바닷가의 조개껍질은 이와 같은 패턴으로 채색을 하는 것이기에 그 문양이 다양한 것이다. 그들은 세포자동자라는 수학을 이용해서 몸치장을 한다는 이야기다.

이 그림을 보고 있으면 조상 세대의 한 씨앗이 번식해 나가는 모습을 보는 것 같은 기분이 든다.

이 하나의 씨앗은 다음 세대에 3개로 번식한다. 즉

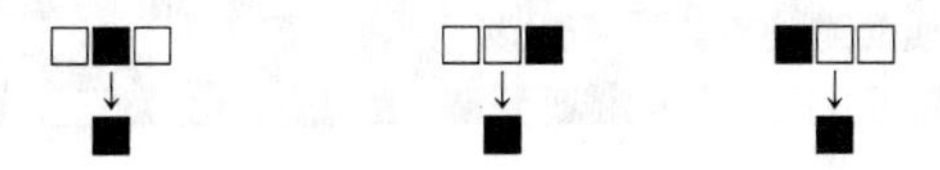

이라는 규칙으로 연이어 살아 있는 ■■■ 세포열이 1세대에 생긴다. 이 1세대의 세포들은 다음 2세대의 세포들을 만드는데 그 규칙은 여전히 같은 규칙이 그대로 적용된다. 이 과정을 22세대까지 반복해 보았다. 이것은 수 작업으로 만들었는데, 컴퓨터를 이용하면 50세대, 100세대까지도 쉽게 만들어 볼 수 있다.

2세대에서는 3개의 자손이 각자 삶의 터전을 찾아 흩어져 나가는 것처럼 보인다. 다시 3세대에서 자손이 더욱 불어나고 4세대에서 흩어져 나간다. 이때 잉여 자손들이 죽어서 사라진다. 즉 좁은 땅에서의 인구폭발 때문에 아사자들이 생기는 것처럼 보인다. 그리고 이러한 반복이 계속되어 가면서 삶의 터전을 계속 확대해 나가는 것처럼 보이기도 한다.

바닷가에서 주워 모은 조개껍질의 패턴을 보고 그것이 어떤 규칙을 이용해서 그러한 문양을 만들게 되었는지 조사해 보는 것도 흥미 있는 일이다. 그러기 위해서는 먼저 1차원 2상태 3이웃 세포자동자에서 생각할 수 있는 모든 규칙을 정리해 보아야 한다.

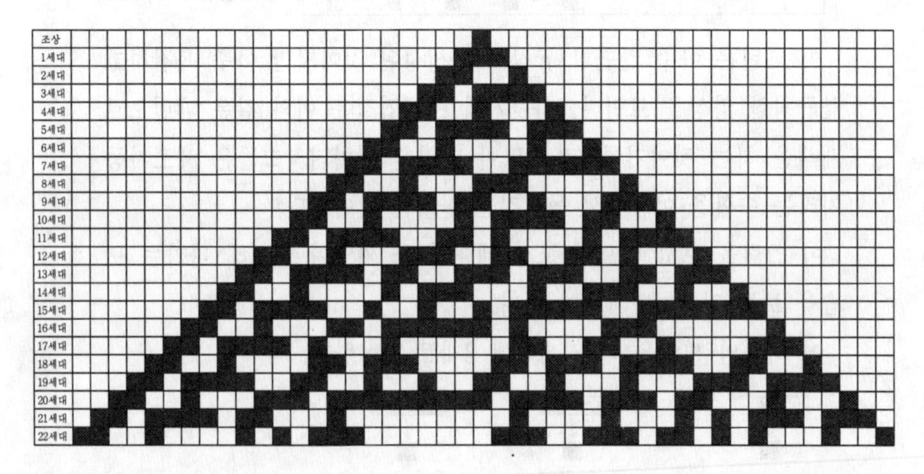

세포자동자의 상태천이 규칙

세포자동자는 3이웃의 상태에 따라 다음 상태가 결정된다. 각 세포는 2의 상태를 가질 수 있으므로 3세포가 가지는 상태의 조합 가짓수는 2의 3제곱, 즉 8가지의 경우밖에 없다. 즉 다음과 같이 3개 모두 살아 있는 경우부터 3개 모두 죽어 있는 경우까지이다.

■■■	■■□	■□■	■□□	□■■	□■□	□□■	□□□
1 1 1	1 1 0	1 0 1	1 0 0	0 1 1	0 1 0	0 0 1	0 0 0

■(ON)을 1, □(OFF)를 0으로 나타내기로 하면, 세 개의 세포의 상태를 0과 1만을 사용하는 2진법의 3자릿수로도 표시할 수 있다.

이들은 000, 001…, 111까지의 여덟 개의 상태로, 이들이 다음 세대에서 한가운데 세포가 ON이 되는가 OFF가 되는가를 결정하는 방법은 또 다음과 같이 2의 8승, 즉 256가지의 경우가 있다. 아무리 간단한 1차원 세포자동자라도 벌써 조사해야 할 규칙이 256가지나 되는 엄청난 것이다. 이것을 손으로 일일이 한다는 것은 단순 반복적인 지루한 일을 가장 싫어하는 호모 사피엔스 사피엔스에게는 고역 중에 고역이다. 필자도 이 작업을 처음에는 수 작업으로 조사하다가 도저히 불가능한 작업이라는 것을 깨닫고 프로그래머에게 이 작업을 신속히 끝낼 수 있는 프로그램을 개발해 줄 것을 의뢰해야만 했다. 앞으로 수학 연구를 희망하는 사람은 간단한 것이라도 프로그램 언어를 하나쯤 익혀두어야 할 것이다. 실제로 울프램은 수학 연구에 큰 도움이 되는 '매쓰매티카'라는 이름으로 상품화되어 있는 강력한 소프트웨어를 직접 제작한 유능한 프로그래머이기도 하다.

울프램의 집념은 이 256가지의 경우를 모두 조사했다는 것이다. 물론 컴퓨터를 이용했다.

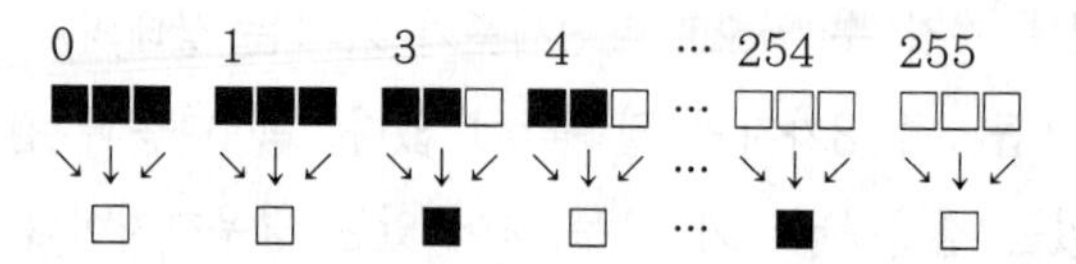

이 256가지의 규칙을 다음과 같이 함수로도 나타낼 수 있다. 정의역은 S^N으로 S는 한 세포가 가질 수 있는 상태의 집합이고, 지수 N은 이웃의 개수이다. 따라서 S^N은 모든 이웃의 상태를 나타내는 것이다. 물론 공변역은 S 자신이 된다.

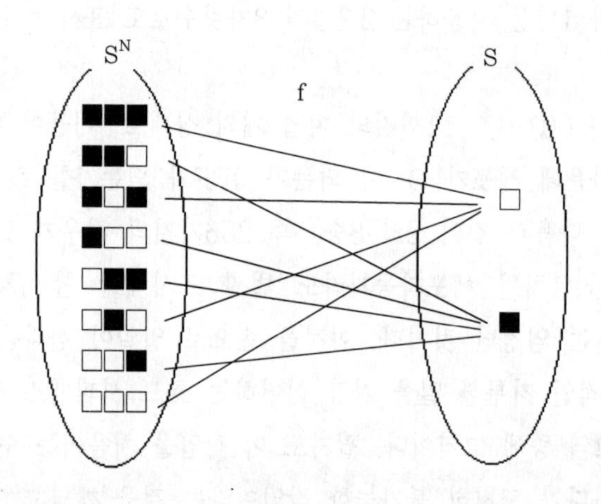

규칙의 분류

256개의 규칙을 하나씩 적용해서 그 시공 패턴을 그려보자. 우선 규칙에 번호를 붙인다. 다음과 같이 3개의 이웃의 상태가 배열되어 있고 이것으로부터 결과가 나온다.

이웃의 배열 상태 :	■■■	■■□	■□■	■□□	□■■	□■□	□□■	□□□
	↓	↓	↓	↓	↓	↓	↓	↓
결과	□	□	□	□	□	□	□	□

즉 무조건 0을 만드는 규칙을 0번으로 시작해서 255번까지 번호를 붙인다. 다음은 결과만을 모아서 정리한 것이다.

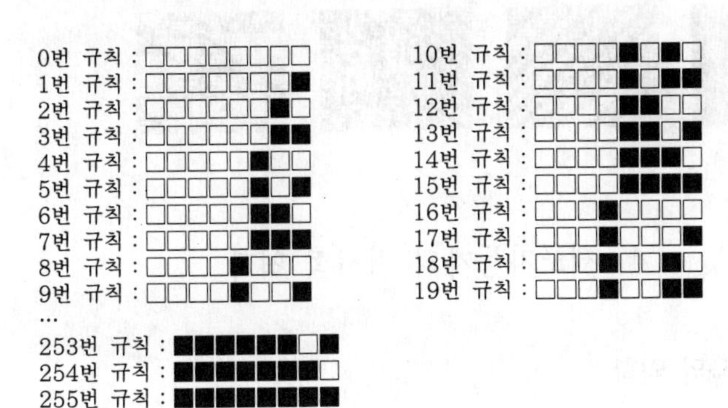

0번 규칙으로는 초기의 세포가 어떻게 배열되어 있어도 다음 그림처럼 1세대부터 완전히 하얀 색이 나와 버린다.

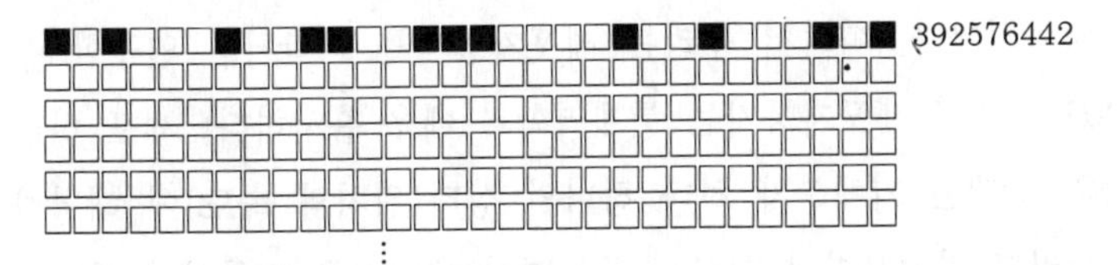

0번 규칙은 잔인하게도 무조건 모든 세포를 죽여 버린다. 제일 마지막 규칙인 255번 규칙은 무조건 검은 색이 된다. 255번 규칙은 너무 마음이 좋아 무조건 세포를 살려주는 것이다. 그야말로 극과 극, 지옥과 천당을 보는 것 같다.

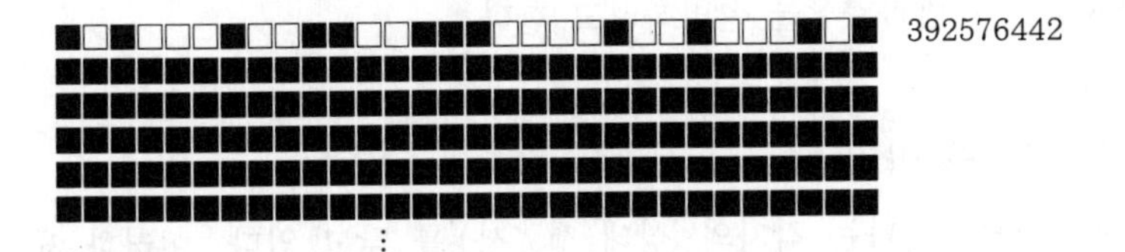

그리고 그 사이에 있는 규칙은 간단한 패턴부터 복잡한 패턴으로

그리고 아주 불규칙하고 무질서한 패턴까지 만들어 낸다.

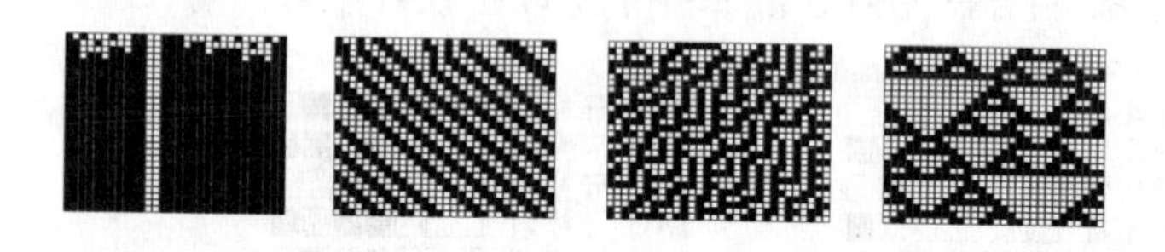

4. 세포자동자의 거시적 역학

세포자동자의 역학

이미 본 것처럼 (결정적인)세포자동자는 마치 뉴턴 역학처럼 결정론적인 법칙에 따라 움직인다. 즉 세포자동자는 이제까지 보아왔던 아주 단순한 결정론적인 규칙을 반복하는 것만으로 전개되는 이산역학계이다. 따라서 우리는 세포자동자를 역학처럼 연구할 수가 있다. 특히 세포자동자는 통계역학과 매우 흡사하다. 세포 하나 하나의 상태는 기체분자 하나 하나의 상태(위치와 속도)에 해당한다. 그리고 기체분자가 서로 충돌하면서 에너지를 교환하여 상태가 변하는 것처럼 세포자동자의 각각의 세포들도 이웃하는 세포와 상호작용하여 서로의 상태를 변화시킨다. 결국 통계역학이 미시적인 기체 분자들의 상태변화를 통계적으로 처리하여 거시적인 상태를 설명하는 것처럼 세포자동자에서 각 세포들의 변화를 모아 전체 세포자동자의 변화양상을 설명하려고 한다.

상태(狀態)공간

세포 하나 하나는 각자의 '상태(생, 사)'를 갖고 있다. 이러한 세포 하나 하나의 상태를 미시적 상태라고 부른다. 이들 미시상태를 결정하는 규칙을 미시규칙이라고 부르기도 한다. 앞에서 이야기한 1차원 2상태 3이웃 세포자동자의 256개의 규칙은 바로 미시규칙이다. 그리고 이들 세포들이 이룬 세계라는 거시적인 입장에서 바라보면 세포들의 배열상태라는 새로운 '상태'를 생각할 수 있다. 즉 살아있는 세포는 몇 개, 죽은 것은 몇 개, 그리고 그들이 어떻게 뒤섞여 있는지에 따라서 여러 가지 거시적인 상태를 생각할 수 있다.

이 새로운 입장의 상태를 세포자동자의 '거시상태'라고 한다. 거시상태는 역학에서 말하는 상태공간에서 하나의 상태점에 해당한다. 세포자동자의 크기 즉 세포배열의 길이가 유한하다면 생각할 수 있는 모든 거시상태도 유한하다. 이 모든 거시상태의 집합을 이제부터는 역학에서 쓰는 상태공간이라는 용어를 그대로 빌려 와 '상태공간'이라고 부른다. 진자의 운동에서 그 위치에너지와 운동에너지의 조합으로 상태공간을 그리는 것처럼 세포자동자에서도 세포들의 살아있음과 죽어있음, 즉 세포들의 상태와 그들의 위치로 세포자동자의 거시적인 상태를 나타낸다. 다시 한 번 강조하지만 역학계에서 말하는 상태공간은 세포자동자에서 세포배열의 모든 가능성의 공간과 다를 바 없는 것이다.

세포자동자의 미시상태의 변화에 미시규칙이 있는 것처럼 거시상태의 변화에 대한 거시규칙도 생각할 수 있다. 앞에서 보았지만 주어진 하나의 규칙에 대해 여러 초기 거시상태가 만들어내는 시공패턴은 대개 유사하다. 이런 점에 주목하여 거시상태의 변화에도 어떤 규칙성이 있을 것이라고 생각할 수 있다. 그것도 미시규칙으로부터 설명 가능한 거시규칙이 있는 것이다.

이상의 내용을 수학적으로 정리해 보자. 즉 세포자동자 CA를 수학적으로 정의하면 다음과 같다.

$CA=(I^d, N, S, f)$

(1) I^d, (d=1, 2, 3, …) I 는 자연수의 집합이고, I^d는 d차원의 격자점 집합이다.

(2) N : 이웃 $N=(\delta_0, \delta_1, \delta_2, \cdots \delta_{n-1})$, $\delta_i \in I^d (1 \leq i \leq n-1)$

(3) S : 세포상태의 유한집합 $S=\{s_0, s_1, \cdots, s_m\}$

(4) $f : S^n \to S$; 미시변환규칙

(5) $c : I^d \to S$, c는 모든 배열configure의 집합으로서 $c=S^{I^d}$이다.

거시변환규칙(global 〔transition〕 function) $F : c \to c$를 생각할 수 있다.

그리고 거시상태의 변화상태를 그래프로 그릴 수 있는데 이 그래프는 역학에서 '궤도'와 같은 것이다.

이제부터 가장 단순하고 기본적인 1차원 기본 세포자동자의 상태공간을 조사하기로 한다.

위 그림은 세포배열의 길이가 L=4인 경우의 모든 세포배열의 상태를 나타낸 것이다. 모두 16가지가 된다는 것은 24=16이라는 것으로부터 알 수 있다. 동그라미 번호는 세포배열의 가짓수 즉 거시상태를 나타내며, 네모의 번호는 각 세포의 위치를 나타낸다. 이것이 바로 길이 4인 세포자동자의 '상태공간'이다.

세포배열 길이 L=10이면 상태공간은 $2^{10}=1024$개의 거시상태로 구성된다. 이처럼 세포자동자의 길이가 길어지면 상태공간은 지수함수적으로 팽창한다. 마치 우주가 빅뱅으로 인플레이션을 일으킨 것과 같은 것이다.

어트랙터(Attracter; 끌개, 흡인자)

앞에서 역학계의 상태변화를 상태공간에서 시간에 따라 변하는 하나의 궤도로 나타낸다고 했다. 이 궤도는 역학계의 외부에서 주어지는 에너지에 의해 요동하게 된다. 이때의 요동은 시간이 지나면서 곧 없어지고 다시 안정된 원래의 궤도를 그린다. 이와 같이 상태공간을 움직이는 점은 대부분이 안정된 궤도나 안정된 상태점으로 끌려간다. 이렇게 안정된 궤도나 안정된 상태점을 다른 상태점들을 끌어당긴다고 해서 어트랙터(Attracter; 끌개, 흡인자)라고 특별히 부른다는 것도 이미 이야기했다.

앞에서 살펴본 클래스 1의 세포자동자는 모두 고정점 어트랙터를 갖는다. 다음 그림은 세포배열의 길이가 4인 세포자동의 규칙번호 256번에 대한 상태변환도이다. 이 변환도에서 보듯이 모든 세포자동자의 거시상태가 ⑮라는 거시상태를 향하여 궤도를 그리고 있다. 즉 ⑮가 바로 고정점 어트랙터이다. 물리학에서의 역학의 전개는 에너지가 가장 적은 안정된 상태를 향해서 전개되는데, 아마도 이 ⑮라는 거시상태가 규칙 255에 대해서 가장 안정된 상태인 모양이다. 자세한 것은 차차 이야기한다.

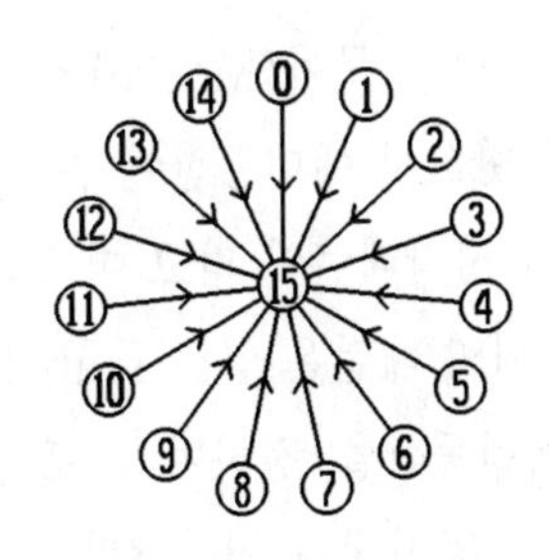

세포자동자의 고정점 어트랙터

세포자동자의 비가역성

세포자동자는 단순한 규칙을 정확히 반복하기 때문에 세포자동자의 다음 상태는 유일하게 결정된다. 그러나 그 전 상태는 여러 가지가 있을 수 있다. 즉 사람의 경우는 족보를 보고 조상을 찾을 수도 있고 후손을 찾을 수도 있지만, 세포자동자의 경우는 후손 패턴으로부터 조상의 패턴을 알아낼 수는 없다. 보통 같은 후손을 만들어 내는 규칙이 둘 이상이기 때문이다. 따라서 세포자동자의 변화는 비가역적이라는 성질을 갖는다. 이것은 엔트로피 증가법칙을 생각나게 하는 것이다.

점(●)은 세포자동자의 하나의 거시상태를 나타낸다.

전 상태 :

현 상태 :

다음 상태 :

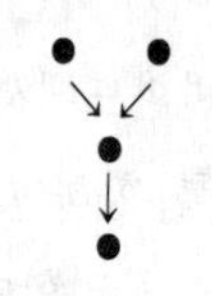

그리고 전 상태 즉 조상을 갖지 않는 거시상태도 있는데, 이런 것을 터키(John Tukey)가 '에덴동산(Eden garden)'이라고 이름붙였다. 성경의 에덴동산이 그렇듯이 그 자신이 시작패턴(starting pattern)이 된다. 에덴동산은 특별히 이중원(◎)으로 표시하겠다.

이 에덴동산과 관련하여 '무어(Moore)의 정리(定理)'라는 것이 있다. 세포자동자에는 반드시 에덴동산이 존재한다는 것이 그 내용이다. 에덴동산은 무조건 시작패턴이 되고 어트랙터는 귀착(sequel)패턴이 된다. 그리고 그 외의 패턴은 임시(transient)패턴이라고 한다.

초기 거시상태로 에덴동산을 정하여 세포자동자를 실행한다. 실행이 되면 각 세포들은 일시에 초기상태의 값을 바꾸면서 어트랙터를 향해 간다. 이때 끌려가는 모든 임시패턴을 어트랙터의 유역

(basin)이라고 한다. 어트랙터의 유역은 상태공간에 역학적 흐름을 결정한다.

이제 세포자동자의 거시역학을 전개할 준비는 대충 되었다. 필요한 개념이 나오면 그때그때 다시 설명하기로 하고 본격적으로 세포자동자 역학의 세계로 나아가 본다.

세포자동자의 세계

세포자동자의 길이가 1인 경우

세포자동자의 세계는 세포자동자 배열의 길이에 의해 정해진다. 먼저 가장 간단한 세포자동자 배열의 길이가 1인 것부터 시작해보자. 길이가 1인 세포자동자의 상태공간(이것을 필자는 '세포자동자의 세계'라는 말로 고쳐 부르고 싶다)은 다음과 같이 아주 간단하다. 상태공간의 세로 길이(크기)는 $2(=2^1)$이다. 즉 일반적으로 k^N이다(k는 상태수, N은 세포자동자의 길이).

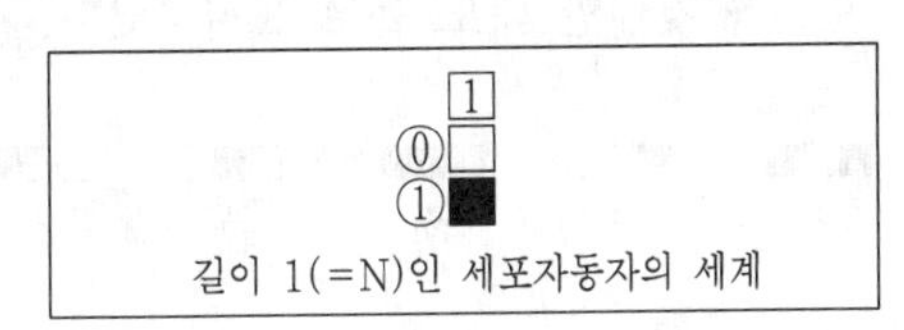

길이 1(=N)인 세포자동자의 세계

그리고 세포자동자의 길이가 1일 때에는 어떤 규칙을 쓴다고 해도 세포자동자의 상태천이 경우의 수는 모두 $4(2^1 \times 2^1,\ k^N \times k^N)$가지이다.

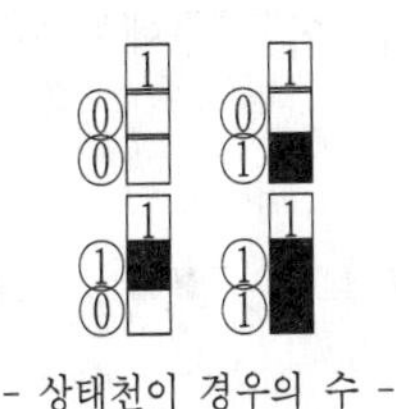

- 상태천이 경우의 수 -

시공패턴의 최대 길이는 '상태공간의 크기'+1=3이고, 다음과 같이 □와 ■를 중복을 허용하여 세 개씩 늘어놓는 가지수는 2^3(8)가지에서 다음 두 패턴은 시공패턴으로서는 있을 수 없기 때문에

시공패턴은 모두 6(8-2)가지가 된다.

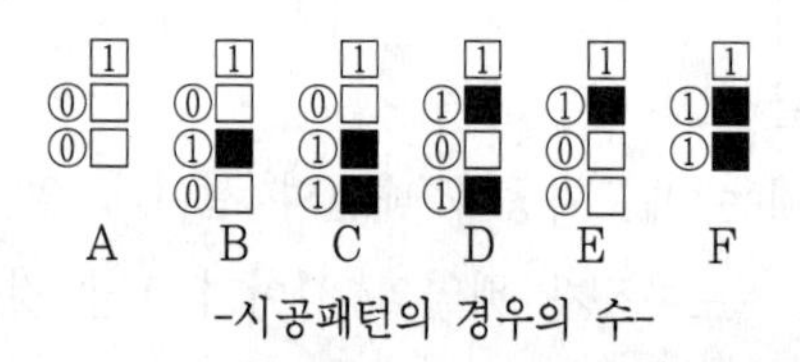

-시공패턴의 경우의 수-

더구나 자기 자신이 다시 자신의 좌우의 이웃이 되기 때문에 이웃의 상태는 □□□와 ■■■의 경우밖에 없다. 따라서 규칙의 적용은 이 두 이웃의 상태만을 생각하면 된다. 8개의 미시규칙 중에서 맨 왼쪽 것과 오른쪽 것에만 네모 틀로 표시하였다.

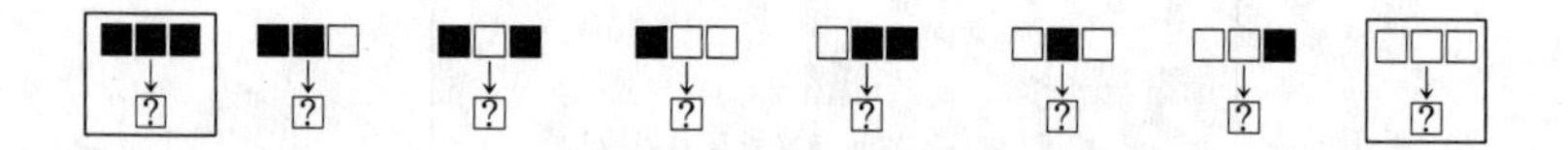

두 개의 미시규칙만 허용되므로 256개의 규칙은 4(=2^2)개의 그룹으로 축소된다.

첫 번째는 무조건 □이 되는 규칙으로 짝수 번인 0, 2, 4, 6, …, 126의 64개의 규칙이다. 이 경우에는 시공패턴이 A와 E의 패턴밖에 나오지 않는다.

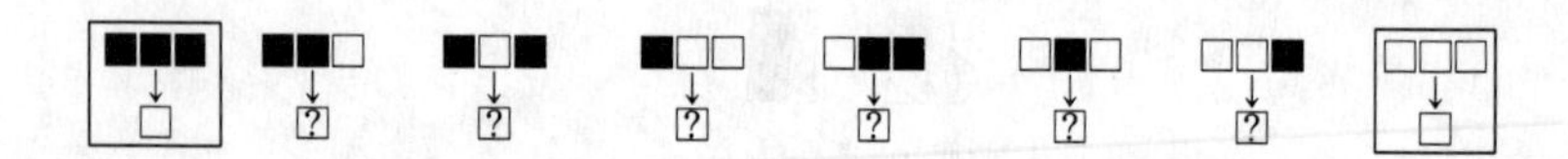

따라서 어트랙터 포인터는 ⓪□이고 상태천이도는 다음과 같다.

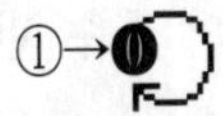

이 포인트 어트랙터가 되는 거시상태의 세포자동자로 어트랙터가 되는 것은 이제부터 검은 원으로 표시한다.

두 번째 부류는 홀수 번인 규칙으로 1, 3, 5, 7, …, 127의 경우이다. 이 경우는 시공패턴이 B와 D가 나온다.

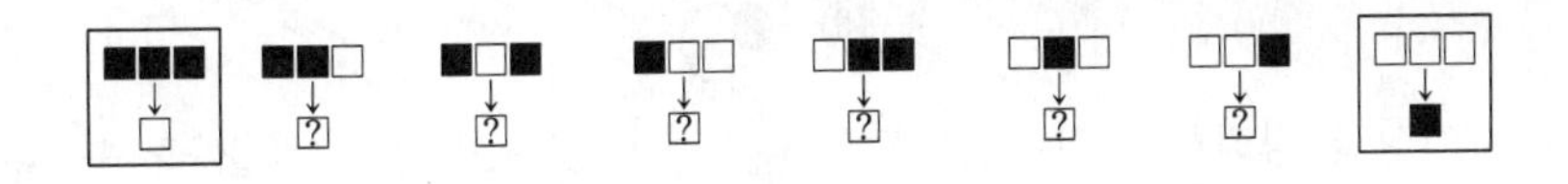

이 경우에는 두 개의 규칙,  이 서로 피드백을 일으킨다. 상태천이도는 다음과 같으며,

⓿⇄❶

이 경우는 ⓿과 ❶이 주기(순환) 어트랙터를 만든다.

세 번째는 128번부터 짝수번인 규칙들로 128, 130, 132, …, 254이다.

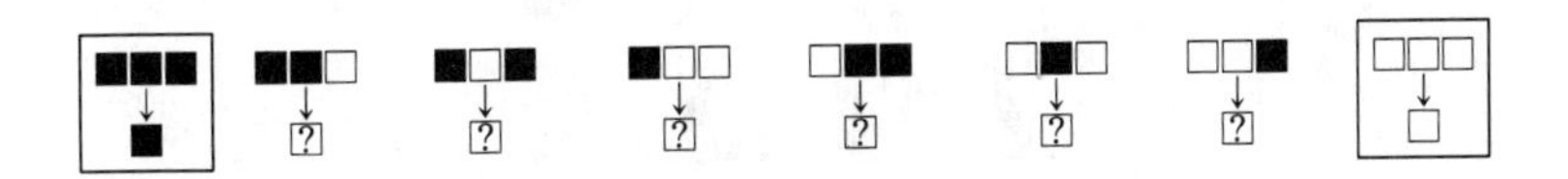

이 경우의 시공패턴은 A, F가 나온다. A와 F는 매우 배타적인 패턴이다. 검은 것은 검은 것만, 흰 것은 흰 것만 만들어낸다. 따라서 상태천이도는 다음과 같이 두 개가 나오는 것이다.

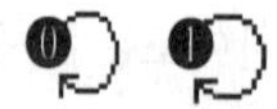

네 번째 부류는 129 이상의 홀수 번인 129, 131, …, 255이다.

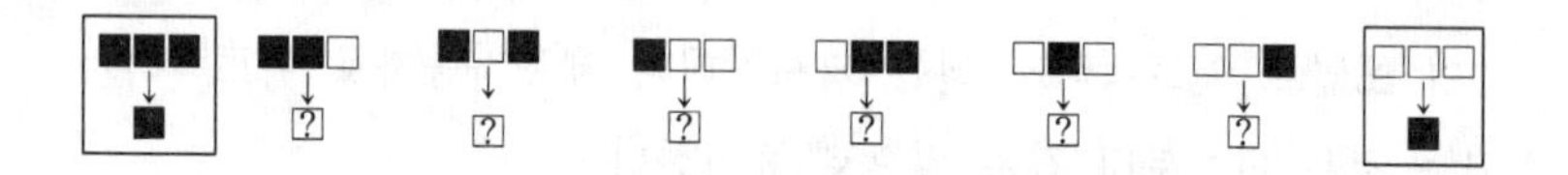

시공패턴은 C, F이고 상태천이도는 다음과 같으며, 첫번째 그룹과 모양만 같고 어트랙터와 가지가 서로 뒤바뀌진다.

⓪→❶

이상을 정리하면 상태천이도가 대칭성을 갖추고 있는 것을 볼 수 있다.

세포자동자의 길이가 2인 경우

다음은 세포자동자의 길이가 2인 경우를 알아보자.

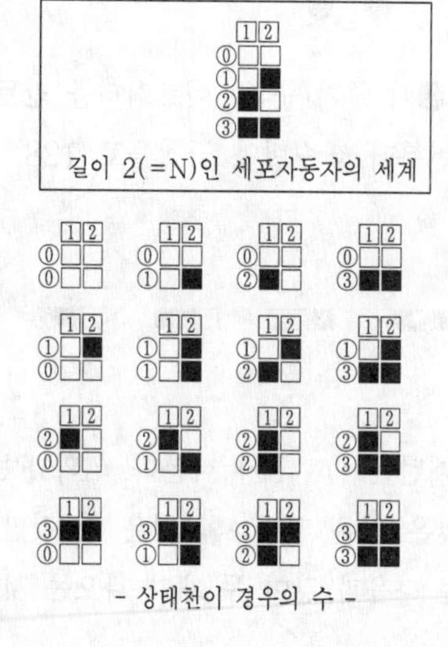

길이 2(=N)인 세포자동자의 세계

- 상태천이 경우의 수 -

이 경우에 상태공간의 크기는 $4(=2^2)$이 되고, 상태천이 경우의 수는 모두 $16(2^2\times2^2)$가지이다. 그리고 시공패턴은 다음과 같이 모두 6가지밖에 있을 수 없다.

시공패턴의 최대 길이는 4+1=5 이고, 다음과 같이 □□, □■, ■□, ■■ 4가지를 중복을 허용하여 5개씩 늘어놓는 가짓수는 4^5(1024)가지에서 405가지는 시공패턴으로서는 있을 수 없다.

그러한 패턴을 예로 들면 다음과 같은 것으로 한 번 같은 거시패턴이 반복되면 다른 것은 올 수 없는데도 다른 패턴이 나온 경우이다.

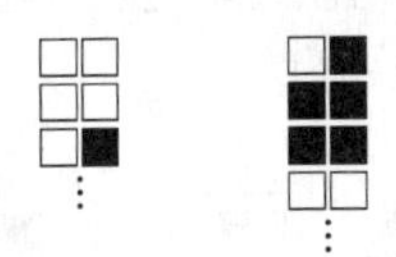

따라서 시공패턴은 모두 619(1024-405)가지가 된다. 다음은 그 중에 몇 가지만 그려 놓았다.

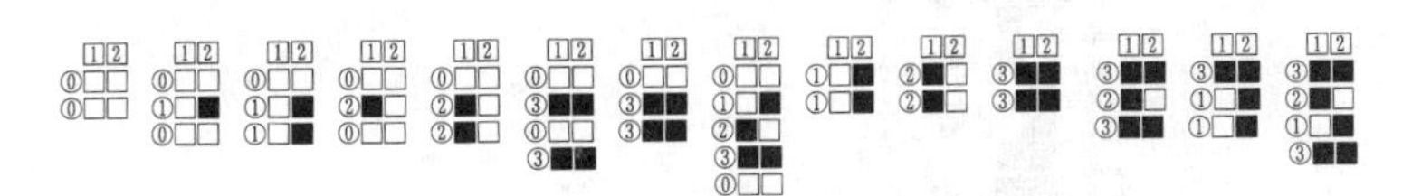

-시공패턴의 보기-

이 경우에는 이웃의 상태는 □□□, □■□, ■□■, ■■■의 경우밖에 없다. 따라서 규칙의 적용은 이 4이웃의 상태만을 생각하면 된다. 8개의 미시규칙 중에서 맨 왼쪽 두 개와 오른쪽 것 두 개에만 네모 틀로 표시하였다.

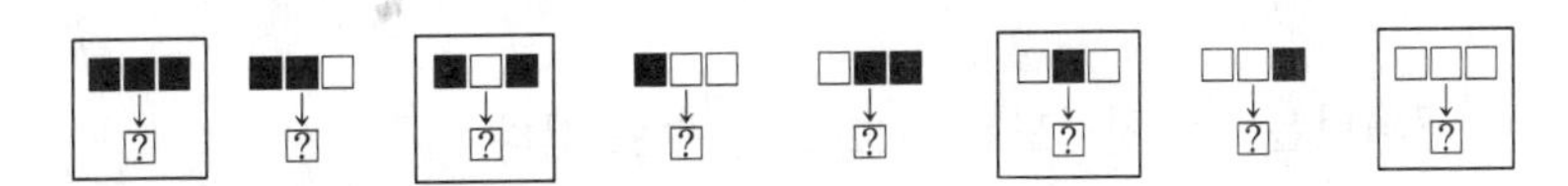

4개의 미시규칙만 허용되므로 256개의 규칙은 16(=4^2)개의 그룹으로 확대되기 시작한다.

우주가 빅뱅으로부터 태어나면서 우주를 구성하는 기본적인 4개의 힘, 중력, 핵력, 전자기력, 약력이 차례로 갈라져 나오는 것처럼 세포자동자의 길이가 커지면서 세포자동자의 규칙도 한 가닥씩 늘어나 확대되기 시작하는 것이다. 16개의 그룹을 정리해 보자.

*　　　　*　　　　*

첫 번째 부류는 무조건 □이 되는 규칙으로 짝수 번인 0, 2, 4, 6, …, 126 중에서 0, 2, 8, 10, 16, 18, 24, 26, 64, 66, 72, 74, 80, 82, 88, 90의 16가지의 경우이다.

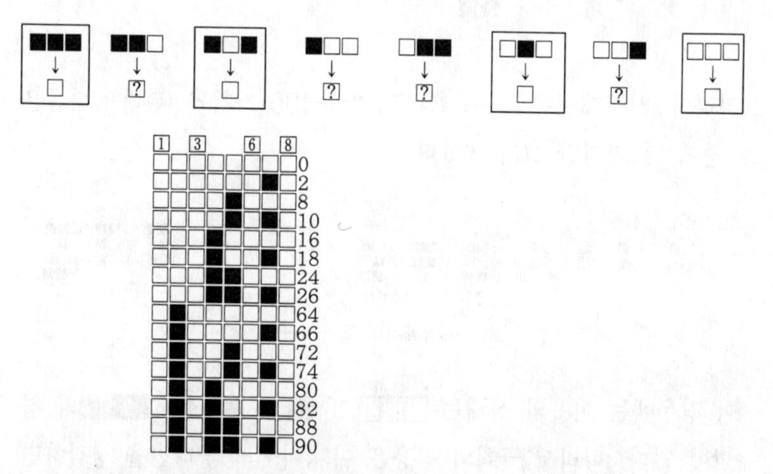

어트랙터 포인터는 ⓪□이고 상태천이도는 다음과 같다.

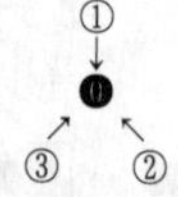

시공패턴은 상태천이도를 보고 그릴 수도 있다.

*　　　　*　　　　*

두 번째 부류는 맨 왼쪽 이웃의 상태만이 ■이 되는 경우이다. 홀수 번 규칙인 1, 3, 5, 7, …, 127에서 1, 3, 9, 11, 17, 19, 25, 27, 65, 67, 73, 75, 81, 83, 89, 91의 16가지이다.

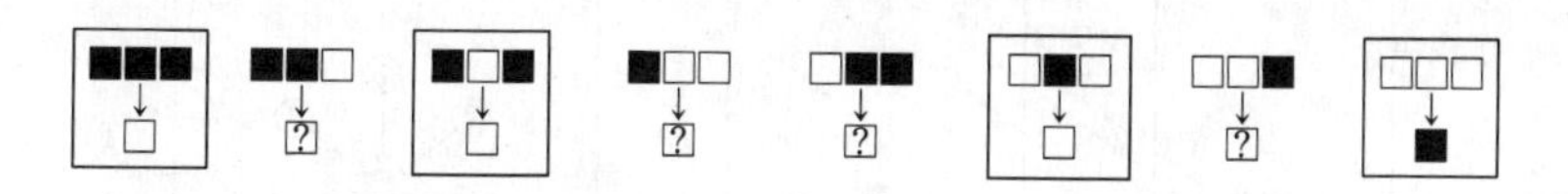

이 경우 상태천이도는 다음과 같이 된다.

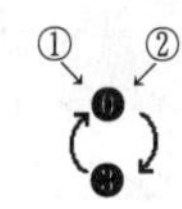

그림에서 보듯이 거시상태 ①과 ②는 어트랙터 ⓿의 유역(basin)이 된다.

세포자동자의 길이가 3, 즉 이웃의 크기와 같아지면 256개의 규칙이 모두 갈라져 나와 세포자동자의 우주가 완성된다. 따라서 세포자동자의 길이가 3 이상의 경우에는 다른 방법으로 접근하는 편이 낫다. 그 방법은 규칙을 고정시키고 세포자동자의 길이를 점점 늘려 가면서 상태천이도가 어떻게 달라지는지 조사하는 것이다.

다음은 규칙 0번부터 차례대로 255번 규칙까지 세포자동자 배열의 길이 N이 1부터 시작되는 상태천이도(State Transition Diagram ; STD)를 그린 것이다. 상태천이도의 기하학적인 구조는 역학에서 어트랙터의 기하학적 구조가 그 역학계가 어떤 상태에 있는지를 알게 해주는, 특히 스트레인지 어트랙터는 역학계가 카오스 상태에 있다는 것을 알려주듯이 중요한 지표인 것처럼 세포자동자의 규칙이 어떤 성격의 규칙인가를 말해 주는 매우 중요한 의미를 갖는다.

〈0번 규칙 : □□□□□□□□□□〉

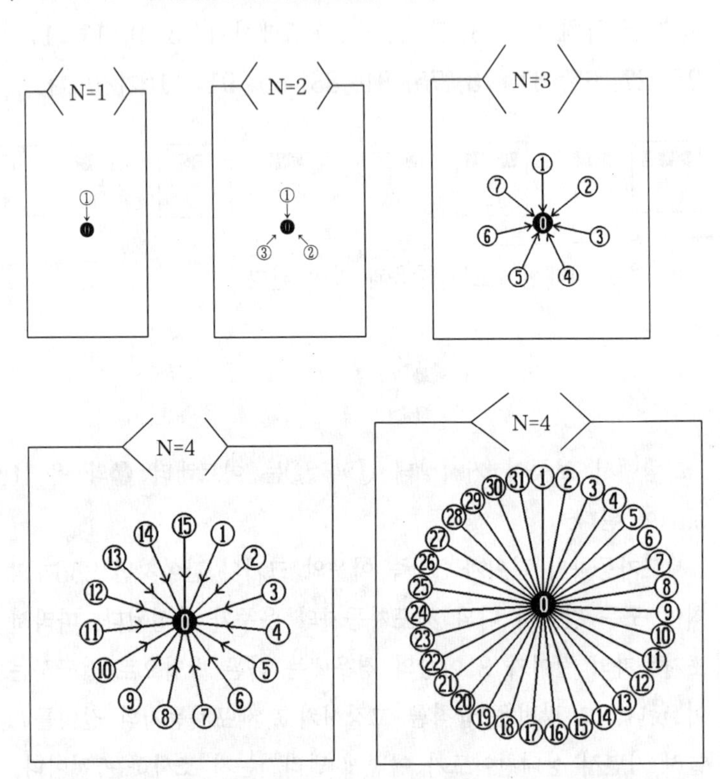

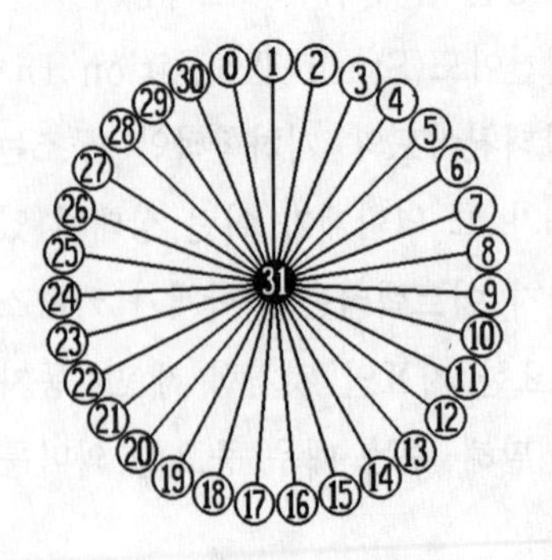

어트랙터는 고정점 어트랙터이고 N이 커질수록 유역이 더욱 조밀하게 되어 가는 것을 볼 수 있다.

255번 규칙은 다음 그림처럼 ⓪번과 제일 마지막 번호가 서로 바뀌어 제일 마지막 번호가 어트랙터가 된다.

이와 같이 서로 어트랙터가 뒤바뀌는 규칙들을 서로 상보적(complementary)이고 역의 관계라고 부른다. 상보적인 규칙은 결과치가 서로 반대로 된다. 다음은 서로 상보적인 규칙들을 정리하였다. 규칙 R에 대해서 상보적인 규칙을 여규칙 Rc라고 부른다. 그림에서 보는 것처럼 1차원 세포자동자의 256개의 규칙은 다음과 같이 여규칙의 쌍으로 나누어진다.

상보적인 규칙

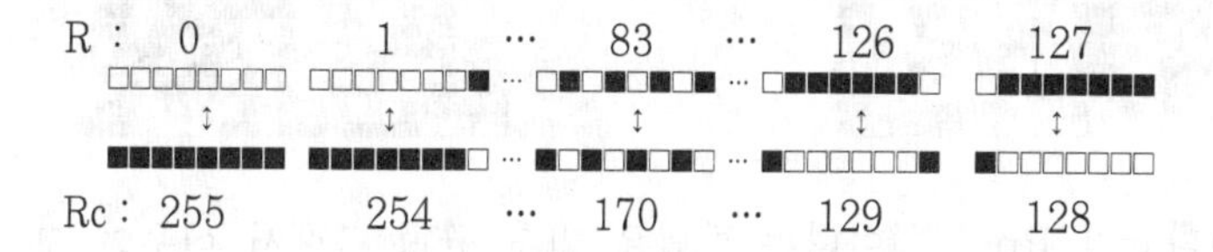

규칙의 결과가 서로 상보적이라고 해서 시공패턴까지 상보적인 것은 아니라는 것을 다음 그림을 보면 알 수 있다. 다음은 규칙 127번과 128번의 시공패턴이다.

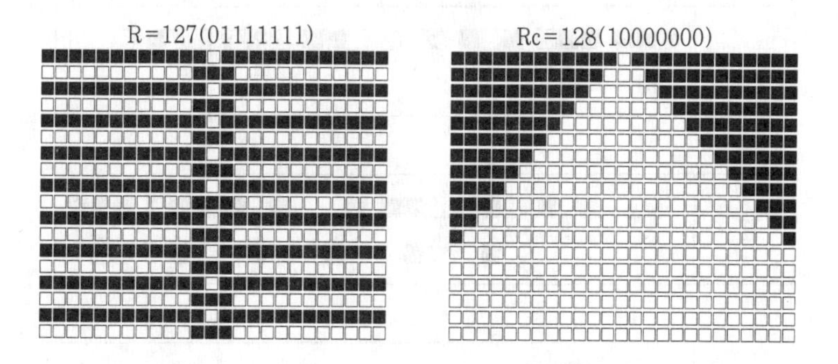

규칙을 이와 같은 입장에서 분류하면 다음과 같이 역변환규칙, 반사규칙, 대칭규칙도 있다. 역(negative)변환규칙은 다음 그림과

같이 어떤 규칙 R과 입력라인 I로 만들어지는 시공패턴 P에 대해서 역상의 입력라인 In과 역상의 시공패턴 Pn을 만드는 규칙을 말한다. 이 역변환 규칙을 Rn으로 나타낸다.

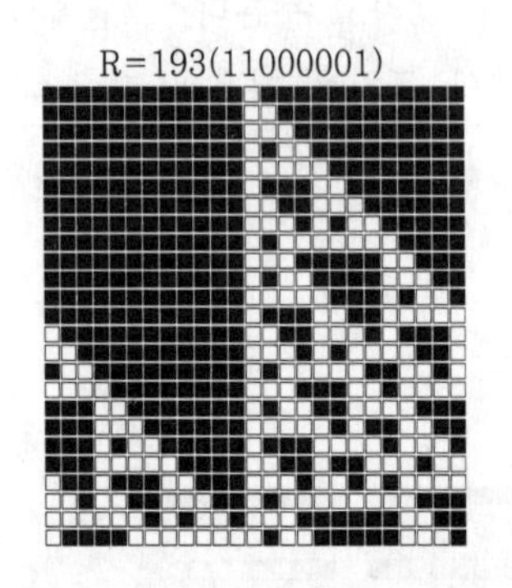

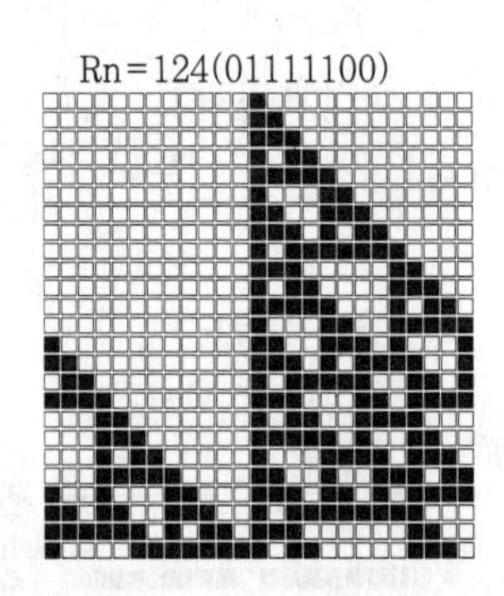

역변환규칙 Rn을 찾아내는 방법은 먼저 규칙 표에서 이웃의 모든 값을 1은 0으로, 0은 1로 바꾸고, 결과도 마찬가지로 바꾼다. 그리고 원래의 배열로 재배열하면 규칙 R에 대한 역변환 규칙이 얻어진다.

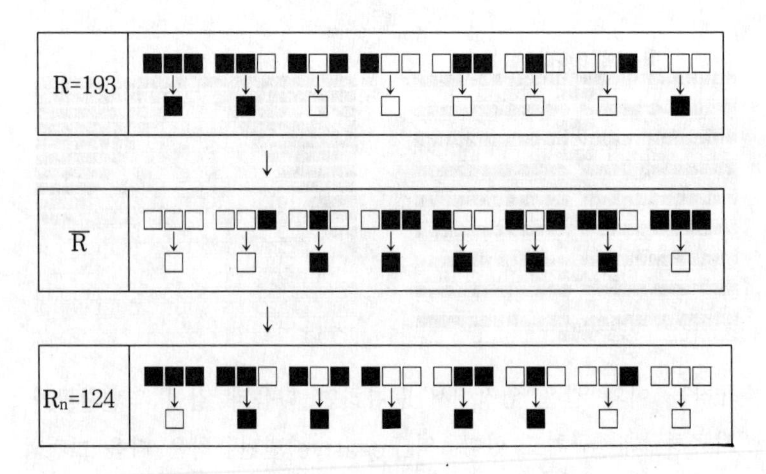

반사규칙은 마치 거울에 반사된 것과 같은 효과를 나타내는 규칙으로 임의의 규칙 R과 입력라인 I, 시공패턴 P에 대해서 반사규칙 R_r, 반사 입력라인 I_r, 반사 시공패턴 P_r이 존재한다.

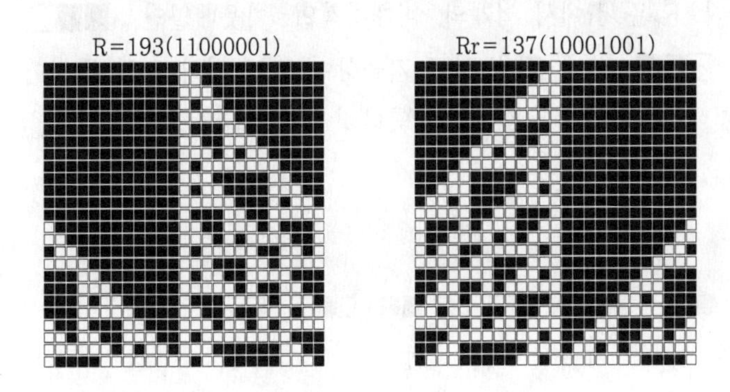

거울상(경상)의 시공패턴

어떤 규칙 R의 반사규칙을 얻기 위해서는 먼저 다음의 규칙표의 거울상을 만든 다음에 그것을 원래의 배열대로 재배열하면 된다. 즉 먼저 다음의 임의의 규칙 R의 규칙 표를 생각하고 이것의 거울상을 만든다.

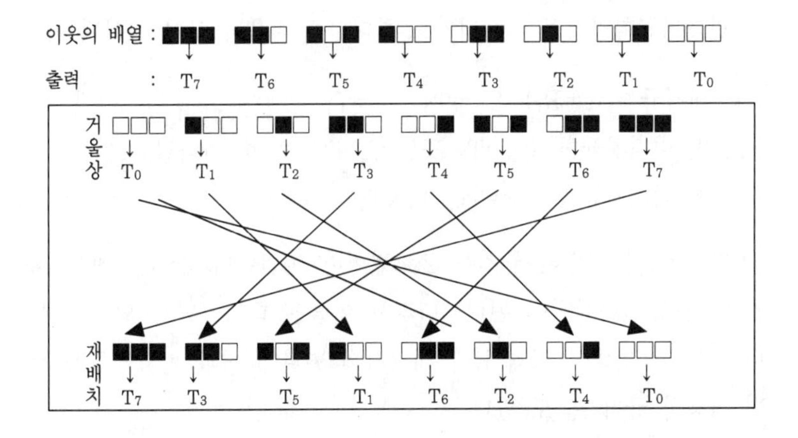

반사규칙 R_r

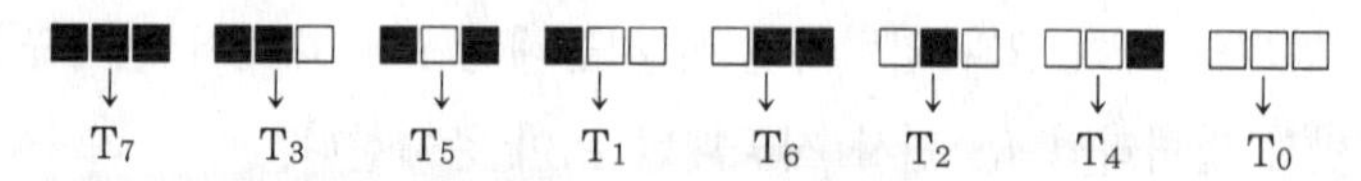

반사규칙 R_r은 R에서 4개의 비대칭적인 이웃배열인, ■■□, ■□□, □■■, □□■을 서로 거울상이 되는 것끼리 짝을 지어 뒤바꾼 것에 지나지 않음을 알 수 있다.

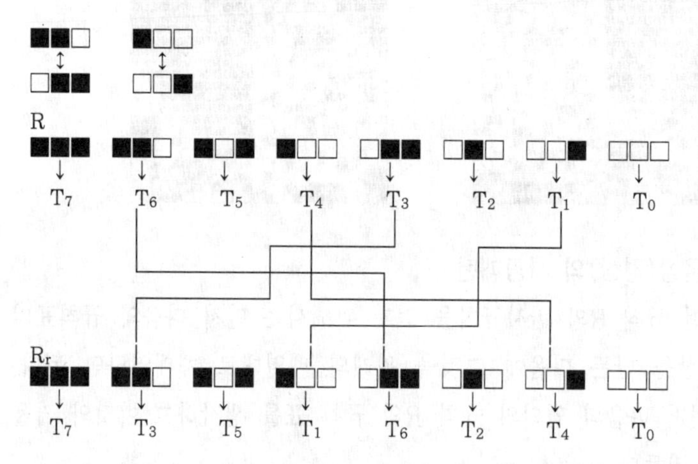

따라서 $T_1=T_4$, $T_3=T_6$인가 $T_1 \neq T_4$, $T_3 \neq T_6$에 따라 대칭규칙인가 반대칭규칙인가로 구분되기도 한다. 즉 다음과 같이 정리된다.

1. 대칭규칙($R=R_r$), $T_6=T_3$, $T_4=T_1$
2. 반 비대칭규칙, $T_6 \neq T_3$ 또는 $T_4 \neq T_1$ 둘 중 하나일 때
3. 전 비대칭규칙, $T_6 \neq T_3$, $T_4 \neq T_1$

0번 규칙의 역변환 규칙은 255번이며, 0번이나 255 규칙은 자기 자신이 반사규칙이 된다. 따라서 이들은 대칭규칙이 되기도 한다. 그리고 임의의 규칙 R에 대해서 역변환 규칙과 반사규칙을 두 번 적용한 규칙 R_{nr}도 있다.

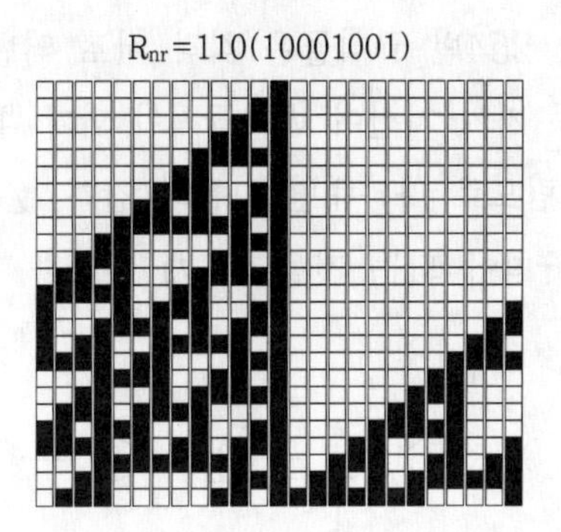

이상으로 규칙 R과 그 역변환, 반사 등의 규칙의 시공패턴을 정리하면 다음과 같다.

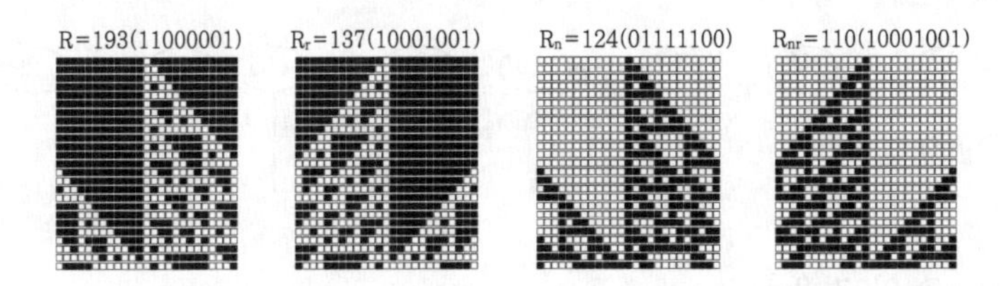

이렇게 규칙 R에 대해서 R_n, R_r, R_{nr}, R_c, R_{cn}, R_{cr}, R_{cnr} 등의 규칙을 서로 관련지어 그래프로 묶어서 한 묶음으로 생각할 때, 이 묶음을 규칙 R의 클러스터라고 부른다. 이상의 내용을 그래프로 정리하면 다음과 같다.

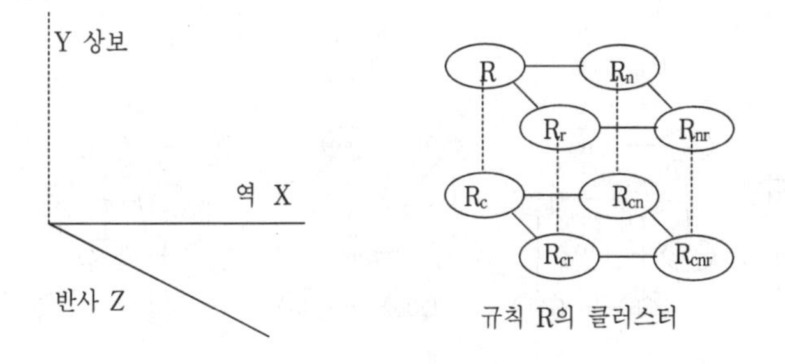

규칙 R의 클러스터

1, 127, 128, 254번 규칙들은 각각 서로 역변환규칙이고 상보규칙이면서, 모두 자기 자신이 반사규칙이 되기 때문에 Z축이 없게 된다. 그것을 그림으로 나타내면 다음과 같다. Z축이 없는 규칙들 즉 자신이 반사규칙이 되는 것을 몇 개 정리한 것이 다음 그림이다.

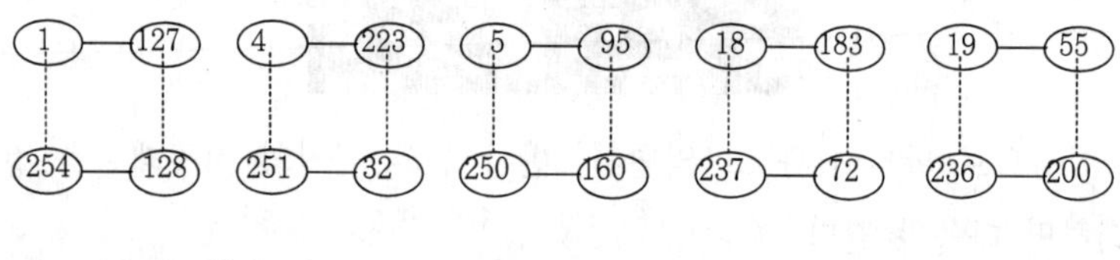

$R_c = R_n$인 경우

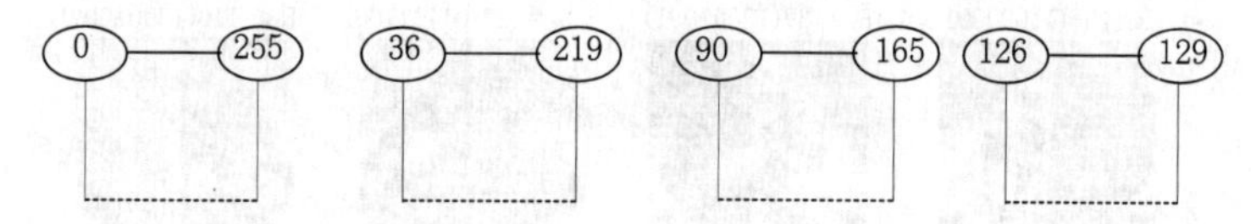

$R = R_n$인 경우

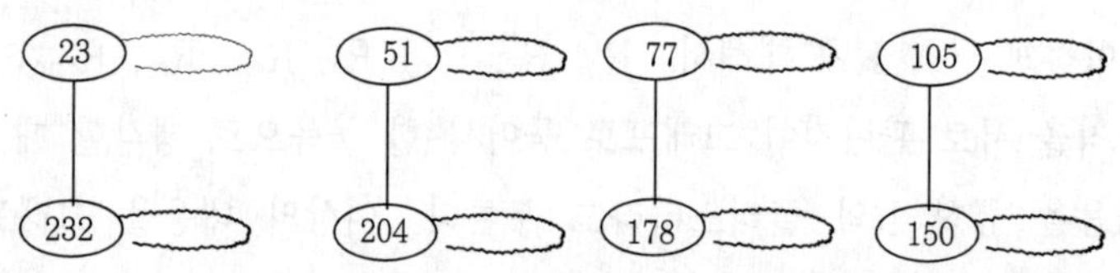

반 비대칭규칙 전 비대칭 규칙은 다음과 같이 온전한 육면체를 갖는다.

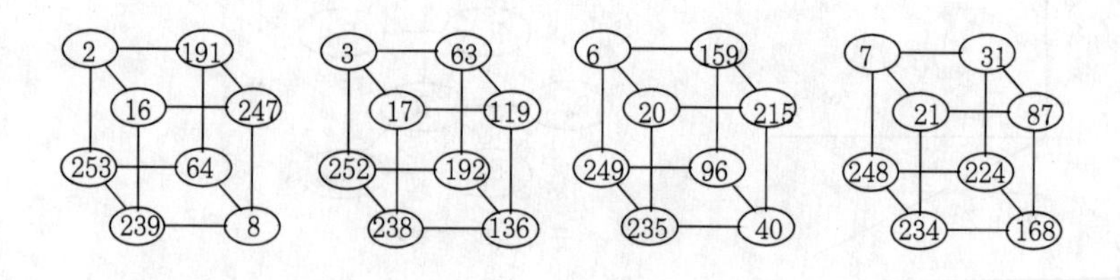

이상의 것들을 생각하면 256개의 규칙에 대해서 일일이 조사할 것은 없다. 우선 0번부터 127번까지만 조사하면 나머지는 클러스터의 관계에서 상태천이도의 그 기하학적 구조를 유추할 수 있게 된다. 이제 규칙 1번부터 다시 그 상태천이도의 변화를 살펴본다.

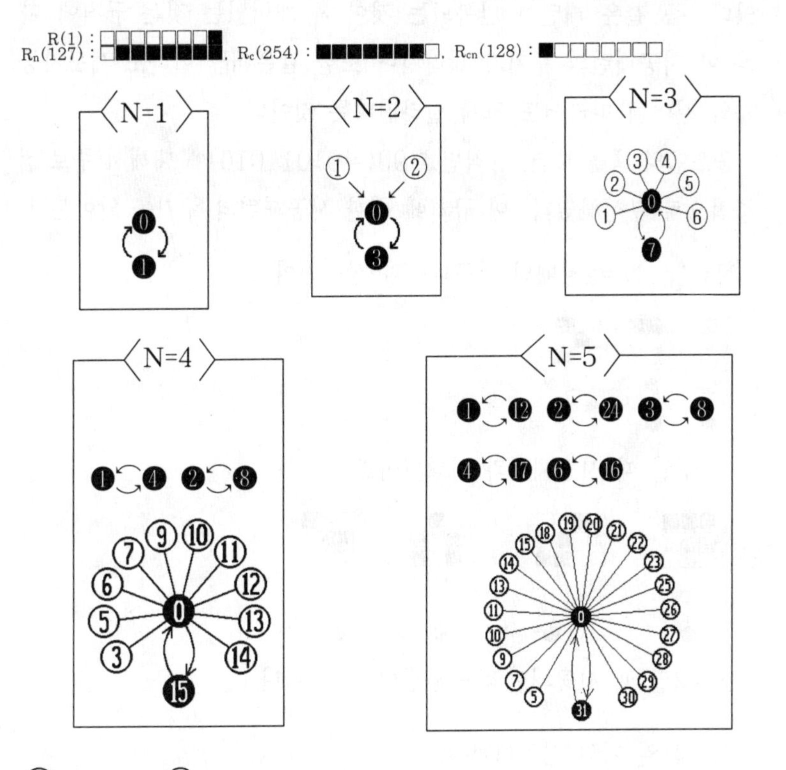

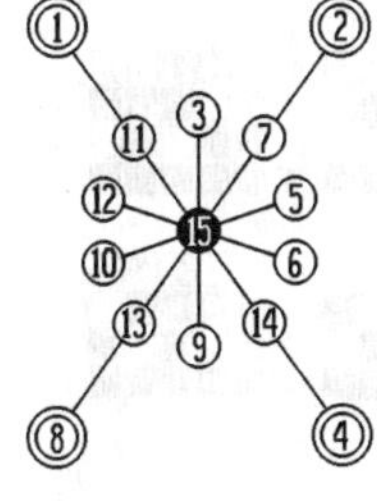

1번규칙과 역의 관계에 있는 127번 규칙, 상보관계의 254번 규칙, 역이고 상보적인 128번 규칙의 상태천이도는 상보 관계의 것만 기하학적인 구조가 다르고 역의 관계는 같다. 왼쪽 그림은 254번 규칙으로 세포자동자의 길이가 4일 때

의 상태천이도이다.

시공패턴의 주기

세포의 길이가 유한인 유한 세포자동자의 시공패턴에는 주기가 있다. 즉 같은 패턴이 반복되는 것이다. 재미있는 것은 규칙에 따라 이 시공패턴의 주기가 달라지며 또한 같은 규칙이라도 세포자동자의 길이에 따라서도 크게 달라진다는 것이다.

울프램의 책을 보면, 규칙번호 90(=01011010)에 대해서 주로 집중적으로 분석하였다. 이 규칙에 대한 시공패턴의 주기를 알아본다.

N=1, N=2일때의 시공패턴과 상태천이도

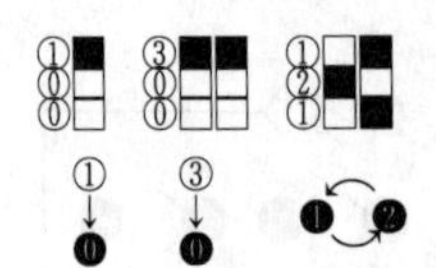

N=3일 때 시공패턴과 상태천이도

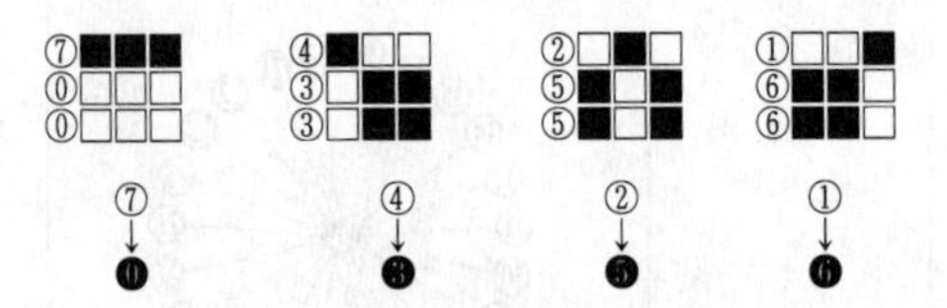

N=3일 때 시공패턴의 순환길이 C=1이다.

N=4 일 때의 시공패턴

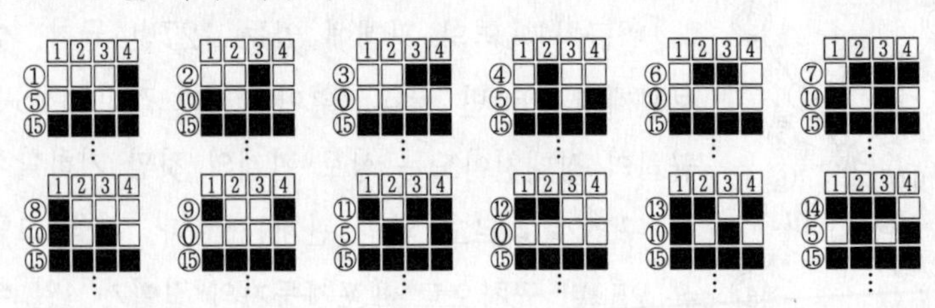

세포배열의 길이 N=4일 때는 상태천이도가 다음과 같은 것이 하나만 나온다.

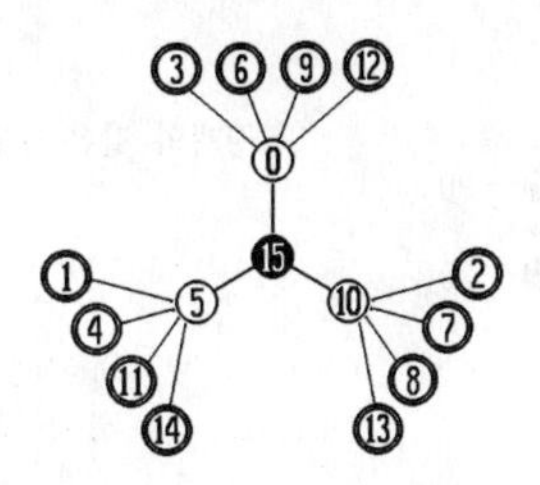

N=5일 때, 시공패턴의 순환길이 C=3이다.

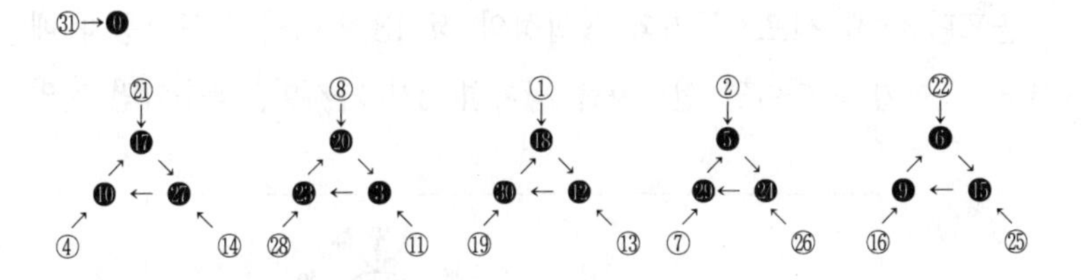

N=6일 때 상태천이도는 다음과 같다.

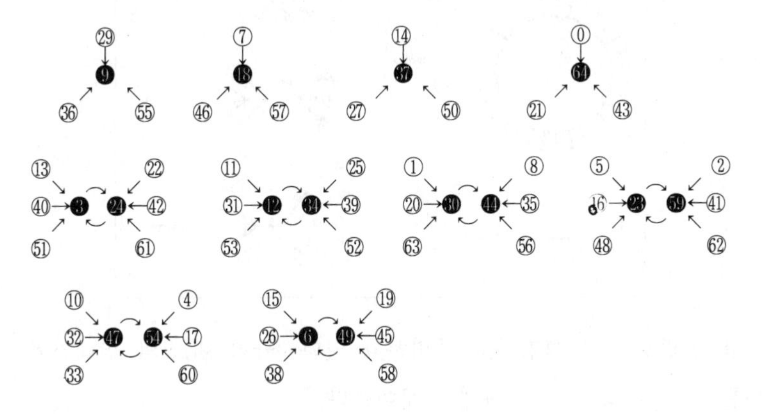

N=7일 때 순환주기 7을 갖는 다음과 같은 모양의 상태천이도가

9개 생긴다.

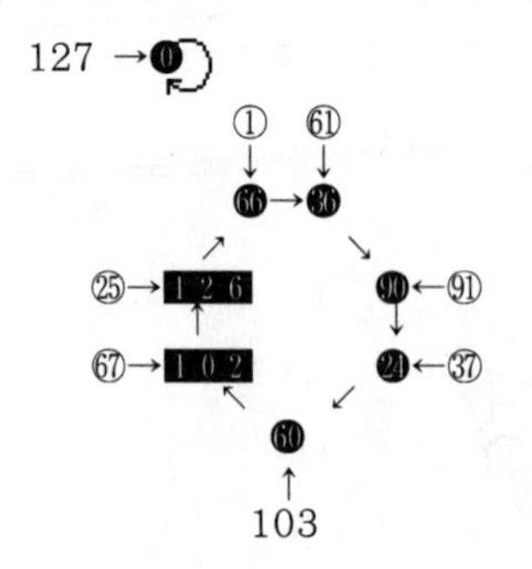

9개의 같은 구조의 상태천이도가 생긴다.

다음 그림은 N=11, 12일 때의 상태천이도이다. 번호는 생략되어 있다.

울프램의 책 세포자동자와 복잡성의 정리3.2.에서 세포자동자 배열의 길이가 홀수이면 전임자를 정확히 2개 가지며, 짝수이면 전임

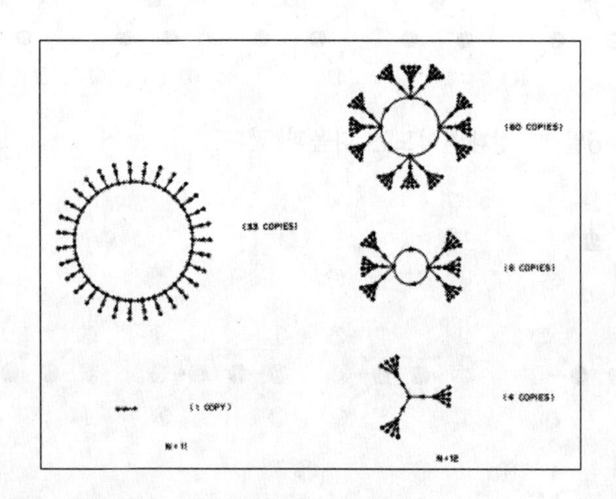

자를 정확히 4개 가진다고 증명하고 있다. 규칙 90번의 상태천이도를 이 정리의 내용을 그대로 보여준다.

특히 홀수일 때 시공패턴의 순환 주기는 매우 길어지는데 그 길

이에도 법칙성을 가지고 있다. 홀수 중에서도 소수인 것, 그 중에서도 시공패턴 순환주기가 다음 법칙 $2^{\frac{N-1}{2}}-1$을 따르는 소수는 다음과 같다.

세포배열길이(N)	어트랙터 순환길이(C)
3	1(4개)
5	3(5개)
7	7(9개)
11	31(33개)
13	63(130개)
19	511(1026개)
23	2047(4096개)
29	16383(32770개)
⋮	⋮
71	≃30000000000
⋮	⋮

N=71일 때 순환길이는 무려 $2^{35}-1(=2^{\frac{71-1}{2}}-1)$으로 약 3×10^{10}이라는 엄청난 수가 된다.

다음은 길이 15, 17, 19, 29일 때의 시공패턴이다. 마치 뱀껍질처럼 주기가 반복되기 전에는 같은 패턴을 찾아볼 수 없다.

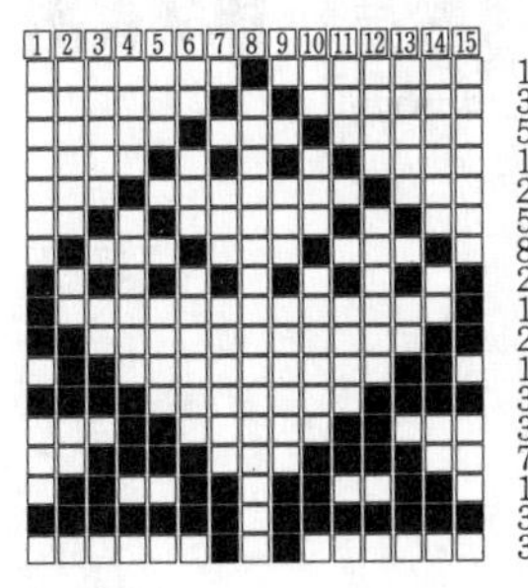

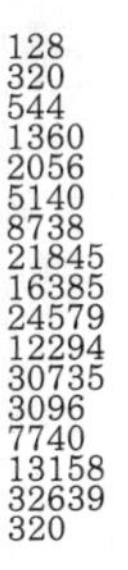

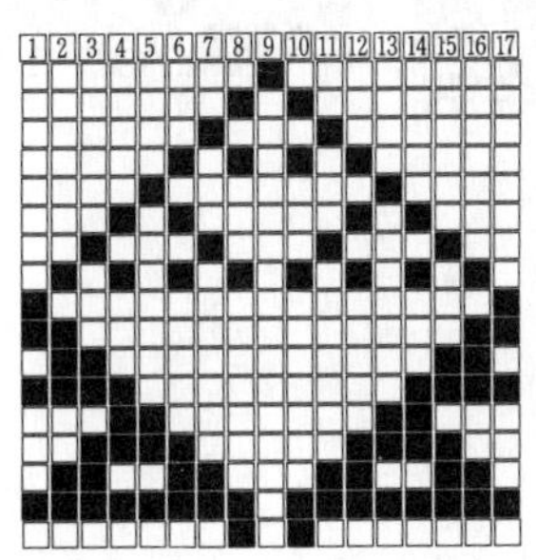

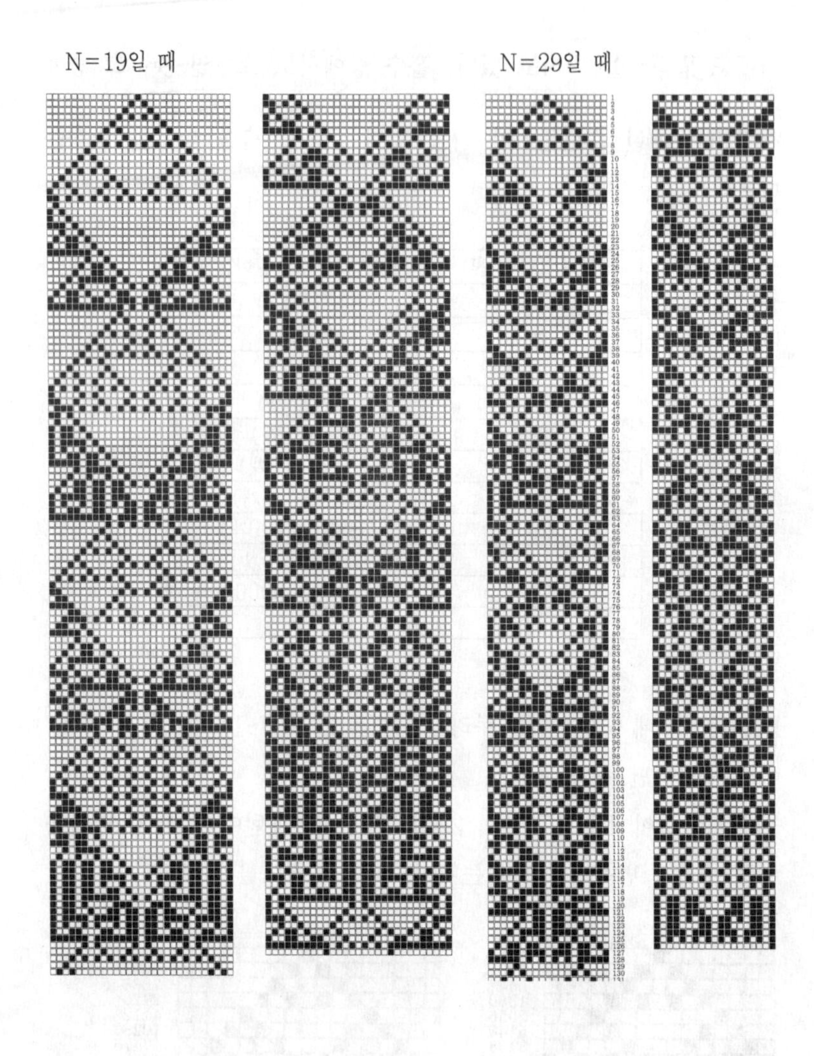
N=19일 때
N=29일 때

제 5 장

세포자동자의 응용

휴머노이드 로봇

세포자동자의 가능성 세포자동자는 물리학에서 비선형 화학반응의 모델, 나선은하의 진화, 수지상 결정의 성장모델로 사용된다. 컴퓨터공학에서는 병렬컴퓨터의 모델로 생각한다. 패턴인식과 이미지처리기로서 응용하려는 시도도 있다.

벨로소프-자보틴스키 반응

세포자동자를 실용적으로 활용한 좋은 예로 벨로소프-자보틴스키(Belousov-Zhabotinsky) 반응의 세포자동자 모델을 소개한다. 벨로소프-자보틴스키 반응은 프리고진의 산일구조론, 자기조직화의 화학반응의 좋은 보기로 유명한 것이다. 벨로소프-자보틴스키 반응은 두 가지 이상의 화학물질이 서로에 대해 촉매작용을 하는 복잡한 화학반응을 보인다. 이것은 생명현상에도 보이는 것이다. 이 벨로소프-자보틴스키반응의 화학반응식은 밝혀졌지만 보다 본질적인 측면을 찾아내기 위해 세포자동자 모델을 생각한 것이다.

그린버그(J. M. Greenberg)와 헤이스팅스(S. P. Hastings)는 벨로소프-자보틴스키 반응의 세포자동자 모델로 다음과 같은 그린버그-헤이스팅스(Greenberg-Hastings) 모델을 고안했다.

그린버그-헤이스팅스 모델에서 세포의 국지적인 규칙은 다음과 같다. 2차원상의 노이만 이웃을 이용하고 있으며 세포가 취할 수 있는 상태는 정지기, 활동기, 불응기 3가지이다.

1. 만약 세포가 정지상태라면 그 세포의 이웃들 중에 적어도 하나 이상이 활동상태가 될 때까지 정지상태를 유지한다.

벨로소프-자보틴스키 반응의 세포자동자 모델.
그린버그-헤이스팅스에 의한 것이다.

2. 이웃세포들 중의 하나가 활동상태가 되면 다음 순간 활동상태가 된다.

3. 활동상태의 세포는 다음 순간 불응기가 된다.

4. 불응기의 세포는 다음 순간 정지상태로 돌아간다.

이 규칙대로 세포자동자는 움직이면 그림처럼 나선형 파가 퍼져 나간다.

즉 세포는 정지상태→활동상태→불응기→정지상태의 사이클을 돈다.

다음 그림은 초기 배열이 나선형으로 꼬이면서 발전해 가는 모습을 보인 것이다. 마치 나팔꽃의 가지가 성장하는 모습처럼 보이기도 한다.

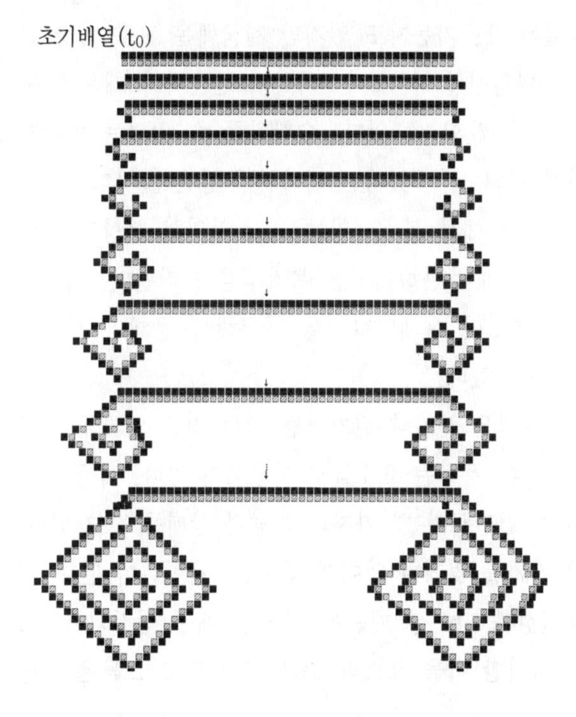

1. 인공지능

세포자동자의 가능성

필자는 수학의 정신을 "모든 가능성을 항상 염두에 둔다"로 보고 있다. 이러한 수학 정신을 가장 잘 구현한 것이 바로 세포자동자이다. 세포자동자는 항상 세포의 모든 가능한 상태, 그 세포가 이용할 수 있는 모든 가능한 규칙을 항상 전제로 하여 연구한다.

세포자동자는 21세기를 여는 새로운 이론으로서 두 가지 장점을 갖추고 있다. 첫째는 우리가 얼마든지 상세한 수학적 해석을 할 수 있을 만큼 충분히 단순하다. 즉 유한 개의 상태만을 갖는 같은 성질의 세포들이 단순히 앞뒤좌우로 배열되어 있을 뿐이다. 물론 이보다 복잡하게 배열된 세포자동자도 있지만 결국에는 모두 가장 단순한 세포자동자로 변형시킬 수 있다. 이렇게 단순하기 때문에 누구나 그 본질을 쉽게 이해할 수 있다. 수학화할 수 있다는 이야기는 인간이 완벽하게 이해할 수 있다는 이야기와 같은 것이다.

두 번째는 우리가 우주에서 볼 수 있는 온갖 복잡한 현상의 폭넓은 다양성을 나타내는 데 충분하리만큼 복잡성을 드러낸다. 이제까지 물리학자들을 괴롭혔던 유체역학에서 난류해석 문제의 해결을 세포자동자가 시도하고 있다.

인간이 살고있는 자연은 분자나 원자처럼 극히 작은 입자들이 극히 작은 영역에서 상호작용하는 요소들로 이루어져 있다. 이들 요소들은 그 구조가 매우 간단하며 몇 가지의 가능한 상태를 갖고 있다. 예를 들면 최외각 전자를 잃거나 얻어서 양이온, 음이온이 된다.

이들 요소의 동질성과 단순성 때문에 자연은 매우 안정되어있고 대부분 단순하다. 하지만 이들 요소의 수가 극히 많고 그들은 초병렬적으로 상호작용하기 때문에 종종 과학자들이 이해하기 어려운 복잡한 행동양상을 보여주기도 한다. 그 대표적인 것이 난류와 화약의 폭발이다.

시냇물은 물분자라는 단순한 요소가 조용히 흐르는 것이다. 이런 조용한 흐름을 물리학자들은 층류라고 부른다. 그러나 수량이 많아지고 수압이 증가하면 규칙적이던 층류는 매우 불규칙한 난류로 탈바꿈한다. 이제까지 층류가 어떤 과정을 거쳐 난류로 바뀌는지 왜 난류가 되는지를 알지 못했지만 세포자동자에는 어떤 정당한 규칙과 이웃세포의 상태를 정해주면 마치 난류와 같은 흐름을 보이기도 한다. 이것으로 난류를 세포자동자로 시뮬레이션할 수 있는 것이다. 세포자동자는 우리에게 그 미시적인 규칙과 거시상태의 천이를 모두 알려주기 때문에 난류를 완전히 해부해 줄 것이다.

또 일기예보와 같이 100% 예측 불가능한 온갖 카오스적인 현상, 생명현상에서 보이는 복잡성, 자꾸만 복잡해져 가는 도시문제, 예측하기 어려운 미래의 문제 등을 완벽하게 모델화할 수 있다. 세포자동자는 그 동안 각각 독립적으로 발전했던 물리학, 화학, 생물학, 사회학, 경제학, 역사학 등의 모든 문제를 통합적으로 연구할 수 있고, 일반화할 수 있음으로 해서 일반시스템이론의 중심개념으로 등장한다.

세포자동자는 이러한 강력한 장점으로 앞으로 21세기 신과학의 중심이론으로 급부상하게 될 것이다. 20세기 과학이 그 동안 총력을 기울여도 해결하지 못했던 여러 가지 과학상의 난문제들-핵융합발전소의 기술적인 문제, 인공지능의 문제, 공해문제 등을 깨끗하게 해결할 것이다.

불량설정문제

우리가 일상생활 속에서 하는 간단한 일들, 예를 들면 세수를 하고 양말을 신는 따위의 일도 로봇에서 구현하려고 하면 보통 어려운 일이 아니다. 그런 간단한 일에도 우리가 생각하는 것보다 훨씬 많은 정보를 필요로 해서 그 복잡다양한 정보를 모두 컴퓨터에 기억시키고 실시간으로 처리시킬 수 없기 때문이다.

수학에서는 존재정리(가우스가 방정식의 해가 반드시 존재한다는 존재증명을 하고 있다)가 아주 중요하다. 답이 존재한다는 것을 일단 확인해야 그 답을 얻는 방법을 연구할 수 있기 때문이다. 그러나 현실은 수학의 세계처럼 답이 존재하는지 어떤지 알 수 없는 것이다. 수학적으로 해결된 문제는 모두 컴퓨터로 프로그램 가능하다고 할 수 있다. 수학에서는 다음 두 가지 조건이 중요하다.

1. 해의 존재가 보증된다(존재정리).
2. 해가 일의적으로 존재한다(해의 유일성과 알고리즘의 존재).

이 두 가지 조건을 만족하지 않는 문제를 우리는 불량설정문제라고 한다. 그런데 우리가 일상적으로 다루는 일들을 컴퓨터에게 프로그램을 하려고 해보면 거의 대부분이 불량설정문제이다.

불량설정문제를 컴퓨터로 프로그램화하려고 하면 첫째, 해의 존재가 보증되어 있지 않기 때문에 존재하지 않는 경우에 대한 대비를 하여야 하고, 존재해도 일의성이 보증되지 않기 때문에 경우의 수가 폭발적으로 증가하게 된다.

둘째, 경우의 수의 증가는 알고리즘을 복잡하게 만든다. 따라서 컴퓨터로는 불량설정문제를 풀도록 하는 프로그램을 구현하기가 사실상 불가능하게 된다.

인공지능의 대가인 MIT(메사추세츠 공과대학)의 교수 마빈 민스키는 현재 구현된 인공지능이 갖고있는 한계를 지적한다.

첫째, 자기성장욕구(자기조직성)가 없다. 인간은 자신의 부족함을 메우기 위해 끊임없이 새로운 것을 배우고 지식을 조직해서 새로운 지식을 창조해 낼 줄 안다. 그러나 컴퓨터는 자신의 상태를 모를 뿐 아니라 안다고 해도 그것을 개선할 생각을 못한다.

둘째, 전체로 보면 극히 한정된 전문지식만을 갖추고 있어서 상식적인 문제도 해결하지 못하는 바보이다.

셋째, 갖추고 있는 지식에 대해서도 깊이 있는 이해는 할 수 없다.

민스키는 이러한 한계를 극복하기 위해서는 컴퓨터의 기억장치에 '의미공간'을 만들어 주어야 한다고 주장한다. 의미공간은 한마디로 상식의 세계이며 바로 인간의 마음이다. 컴퓨터에게 마음을 심어주어야 한다.

그럼 인간의 마음을 먼저 분석하여 그 구성요소를 파악하고 그들 사이의 메커니즘을 밝혀내야 한다. 민스키 교수는 특히 감정은 아주 중요한 요소라고 강조한다. 인공지능에서 가장 필요한 판단력, 즉 추론기능은 감정 즉 가치관과 떼어놓을 수 없다는 것이다. 추론은 어떤 목표나, 의지가 없으면 진행할 수가 없기 때문이다. 특히 기계적인 추론은 동어반복이나 순환논법에 쉽게 빠지고 만다. 이러한 이유 때문에 목적을 끊임없이 추구하는 의지를 컴퓨터가 갖출 필요가 있다.

그러나 이러한 의지력을 갖춘 컴퓨터가 얼마나 두려운 존재인가를 터미네이터 시리즈나 인조인간이라는 영화가 극명하게 보여준다. 지칠 줄 모르는 기계의 힘으로 자기에게 주어진 단 하나의 임무를 끈질기게 수행하는 로봇의 잔인함에 전율을 느꼈을 것이다. 인간이 창조한 새로운 의지력이 인간에게 대항할 때의 문제인 것이다.

그러나 이런 문제는 본질적인 문제는 아니다. 생명의 역사, 정보 진화의 역사는 적자생존을 여실히 보여주기 때문이다. 인간이 새로운 환경에 적응하지 못하면 멸종하고 그 새로운 세상에 적응한 마음을 가진 기계가 주인이 되는 것은 자연의 이치이다. 기계에게 지지 않을 인간의 분발이 요구되는 경쟁의 시대이다.

정보압축

정보압축은 패턴인식 덕택이다. 간단한 흑백화상의 경우도 흑백 화소의 여러 배치로 만들어지고 그 복잡한 배치 하나하나에 신경쓰지 않고, △인가, ○인가, ×인가 하는 스키마라고 불리는 것만 머리에 들어간다. 이것이 패턴인식이다. 앞에서 실효복잡도는 스키마의 크기와 관련된다는 겔만의 이야기를 인용했다.

사람의 얼굴 등 칼라 사진과 같이 복사한 패턴을 말로 설명하려면 매우 방대한 서술이 필요하지만, 보통 "그는 오늘 기분이 좋아 보였다" 정도의 것밖에 머리에 남지 않는다. 또한 개구리의 눈이 모기인가, 연못인가 판단하는 것으로 머리에 신호를 보내는 것도 눈이 패턴인식을 하기 때문이다.

이렇게 생각하면, 패턴인식의 중요한 역할은 정보압축에 있다. 정보압축이란 주어진 다량의 정보로부터 중요하고 본질적인 것만 남기는 것이다. 컴퓨터에서 기억장치를 절약할 목적으로 사용하는 정보압축 프로그램은 기계적으로 정보를 압축하는 것이다. 그러나 뇌에서 일어나는 정보압축은 이런 기계적인 것과는 다르다.

'중요하다'는 것은 우리들의 생활에 깊은 관계가 있다는 말이다. 인간이 개념을 만드는 것도, 바로 이 정보압축의 필요성 때문이다. 이 개, 그 개, 저 개의 특성을 각각 따로따로 기억하려면,

우리 머리의 기억용량으로는 도저히 처리할 수 없어서 머리는 곧 혼란에 빠질 것이다. 경험을 기록하는 것도, 기억하는 것도, 또한 다른 경험과 융합을 취하는데도 하나 하나의 개별데이터가 줄줄이 나온다면 정보량이 너무 많아진다.

이때 각각의 개를 '개'라는 개념으로 그것을 일괄해서 '개'라는 한 가지 이름으로 부르기 때문에 각각의 개에 대한 정보는 대폭 줄어 든다. 이렇게 정보량이 줄어들면 그것들을 기억하는 것, 재생하는 것, 또한 다른 존재물과 관계를 맺는 것도 쉽게 할 수 있다.

패턴인식과 귀납은 본질적으로 같은 측면이 있다. 과학상의 법칙 등은 정보압축의 최고점이다. 이것은 과거의 유한한 경험으로부터, 그것들뿐만 아니라 미래의 무한히 많은 사례를 하나의 명제라든가 방정식으로 정리한 것이기 때문이다.

즉 법칙화란 여러 가지의 현상 속에서 하나의 패턴을 찾아내는 것에 지나지 않다. 수학을 비롯한 과학은 패턴의 학문인 것이다. 특히 수학은 그런 특성이 강하다. 패턴의 계층성을 구축해서 되도록 작은 패턴을 사용하려고 시도한다. 예를 들면 개개의 수를 미지수로 그리고 방정식으로, 함수로 통합하고 개념정립을 한다. 이제는 카테고리(範疇)라는 가장 폭넓은 개념으로까지 확대되어 수학의 모든 개념을 하나로 통합하려는 시도를 하고 있다. 수학은 정보압축을 추상화라는 방법을 통해서 한다. 곧 추상력이 정보압축력이다. 다양한 모양의 삼각형을 단지 삼각형이라는 한마디로 부르는 것이다. 물리학에서 정보압축도 마찬가지다. 물질의 색이나 모양은 무시하고 오로지 질량만 문제로 하여 질점이라고 부른다. 과학에의 요소환원주의도 정보압축인 것이다. 자연의 복잡한 현상을 원자라고 하는 간단한 요소들의 운동으로 환원시켜 압축하려는 시도이다.

그러나 이런 정보압축 방법으로 처리되지 않는 정보가 있음을 알게 된 것이다. 환원주의 정보압축의 한계가 드러난 것이다. 이제 복잡성의 정보압축 방법이 새로 등장하고 있다.

패턴인식의 곤란

불량설정문제로 패턴인식이 있다. 사물을 보고 그것이 어떤 사물인지 기계가 알아내도록 하는 문제이다. 특히 문자를 보고 그 문자를 읽도록 하는 문제가 컴퓨터에서 패턴인식문제로 가장 많이 연구되고 있다. 이것을 OCR(Optical Character Recognition)이라고 하며, 영문과 숫자에 대해서는 99.9%의 인식률을 자랑하는 프로그램이 이미 개발되었고 일본문자, 한문, 그리고 한글에 대한 문자인식기도 속속 상용화되고 있다. 하지만 아직도 컴퓨터는 많은 한계를 가지고 있다. 컴퓨터는 다양한 글자체를 읽지 못하고 또 그 의미를 알지 못한다.

이제 화소를 흑백만으로 생각하고, 화소수를 $10 \times 10 = 100$으로 잡아 계산해 보자. 이때 생각할 수 있는 화상의 가짓수는 2^{100}, 즉 약 10^{25}이라는 방대한 수이다. 다음은 그 대표적인 화상의 예이다.

〈무의미한 패턴〉

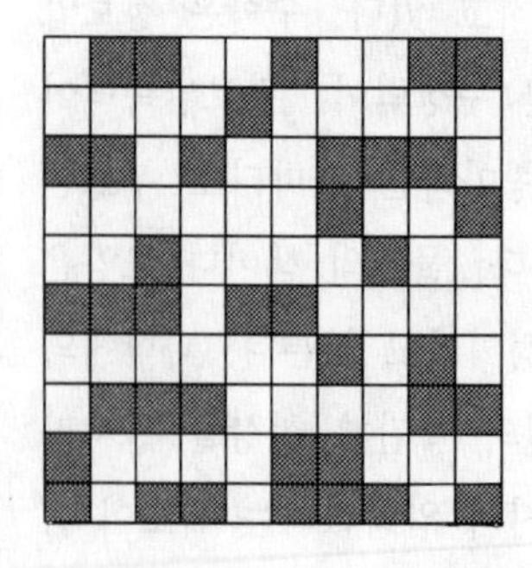

〈의미 있는 패턴〉

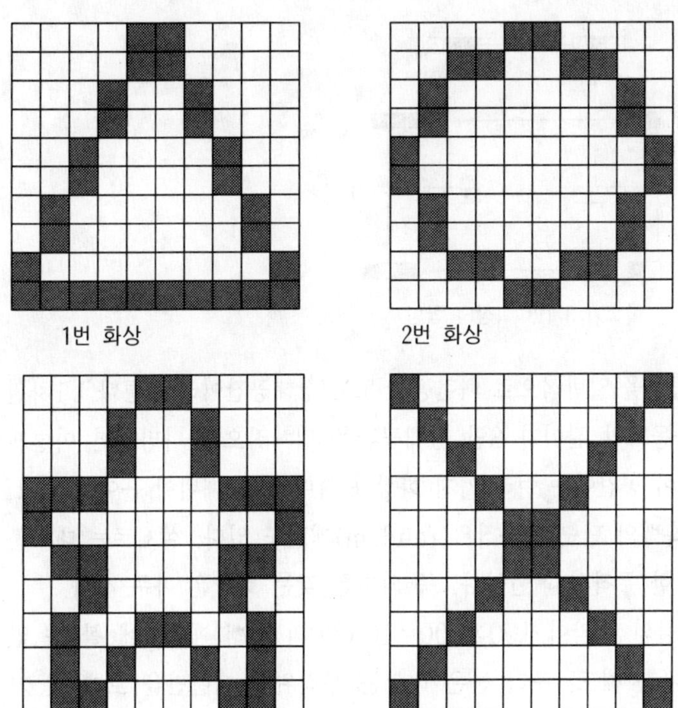

지금, 흑을 +1, 백을 −1로 하면 화상은 100개의 +1또는 −1로 이루어지는 벡터(vector)로 표시된다. 예컨대 하나의 화상은 100개의 성분을 갖는 벡터(+1, −1, −1, …, +1)이다. 요컨대 이 화상 공간을 100차원 공간 속의 입방체라고 생각하면, 모든 화상〔점 패턴(pattern)〕은 그 입방체의 꼭지점에 대응한다.

삼차원 공간에서 중심이 원점이고 1변의 길이가 2인 입방체를 생각하면, 그 정점의 좌표(±1, ±1, ±1)는 모두 2^3=8개다. 그것을 삼차원이 아닌 100차원으로 확장한다고 생각하면 된다. 그 입방체를 초(超)입방체라 한다.

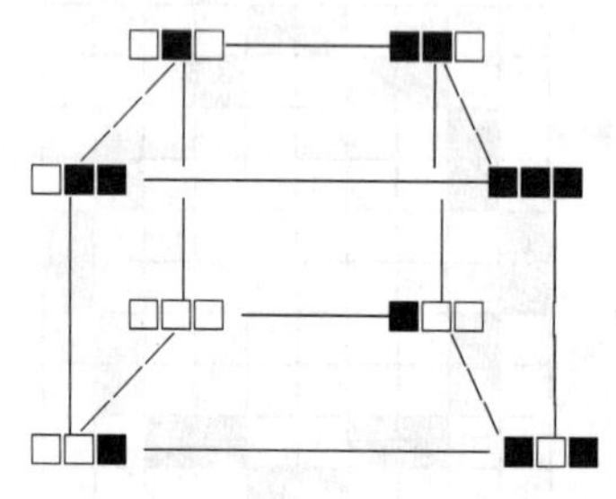

화소가 3개인 화상의 입방체

이 공간을 일반적으로 패턴공간 또는 상태공간이라 부른다. 1차원 세포자동자의 길이가 3인 상태공간을 입체적으로 나타내면 이렇게 된다. 이 공간에는 여러 가지 화상과 의미 있는 패턴이 흩어져 있고, 또한 흑백의 단순한 무작위(random)패턴도 있다. 실제로는 대부분 무의미한 무작위 패턴이다. 즉 의미를 갖는 화상은 아주 적다.

우리들의 망막이 100×100=10,000의 흑백 패턴밖에 볼 수 없는 눈이라 해도, 우리 눈은 대부분 무작위의 패턴만을 보게 될 가능성이 훨씬 많다는 이야기다. 앞에서 예로든 네 개의 의미 있는 즉 삼각형, 원, 별, 가위표 등은 극히 소수이며 다음과 같은 무작위 패턴이 압도적으로 많다. 이것은 엔트로피 증대 법칙이 말하는 그대로이다.

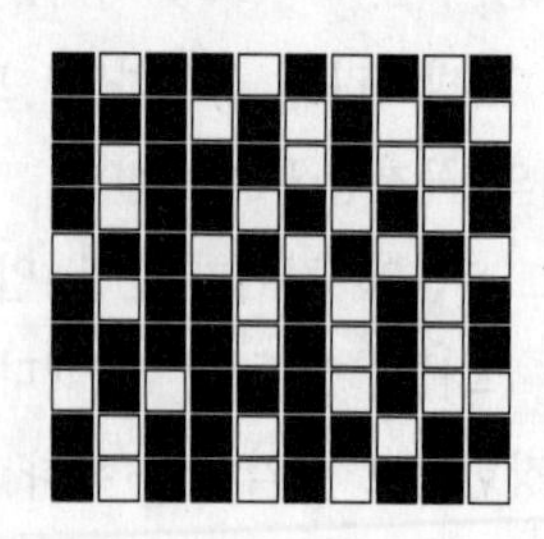

그러나 우리가 살아가면서 보는 패턴은 결코 이런 무작위 패턴의 연속은 아니다. 그 연속된 패턴에서 우리는 기억이나 연상, 판정 등 여러 가지 정보처리를 하고 있다. 따라서 위와 같이 100개의 화소로부터 형성되는 패턴을 발생하는 기능을 가지는 기계에게 이러이러한 얼굴 패턴을 만들어 주라고 요구할 때, '이러이러한 얼굴'이라는 애매한 내용을 잘 설명할 수 없는 경우, 기계는 여러 가지 패턴을 발생시켜 그것이 바라는 패턴인지 아닌지 평가를 받으면서 100차원의 초입방체의 꼭지점을 찾아 돌아다니지 않으면 안된다. 화소수가 더욱 늘어나 만 개, 억 개가 되면 무작위 패턴의 수는 더욱 늘어나고 거기에서 의미 있는 패턴을 찾아내는 데 난수발생기를 이용하는 것은 무의미하게 된다. 대부분 컴퓨터는 데이터 검색에 난수발생기를 쓰고 있다.

이러한 난문을 해결하기 위해 카오스 역학을 동원하려는 아이디어가 나오고 있다. 카오스 같은 내적인 다이내믹스에 의한 패턴의 발생기능은 지극히 무작위에 가까운 패턴을 발생하는 방식으로부터 특수한 패턴의 발생시키는 방법까지, 거의 임의의 패턴을 발생할 수 있는 기능을 가지고 있다. 즉, 카오스 역학은 위의 예에 한하지 않고, 지극히 넓고 깊은 상태공간을 탐색하는 유용한 수단 즉, 처리매체로서의 응용성을 가지고 있다. 즉 세포자동자의 카오스 역학을 이용하여 패턴인식을 하는 것이다. 앞에서 보았듯이 세포자동자의 시공패턴은 다양한 패턴을 생성시킨다. 그 중에는 매우 규칙적인 것에서부터 무질서하고 복잡한 패턴까지 다양하다. 더구나 세포자동자의 조건 즉 상태수라든지, 이웃의 수등을 바꾸면 더욱 다양한 패턴을 발생시킬 수 있다. 이제 불량설정문제의 하나인 패턴인식도 세포자동자로 해결할 수 있는 가능성이 보이는 것이다.

리듬을 읽는다

무술의 경지가 높은 사람은 공격해 오는 상대방의 리듬을 읽는다. 그래서 그보다 더 고수는 아예 리듬을 감추는 즉 무박자(無拍子)의 경지에 오른다고도 한다. 무술에는 기초단위가 되는 초식(招拭)이 있는데 무예 입문자들이 가장 먼저 확실하게 배워야 하는 것이다. 이 초식은 음악에서 소절과도 같다. 아름다운 음악의 선율은 수많은 소절들이 부드럽게 연결되어 있어야 한다. 무예도 작은 초식을 연속해서 전개함으로써 한편의 작품을 만드는 것이다. 고수는 이 초식의 작은 리듬에서부터 전체 작품의 리듬을 알고 있는 것이다.

야구에서도 리듬을 읽는 것은 중요하다. 저 투수는 직구, 안쪽 커브, 바깥쪽 커브라는 리듬으로 공을 던진다는 것을 파악하고 타자는 자신이 좋아하는 공을 기다린다. 물론 멀거니 기다리지 않고 좋아하지 않는 공이 와도 헛 스윙해서 자신이 좋아하는 구질이 어떤 것인지 간파 당하지 않게 속임수를 쓰면서 말이다. 투수 쪽도 타자의 리듬을 읽으려고 애를 쓴다. 저 타자는 첫 번째 공은 거르고, 두 번째 공을 노린다, 그리고 바깥쪽 커브를 좋아한다는 등등이다. 선동열 선수가 일본에 건너가 고전했던 이유는 이렇게 자신의 리듬 즉 투구스타일을 일본의 타자들이 모두 알고 있었기 때문이다. 그후로 일본 감독이나 코치로부터 자신의 리듬을 속이는 법을 훈련받아 요즘에는 아주 선전하고 있다는 소식이다. 야구에는 이런 작은 리듬만 있는 것이 아니다. 타자들이 도는 순번 그 사이사이에 대타를 넣어 교란작전을 하기도 하고, 전체 경기의 흐름, 그리고 1년 동안 경기를 치를 선수확보 등 야구라는 게임에는 다양한 주기의 리듬이 존재하며, 아무리 선수들의 기량이 뛰어나도 이들을 배치하고 조절하는 감독이 작전을 잘못 세우면 많은 안타를

치고도 경기에는 지는 수가 있는 것이다. 이처럼 야구라는 시스템은 다양한 리듬으로 구성된 역동적인 시스템이다.

이처럼 공격해 오는 상대나 시스템, 환경은 한마디로 불량설정문제다. 어디로 어떻게 공격해 올지 아무리 고성능의 컴퓨터라도 계산해 내지 못한다. 러-일 전쟁 때 일본 해군은 러시아 해군이 일본해의 어느 해안으로 공격해 오는가를 알아내는 데 매우 고심해야만 했다. 이때 한 제독이 머리털이 다 빠질 정도로 일본 해안의 가장 취약한 부분을 검토하다가 스르르 잠이 들었는데 잠결에 러시아 해군이 어느 해안으로 상륙을 시도하는 것을 보았다고 한다. 퍼뜩 잠에서 깬 제독은 모든 군함을 총동원해 그 해안으로 집결케 하여 러시아 해군을 막았다고 한다. 이때부터 대제국 러시아의 전세는 역전이 되고 일본이 러-일 전쟁에서 이기게 된다. 왜 잠결에 러시아 해군의 상륙지점이 보였을까? 하늘의 계시인가? 아니다. 이것은 우리 뇌가 불량설정문제를 해결하는 과정에 지나지 않는다.

이런 불량설정문제를 우리의 뇌는 도대체 어떻게 해결하는가? 무술의 대가로부터 힌트를 얻는다면 그것은 우리의 뇌가 무의식적으로 상대의 리듬을 읽는 것이다. 리듬이란 요동이다. 상대편도 어느 쪽으로 어떻게 공격해야 좋은지를 두고 망설이는 것이다. 즉 요동하고 있다. 이 요동은 각 개인마다 다를 수밖에 없다. 왼손잡이 오른손잡이가 다를 것이고, 자기 특유의 버릇이, 몸가짐이 다르기 때문이다. 그 요동을 읽고 그 리듬에 맞추어 춤을 추듯이 박자를 맞추어 움직이는 것이다. 고수들이 벌이는 쿵푸 결투를 보라, 한편의 고난도의 춤을 보는 것과도 같음을…

불량설정문제를 해결하기 위해 생물체는 의식이라는 요동을 만든 것이다. 의식은 요동이 본질이라고 할 만큼 흔들리는 존재다.

『귀타귀』의 이야기처럼 요동은 요동으로 잡고, 불량설정문제는 불량설정시스템으로 잡는 것이다.

생명의 진화는 이러한 요동의 주기를 얼마나 많이 갖추느냐 하는 것이다. 마치 라디오 방송의 DJ(Disk Jockey)가 많은 레파토리를 가지고 있어야 청취자의 요구에 충분히 부응할 수 있는 것과 같다. 청취자의 요구는 생물에게는 환경과 같아서 변덕이 심하다. 충분한 리듬의 레파토리를 갖추지 못한 DJ가 은퇴하는 것처럼 생명들도 진화의 역사에서 멸종이라는 고별행진을 할 수밖에 없다. 무술의 고수도 많은 결투의 경험으로부터 공격과 방어의 리듬에 대한 다양한 데이터베이스를 구축하고 있는 것이다. 즉 싸움도 해본 사람이 잘하는 것이다.

본다는 것

앞에서 컴퓨터로 패턴인식을 시킨다는 것이 얼마나 어려운 일인지 이야기하였다. 그렇다면 인간의 눈은 어떻게 패턴인식을 하고 있는 것일까?

우리가 사물을 보는 것은 사물의 모습을 있는 그대로 보는 것이 아니다. 우리는 0세부터 하루도 빠짐없이 불량설정된 사물의 모습을 관찰하여 그 리듬 즉, 사물의 모습을 읽고 우리의 뇌에 기록하여 둔다. 모습이 리듬이라니? 리듬을 4차원의 입장에서 보면 하나의 기하학적인 모습이며 모습을 보다 저차원의 입장에서 보면 리듬으로밖에 보이지 않는다.

어릴 때 기록하여 둔 이 데이터를 통해서 우리는 사물을 보는 것이다. 이 데이터를 많이 확보하지 못하면 한마디로 관찰력이 나빠지는 것이다. 곤충박사 파브르는 어릴 적에 수많은 곤충을 관찰해

왔기에 그의 눈은 곤충에 대해서 일가견이 생겼다고 할 수 있다. 우리가 볼 때 메뚜기나 방아깨비, 여치 등 그것이 그것 같다. 하지만 파브르는 뒷다리 하나만 보고도 척 한눈에 알아본다 그 말이다. 심미안이 있다는 말도 그러한 뜻이다. 추상미술을 감상하는데 같은 눈을 가지고도 어떤 이는 감탄에 감탄을 금하지 못하지만 우리 같은 심미안을 갖추지 못한 문외한, 즉, 미술작품에 대한 방대한 데이터를 갖추지 못한 우리 눈에는 무슨 그림인지 알 수 없는 것과 같다.

이 사실을 실증한 실험이 있는데 갓난 새끼고양이의 눈에 세로줄 무늬가 있는 안경을 씌우고 키우다가 고양이의 뇌가 각인(imprinting)되는 시기가 지나면 벗겨주었다. 그러자 그 고양이는 가로줄 무늬의 사물은 전혀 알아보지 못하게 되었다고 한다.

각인이 이루어지는 시기가 바로 환경에 대한 데이터베이스를 구축하는 시기이다. 과연 하등동물일수록 각인기가 짧다. 그들의 뇌의 용량이 작고 그들이 살아가는 환경이 극히 제한되어 있기 때문이다. 그러나 인간의 경우는 각인기가 무려 20년이나 된다. 아니 평생인 사람도 있다고 한다. 그것은 머리를 쓰기 나름이다. 평생 책 한 권 읽지 않는 사람은 각인의 시기가 그만큼 빨리 끝나고 그의 뇌는 경직되어 새로운 정보를 받아들일 수 없는 상태가 되어 버린다. 그러나 꾸준히 책을 읽는 사람은 항상 어린아이처럼 뇌가 유연하다. 언제 새로운 정보가 들어올지 모르기 때문에 뇌가 새로운 정보를 받아들일 준비를 항상 하고 있는 것이다. 인간의 뇌는 다른 동물의 뇌와 달리 이처럼 특별한 존재이다. 평생을 각인기로 살아갈 수 있다니 놀라운 일 아닌가? 따라서 책을 읽는 일, 새로운 정보를 찾아다니는 여행 같은 것이 우리의 인생을 젊게 하는 것이다.

보는 것에 대해서 소리를 듣는 것도 마찬가지다. 보통의 귀를 가진 우리는 구별할 수 없는 미묘한 화음의 차이를 음악의 천재들은 알아듣는다. 그들의 귀가 특별한 것이 아니고 그들의 청각영역이 특별한 것이다. 어릴 적부터 음악을 듣지 못하고 엄마 아빠의 부부싸움 소리만 듣고 자란 우리와 달리 음악에 특별한 흥미를 갖는 사람은 어릴 적에 미묘한 소리의 차이에 크게 주목했던 계기가 있어서 그 이후 줄곧 소리에 뇌가 민감해지고 청각영역이 특별히 잘 발달한다는 것이다.

데이터베이스 검색

아무리 많은 정보를 갖추고 있어도 그것을 제때제때 찾아내지 못해 대응하지 못한다면 무용지물이다. DJ가 아무리 많은 디스크를 가지고 있다해도 듣고싶은 노래를 그때그때 찾아내지 못하면 그것은 쓰레기만도 못하다. 많은 정보를 갖추는 것도 중요하지만 데이터베이스를 잘 정리하여 그 검색속도를 높이는 것도 중요하다. 컴퓨터는 방대한 데이터를 빠른 속도로 검색해 낸다.

그런데 왜 컴퓨터는 인간의 두뇌만큼 뛰어나지 못할까? 그것은 컴퓨터의 데이터베이스 구조가 효율적이지 못하기 때문이다. 한마디로 컴퓨터는 죽어있는 데이터를 죽어있는 구조로 정리해 두고 있기 때문에 필요한 자료를 찾으려면 일일이 데이터를 대조해야만 한다. 따라서 데이터베이스가 커지면 커질수록 기하급수로 검색속도가 떨어진다. 불량설정문제는 대부분 경우의 수가 폭발적으로 증가한다고 이야기하였다. 바둑도 불량설정문제인데 수많은 포석의 형태가 있고 그것의 변형도 계속 개발되며, 더구나 상대방이 정석대로만 두는 것이 아니어서 악수나 속임수에 대한 대비도 하여야

하기 때문에 바둑의 수많은 기보를 다 입력해도 컴퓨터는 유단자의 실력을 발휘하기 힘들다.

하지만 인간의 두뇌는 컴퓨터보다 더 많은 정보를 가지고 있으면서도 컴퓨터보다 더 빨리 데이터를 검색해 낸다. 그것은 우리의 뇌가 살아있는 데이터를 살아있는 조직으로 정리하기 때문에 자료 검색속도가 매우 빠른 것이다. 인간이 자료를 찾는 방법은 리듬을 동기(synchronize)화시킨다는 것이다. 즉 외부환경의 리듬과 동기가 되는 내부리듬이 자동으로 나타난다는 것이다. 인간이 정보를 조직하는 방법은 계층적인 홀론구조를 이용하며 이들 홀론은 살아있는 리듬으로서 작동하고 있다가 자신의 리듬과 같은 리듬이 환경에서 보이면 스스로 뛰어나와 동기화되고 춤을 추는 것이다. 마치 많은 댄서가 무대 뒤에서 춤출 준비운동을 하고 있다가 자신의 음악이 흘러나오면 무대로 나가 춤을 추는 것과 같다.

일본제독이 러시아 해군을 꿈에 본 것도 같은 이치이다. 제독의 머리에는 러시아 해군에 대한 여러 가지 자료와 일본 해안의 자료, 그리고 전투경험에 대한 자료 등이 뒤범벅되어 있고, 자신이 러시아 제독이라면 어디를 공격할까 하는 등등의 고민이 뇌 속에서 어지럽게 춤추다가 스스로 조직되어 러시아 해군이 쳐들어오는 환상을 스스로 만들었던 것이다. 잠은 뇌가 새로운 데이터를 정리하는 시간인데 그대로 책을 쌓듯이 정리하는 것이 아니라 살아 있는 정보로서 한편의 드라마처럼 구성하기 때문에 그런 과정이 꿈속에서 보였던 것이다.

우리가 잠에서 깨어나면 그와 동시에 데이터베이스의 여러 리듬들도 살아서 꿈틀대기 시작한다. 그리고 우리의 일상생활에 필요한 리듬들이 차례차례 발동되어서 하나 하나 일과가 진행된다. 세면에서 칫솔질, 아침식사, 출근, 업무개시 등에 필요한 리듬들이 일일이 불러내지 않아도 그 시각 그 상황이 닥치면 스스로 발동되어 일을 처리하는 것이 인간의 정보처리 방식이다. 인간의 정보처리 방식은 드라마처럼, 오케스트라처럼, 한편의 오페라처럼 조직되고 처리된다. 컴퓨터는 이렇게 하지 못하기 때문에 인간보다 많은 데이터를 입력해 주어도 아무 일도 스스로 처리하지 못하는 많이 아는 멍청이가 되는 것이다.

세포자동자로 만든 컴퓨터

세포자동자는 인간의 뇌처럼 살아있는 데이터를 다루는 컴퓨터를 만들 수 있다. 사실 뇌도 일종의 세포자동자라고 이야기한 것을 기억할 것이다. 세포자동자를 인공지능이나 인공생명을 창조하려는 연구가 미국의 산타페 연구소에서 진행중이다. 그들은 정부의 보조금도 없이 개개인이 스스로 움직여 이런 재미있는 작업을 하고 있다. 이것 또한 죽어있는 관료 조직에서는 불가능하기 때문이다. 즉 살아있는 조직에서 살아있는 시스템이 탄생하는 것이다. 세포자동자는 잡음을 걸러내는 필터로서 사용되고 정보를 스스로 조직하는 홀론으로 사용된다.

컴퓨터 기술의 진화와 인간 인지력의 진화를 비교해 보면 서로 거꾸로 진행하고 있다는 것을 알 수 있다.

처음에 등장했던 애플이나 XT컴퓨터가 주로 다루었던 데이터 형태는 텍스트 파일이다. 텍스트 파일은 문자나 기호인데 이것은 인간의 가장 고등한 두뇌인 좌뇌에서 주로 처리하는 정보이다. 문자나 기호는 아주 추상성이 높은 정보로서 고도의 인식능력이 갖추어진 인간만이 다룰 수 있는 데이터이다.

처음에 개발되었던 컴퓨터는 아마도 이러한 인간의 문자처리 작업을 대신해 주기를 바라서 탄생되었기 때문에 그랬는지는 몰라도 숫자와 그 계산을 비롯한 텍스트데이터를 주로 다루었다. 이렇게 문자로 주로 컴퓨터와 인간이 대화를 했기 때문에 CUI(Character User Interface)라고 부르기도 한다.

그러나 컴퓨터가 대중화되면서 고도의 추상적 사고만을 하는 천재들뿐 아니라 일상의 평범한 사람들을 포함한 컴맹들도 컴퓨터를 사용하게 되었다. 그래서 컴퓨터가 너무 똑똑하기만 해서는 안되게 되었다. 아이들도 쉽게 접근할 수 있도록 바뀌어야할 것이다. 그러기 위해서는 어려운 추상적인 문자보다는 유아들이 좋아하는 구체적인 그림이 주된 처리방식이 되어야 한다.

구체적인 그림을 사용함으로써 컴퓨터의 사용은 훨씬 직관적이 되고 사용하기 쉬워졌지만 고성능의 값비싼 컴퓨터가 필요하게 되었다. 이렇게 그림을 사용한 대화를 GUI(Graphic User Interface)라고 부른다. 인간의 두뇌에서 GUI 기능을 행하는 것은 우뇌이다. 우뇌는 포유류의 뇌에 해당하는 것으로 음악, 그림, 무용 등의 정보를 주로 처리한다.

이처럼 컴퓨터의 발달과 인간두뇌의 진화는 서로 거꾸로 걸어가고 있는 것이다. 이런 점을 보면 지금 컴퓨터의 구조는 무언가 잘못되어 있는 것이 아닐까 생각해 본다. 지금 컴퓨터의 기술발전에는 서서히 한계가 드러나고 있다. 그 이유 중에 하나가 바로 이렇게 거꾸로 발달해 온 컴퓨터의 구조가 아닐까 의구심이 일었다. 처음에 컴퓨터를 설계할 때 그래픽 데이터를 처리할 수 있도록 했더라면 컴퓨터의 발전이 훨씬 자연스럽고 무한정 발전할 수 있지 않을까 하는 생각이다.

그래픽 데이터를 처리하기 위해서 CPU의 구조도 크게 다르게 설계하고, 기억장치도 어드레스 접근방식이 아닌 전혀 다른 방법으로 설계될 수도 있다는 이야기다. 지금의 기억장치는 순차적으로 데이터를 입출력한다. 그러나 랜덤하게 각 기억세포를 임의로 접근할 수 있게 설계했다면 어떨까 하는 생각이다.

이러한 기억장치를 다이내믹 기억장치 즉 동적 기억장치로서 병렬적으로 임의의 기억세포의 데이터를 바꿀 수 있다는 이야기다.

이렇게 동적 기억장치는 CPU와 기억장치의 분할이 아니라 CPU와 기억장치의 융합으로 이루어진다. 각 기억세포에는 각각 CPU의 연산장치와 제어장치가 분산되어 있다. 문제는 이러한 작은 수억만개의 CPU들을 제어할 운영체제이다. 물론 DOS나 Windows, UNIX 같은 운영체제로는 불가능하다. 이들 운영체제는 처음부터 CUI, CPU와 기억장치 분리형인 노이만형 컴퓨터의 운영체제이기 때문이다. 따라서 새로운 개념의 운영체제가 필요하다.

새로운 운영체제를 어떻게 설계할 것인지 알아보기 위해 다시 한번 새로운 형태의 컴퓨터 구조를 살펴보면, 이 구조는 바로 세포자동자의 구조 그것이다. 기억세포 하나가 작은 오토마타로서 자율적으로 움직인다. 세포자동자는 카오스 이론, 프랙탈 기하학, 인공생명, 인공지능 등 신과학의 중심개념으로 급부상하고 있다. 세포자동자는 단순한 규칙으로부터 아주 복잡한 구조를 한순간에 창발해내는 능력이 있다. 이러한 능력은 마치 생물체의 행동과 너무나 흡사하기 때문에 인공생명을 연구하는 대부분의 과학자들은 세포자동자를 이용해서 인공생명체를 만들고 있는 것이다.

바로 세포자동자의 규칙을 운영체제로 이용하면 된다. 이렇게 해서 태어난 비노이만형, 초병렬형 개인용 슈퍼컴퓨터는 훨씬 유연하고 스스로 의지력을 갖추고 있기 때문에 프로그래밍도 거의 필요 없이 자동으로 프로그램밍되는 그야말로 인공지능형 컴퓨터가 탄생할 것이다. 지금의 반도체 제조기술을 이용해서도 지금보다 수천 배는 월등한 이러한 고성능의 컴퓨터를 만들 수 있다고 본다.

이러한 이유로 이제부터라도 서둘러서 세포자동자에 대한 연구를 시작해야 한다. 세포자동자는 새로운 컴퓨터를 설계하는 기술일 뿐만 아니라 새로운 운영체제를 설계할 이론이며, 앞으로 복잡성과학의 중심이론으로 등장하게 될 것이다.

2. 인공생명

생명관의 변천

아리스토텔레스 등은 생명을 원래 한 개체에 대해서만 생각했다. 즉 한 사람의 생명, 한 마리의 비둘기, 한 그루의 나무에 대해서 그 생명을 생각했다.

하지만 18세기 이후 레벤후크(A. van Leeuwenhoek, 1632~1723)에 의한 현미경의 발명으로 개체를 형성하고 있는 작은 세포에도 각각 고유의 생명이 있다는 것을 알게 되었다. 그리고 더 나아가서는 개체를 포함한 생태계도 나름대로 생명이 있다고 한다. 인간이 만드는 사회조직이나 국가, 문명에도 생명이 있다. 그리고 이제는 지구 자체가 하나의 거대한 생명체라는 가이아 가설도 등장하고 있다.

이렇게 생명관은 시대에 따라 변하고 있다. 이제 생명이란 무엇인가라는 보편적인 관점에서 해답을 제시하고자 하는 학문이 등장하고 있다. 그것이 바로 인공생명이다. 인공생명은 지구상에 존재하는 생명체가 있을 수 있는 생명체 중의 하나의 보기에 지나지 않는다고 주장하고 있다. 유기물이 아닌 금속, 플라스틱 등의 무기물로 이루어진 생명체, 아예 형태를 갖지 않는 생명체 등을 생각하고 있다. 이렇게 생명에 대한 관점이 넓어지면서 생명의 본질에 대한 의문이 더욱 깊어지고 있는 것이다. 21세기의 과학자들은 자신의 손으로 직접 생명체 같은 것을 만들어 내어 생명의 본질에 접근하려고 한다. 이러한 연구방향은 크게 세 가지로 이루어지고 있다. 하나는 로봇공학이 그것이며, 또 하나는 생명을 갖는 프로그램 제작이 그것이고, 마지막으로는 전통적인 방법으로 시험관에서 생명체에 필요한 유기물과 미네랄 등을 넣어서 인간의 손으로 생명체를 만들려고 하는 시도이다. 어느 것이나 인간의 손으로 생명을 창조하는 것이기에 인공생명이라고 부른다.

인공생명

때문에 인공생명(Artificial Life, Alife, AL)이라는 새로운 과학에서는 생명에 대한 생각이 기존의 생물학자들과는 많이 다르다. 기존의 생각은 생물과 무생물은 확연히 구분할 수 있다고 생각했다. 즉 생명은 무생물과는 다른 독특한 존재이며 그들 사이의 경계는 불연속적이다. 그러나 인공생명을 연구하는 사람들의 생각은 생명의 연속성을 주장한다. 죽음과 살아있음이란 단절적인 것이 아니라 연속적이라는 것이다. 앞에서 보았듯이 클래스1에 속하는 것이나 클래스3에 속하는 것은 죽어있는 것이다. 그러나 서서히 변수를 변화시키면 점점 복잡한 패턴이 생기고 이윽고 생명의 패턴을 볼 수 있다.

아무튼 새로운 과학은 우리들에게 상식을 버리고 새로운 관점을 정립할 것을 끊임없이 요구하고 있다.

인공생명의 '인공'은 단순히 생명을 흉내낸다는 의미가 아니고 순수하게 인간의 손으로 만든 새로운 생명체라는 의미다.

인공생명은 이론생물학을 전제로 하고 있다. 이론생물학은 지구상의 실제 생물을 연구하는 현재의 생물학과는 달리 실제로 가능한 모든 형태의 생물을 다루는 보다 광범위한 생물학이다.

생명을 이해하는 데는 환원주의나 전체주의만으로는 어렵다고 본다. 이 양자를 모두 사용하는 새로운 관점이 필요하다고 랭턴은 말한다. 그것을 콜렉셔니즘(Collectionism)이라고 부른다.

생명창조

오랫동안 인간은 생명창조는 신의 섭리에 의해서만 이루어진다고 생각했다. 그런데 지상의 인간이 신의 영역을 넘어서려는 오만한 계획을 품고 있다.

실험실에는 이상하게 생긴 유리병에 무언가 출렁거리는 액체가 담겨있고, 그 안에는 가끔씩 번쩍이는 섬광을 발하는 방전이 일어난다. 이 실험실은 신의 성역인 생명의 창조를 꿈꾸는 자들이 모여서 신에게 역모를 꾸미는 음산한 곳이다.

이것은 1953년 밀러(Stanley Miller)와 유레이(Harold Urey)가 태초에 지구에서 어떻게 생명이 탄생하게 되었는지 알아보려는 실제실험상황이다. 그 실험의 아이디어는 너무도 간단했다. 태초의 지구 환경을 규모는 비록 엄청나게 작지만 그대로 재현해 봄으로써 어떤 작용이 생명을 탄생하게 하였는지 알아보려는 실험이었다.

이러한 생명창조의 시도는 나름대로 성과는 있었지만 실패로 끝나고 여전히 생명은 신비의 베일 속에 숨어 있다. 그만큼 유기물은 복잡하고 연구하기에는 너무나 어려운 문제가 많은 것이다. 우선 유기화학에 정통해야 했고 실험도 조심스럽게 이루어져야 했을뿐더러 생명을 흉내내기에는 너무나도 복잡한 절차가 많다. 그래서 다른 측면에서 생명창조의 시도가 다시 이루어지고 있다.

그것은 앞에서 알아본 생명의 본질을 유기물이 아닌 다른 매체 즉 컴퓨터를 통해서 실험해 보려는 것이다. 컴퓨터도 다른 실험기구를 다루는 것만큼 어렵기는 하지만 그래도 훨씬 절차가 간단하고 재실험이 몇 번이고 가능하다. 즉 생명의 실험실이 생화학실험실에서 컴퓨터로 옮겨간 것이다. 그리고 컴퓨터 안에서 살아 있는 생명체를 만들려고 한다. 이 생명체는 그야말로 정보로만 이루어진 생명체라고 할 수도 있다.

생명과 정보

무생물 시스템은 물질과 에너지의 법칙으로 충분히 설명할 수 있다. 하지만 생물이라는 존재, 시스템은 정보라는 새로운 개념을 필요로 한다. 생명현상을 설명하는데는 물질과 에너지 그리고 정보의 법칙이 필요하다.

생물은 오랜 세월에 걸쳐 진화하면서 그들만의 정보의 세계를 넓혀 왔다. 즉 진화는 새로운 정보를 획득하는 방향으로 진행되어 왔던 것이다. 프롤로그에서 알린 것처럼 바다에 살던 생물이 처음으로 육지에 오를 때는 온갖 시련을 겪어야 했다. 극심한 기온변화와 엄청난 중력, 바다에서처럼 풍부하지 않은 먹이-그것은 새로운 세계에 대한 정보가 없었기 때문에 겪는 시련이다. 이 시련을 극복하기 위해 생명체는 놀라운 변신을 끊임없이 시도한다. 메마른 대지에 적응하기 위해 비늘이나 피부를 만들고 중력을 이기기 위해 튼튼한 뼈와 다리를 만든다. 그리고 극심한 기온의 변화에 적응하도록 항온동물로 탈바꿈한다. 그리고 생명체는 이윽고 정신세계에 발을 들여놓는다. 우리는 마치 물고기가 처음 육상에 발을 내디딘 것처럼 처음으로 미지의 정신세계에 들어온 것이다. 인간은 이제 겨우 정신세계에 대한 탐험에 접어들었다고 할 수 있다. 즉 우리는 정신세계에 대해서 아무 것도 모른다. 즉 정신세계에 대한 정보가 부족한 것이다. 이제 겨우 정신이 뇌라는 물질의 창발현상이라는 정도만 감으로 잡았을 뿐이다. 그리고 그 정신의 본질이 정보라는 의문을 많이 풀어 줄 것으로 기대하고 있는 정도이다. 아무튼 생명이나 정신을 이해하기 위해서는 우리는 정보에 대해서 정리하지 않으면 안 된다.

정보는 차원을 갖고 있는데 이 차원이 다르면 무의미한 정보가 되어 버린다. 마이동풍은 바로 그런 것이다. 동풍은 생물적인 차원이 아니라 정신적인 차원의 정보인데 생물적인 정보만을 취급하는 말에게 주어졌으니 말은 그 의미를 알지 못하게 된다. 정보의 논리, 의미의 논리는 이 차원에 유념해야만 한다.

그러나 하위차원의 정보는 역시 무의미하기는 하지만 그 의미를 해석할 수는 있다. 말은 풀내음을 좋아하고 그것은 먹이가 가까이 있음을 의미한다. 그러나 정신적인 차원에서 풀내음은 별다른 의미가 없다. 그러나 말에게는 그것이 필요한 것이다.

생명체에게 있어서 정보는 아주 본질적이라고 해도 과언이 아니다. 정보는 점점 축적되고 갱신되어 증식해 간다. 생명은 사실 정보의 수집, 정리, 전달이 목적인지도 모른다. 우리의 뇌는 자신이 보고싶은 것만 보도록 꾸며졌다. 환경으로부터 들어오는 온갖 정보를 다 받아들이는 것이 아니다. 자기에게 필요한 정보만을 취사선택한다. 얼룩말에게는 좋은 풀이 어디에 많이 있는지에 관심이 많다. 그러나 사자는 풀에는 관심이 없고 살찐 얼룩말에만 관심이 있다. 사자는 풀에도 관심을 가져야 한다. 풀이 많은 곳에 얼룩말도 많으니까. 하지만 사자는 그런 정보 따위는 무시한다. 사자는 얼룩말을 잡는 것이 목적이지 기르는 것이 목적은 아니기 때문이다. 더구나 사자는 시장할 때 한 마리의 얼룩말만 잡을 수 있으면 그만이다. 그렇게 그날 그날을 살아가는 것이다.

생물은 정보과학의 입장에서 본다면 하나의 정보시스템이다. 각자 나름의 환경정보를 받아들이고 그것을 분석하고, 그것에 대응하는 새로운 정보를 만들어 내어 환경에 적응해 가는 정보처리 시스템이다. 이렇게 환경에 대응해 가는 방법을 정리해 놓은 파일을 자기의 후손에게 유전이라는 시스템을 통해 전해 준다.

인공생명은 정보가 생명체 내에서 어떻게 변형되어 가는가를 주로 연구한다. 그 대표적인 것으로 홀랜드의 유전자 알고리즘, 린덴마이어의 L-시스템, 톰 레이의 티에라, 크레이그 레이놀즈의 보이드, 스튜어트 카우프만(Stuart Kauffman, 1940~)의 유전자 연결망 등의 연구가 있다. 이들 내용에 대한 상세한 이야기는 인공생명이라는 책에서 하기로 한다. 이 책은 어디까지나 지금 복잡성의 과학이라는 새로운 조류가 밀려들고 있으며, 그것의 가공할 위력과 그것을 무시할 때 겪을 심각성을 알리고자 회람하는 정도로 꾸며진 것이다.

제 6 장

정보수학

1.정보의 본질

정보우주론

이제까지의 우주론은 물질과 에너지에 관한 이론만으로 구성되어 있다. 즉 단순 과학에 입각한 우주론이다. 그러나 이제 '정보'라는 새로운 개념을 우주론에 도입해야 한다. 앞에서 우주의 삼위일체에 대해서 이미 이야기한 것처럼 말이다.

이제까지의 우주론에서는 우주가 태초에 엄청난 에너지가 응집해 있다가 폭발하는 빅뱅에서 출발했다고 말한다. 그 에너지는 시공(時空)을 만들어 내고, 수소와 같은 아주 단순하고 가벼운 물질부터 우라늄 같은 무겁고 복잡한 물질들을 만들어 냈다. 물질들은 서로 결합하여 별을 만들고, 은하계를 만들고, 태양계를 만들고, 지구를 만들고, 그리고 생명을 만들었다. 즉 시스템을 만든 것이다. 빅뱅이 폭발하면서 만든 시공과 시공 속을 퍼져 나가는 에너지는 우주의 기본적인 환경이 된다. 그리고 물질(원자)이 그 환경에서 살아가는 시스템인 것이다. 물질은 가장 단순한 시스템이며 따라서 아주 단순한 물리학적인 정보밖에 취급하지 못한다. 원자는 서로 결합하여 분자를 만들고 분자는 원자에서는 볼 수 없었던 새로운 물리화학적인 관계를 만든다. 이렇게 물질은 점점 복잡한 시스템을 만들고 새로운 관계를 만들어내면서 가장 복잡하다고 단언할 수 있는 생명을 만들어내기까지에 이른다. 우주에 생명이라는 정보시스템이 탄생한 것이다.

"생명은 생명에서만 태어난다." 이것은 파스퇴르 이후 생물학의 기본명제이다. 이 말을 '정보는 정보에서 태어난다'고 고쳐도 그럴싸한 말이라고 생각한다. 우주에 생명이 태어났고 정보가 존재한다. 그렇다면 태초의 우주에는 어떤 형태로든지 생명이 이미 깃들어 있었고 정보가 있었다고 해야 한다.

정보우주론에 따르면 태초의 우주에 정보가 있었다고 한다. 즉 빅뱅은 단순한 에너지 덩어리가 아니다. 에너지의 응집체 자체가 정보인 것이다. 정보는 구분이다. 즉 에너지가 응집된 곳과 그렇지 않은 곳의 구분이며 에너지의 폭발 팽창은 그러한 단순한 구분을 깨뜨리는 것이다. 그리고 잉크가 점점 번져나가면서 아름답고 복잡한 문양을 만드는 것처럼 우주의 패턴을 형성해 나간 것이다.

우주는 환경과 시스템으로 이루져 있다. 환경만의 우주나 시스템만의 우주란 적어도 우리의 우주는 아니다. 우리의 우주는 환경과 시스템으로 이루어져 있으며 우리의 사고는 이 우주 안에서만 가능한 것이다. 우리의 우주는 빅뱅 안에 이미 환경이 될 시공과 시스템을 어떤 형태로든 갖추고 있어야 하는 것이다. 그리고 환경과 시스템은 상호작용하여 정보를 만든다.

단순한 정보는 단순한 관계, 단순한 시스템을 만든다. 물론 그 역도 마찬가지다. 즉 단순한 관계는 단순한 정보를 만든다. 그러나 단순한 정보가 쌓이고 쌓이면 결국에는 복잡한 정보를 만들어 내는 것이다. 양에서 질로의 전환이다.

요즘 여러 과학자들에 의해 새로운 우주론이 제기되기 시작하고 있는데 그들은 이 우주가 애당초 생명 즉, 인간을 잉태하고 있었다고 생각한다. 그들은 왜 우주가 우주 자신을 인식하는 이성(理性)을 만들어내었을까 고민하다가 결국 이러한 결론에 도달한 것 같다.

물론 인간의 발생에 대한 후성설과 전성설의 논쟁 같은 것을 재현할 것도 없이 우주는 단지 생명이 태어날 가능성, 이성을 갖춘 인간이 태어날 가능성만을 갖추고 있었다. 즉 우주의 후성설로 꼭 지금 우리가 살고있는 지구가 아니라 다른 별이 생명의 별로 선택되었을 수도 있고, 또 전혀 다른 생명의 세계가 펼쳐질 수도 있고, 전혀 다른 모습의 이성을 갖춘 생명체가 나타날 수도 있었던 것이다. 우리는 단지 그 가능성의 한 모습일 뿐이다. 태초의 우주는 그런 가능성 즉 정보만으로 이루어져 있었다고 정보우주론은 생각하고 있다.

정보를 담는 그릇

정보는 본질적으로 아무런 형태도 물질적 기반도 없기 때문에 정보가 물질이나 에너지라는 옷으로 치장하지 않으면 우리는 정보를 볼 수 없다. 즉 정보는 물질과 에너지에 의해서 표현된다. 그렇다고 정보와 물질, 에너지의 관계가 이것으로 결정된다고 단언할 수 없다. 같은 정보라도 무거운 비석에 새겨질 수도 있고 한 장의 메모지에 기록될 수도 있기 때문이다. 아무튼 정보가 존재하기 위해서는 얼마간의 물질과 에너지가 반드시 필요하다. 만일 정보를 형이상적인 세계라 하고 물질과 에너지를 형이하의 세계라 한다면, 형이상의 세계는 어떻게 되었든지 형이하의 세계에 의존해야만 존재할 수 있다는 이야기이다.

과거 슈메르인은 진흙판에 그들의 지식을 기록했고, 이집트인은 파피루스나 비석에 간단한 그림으로 된 이집트 문자를 기록했다. 그리고 중세 유럽인은 양피지에 편지를 쓰거나 계약서를 썼다. 중국인도 나무 조각이나 대나무에 붓으로 그들의 아름다운 한자를 써오다가 결국 가볍고 질긴 종이를 만들어 그림도 그리고, 한시도 쓰고 있다.

정보를 담는 그릇으로 이처럼 여러 가지 소재가 사용되어 오다가 가장 가볍고 보관이 쉬운 종이가 전세계로 파급되고 지금도 가장 보편적으로 이용되고 있다.

그러나 서류가 가득 쌓인 사무실을 떠올리는 사람은 누구라도 종이도 결코 정보를 담는 그릇으로서 그다지 효율적이지 못하다는 것을 깨닫게 된다. 특히 폭발적으로 정보가 팽창하는 정보화 사회에서는 가득 쌓여있는 서류더미에서 한 장 한 장의 종이를 뒤적이면서 자신이 찾고자 하는 정보를 찾는다면 거의 정신병자가 될 정도일 것이다. 아무리 서류정리를 잘한다고 해도 기하급수로 증가해가는 서류를 제대로 분류하고 정리하는 일은 또 하나의 업무가 되어버리기 때문이다.

이런 문제 때문에 드디어 컴퓨터라는 새로운 정보그릇이 등장하게 된 것이다. 특히 PC(개인용 컴퓨터)의 등장은 스티브 잡스의 천재적인 직감에 의한 것이다.

그는 정보화 시대에 가장 필요한 것은 정보를 효율적으로 저장하고 처리하는 컴퓨터가 될 것이라는 것을 예견하였다. 그의 직감은 적중했고 오늘날 컴퓨터 산업은 PC를 중심으로 번창하고 있다.

이렇게 정보를 담는 그릇도 나라와 시대마다 달라져 왔다. 앞으로 정보를 담는 그릇은 어떻게 달라지게 될까? 더욱 효율적이고 빠르게 정보를 검색할 수 있는 것으로 바뀔 것만은 분명하다. 아무튼 정보는 정보를 담는 그릇과는 무관한 것이다. 즉 정보의 양과 물질의 양은 상관이 없다. 궁극적으로 정보를 나타내는 단위로 전자 하나를 사용하는 날이 올 것이라는 이야기도 심심찮게 신문의 특집에 보이곤 한다. 불확정성원리에 의하면 전자 하나를 파악하는 것은 불가능하다. 즉 전자의 존재 자체가 정보인 셈이다. 즉 정보를 파악하기 위해서는 정보를 담고있는 물질보다는 시스템을 생각해야 한다는 것이다.

시스템과 환경

우주의 본질이라는 정보는 환경과 시스템 사이의 관계에서 생각해야 한다. 물질과 에너지는 스스로 존재하는 즉 자존적인 것이지만 정보는 스스로 존재하지도 못하고 스스로 존재한다고 해도 그것을 해독할 시스템이 없다면 정보로서의 의미는 하나도 없게 된다. 그것은 단지 물질이고 에너지일 뿐이다. 물질이나 에너지도 절대적인 무(無) 안에서는 존재하지 못한다. 그것은 적어도 시공이라는 환경을 필요로 한다. 칸트가 지적했듯이 시공은 모든 존재의 기반이기 때문이다. 이런 의미에서 물질이나 에너지도 결국 정보의 일종인 것이다.

시스템의 존망과 관계 있는 것은 그 시스템에게 정보가 되지만 그렇지 않은 것은 정보가 되지 못한다. 시스템이 성장함에 따라서 정보는 증가하지만 불필요해진 정보는 파기되기도 한다. 아무튼 새로운 정보가 창조된다.

시스템이 환경으로부터 정보를 얻는 과정은 무한과 연속이라는 환경으로부터 유한과 불연속이라는 시스템에 대응시키는 과정이다. 즉 환경에서 오는 무한한 정보를 유한 개의 필요정보로 바꾸는 것이다. 즉 아날로그 신호를 디지털 신호로 바꾸는 일과 같다. 이것은 역치라는 방식으로 간단히 해결된다. 생물학이나 공학적인 센서는 모두 이런 방식으로 환경을 인식한다. 즉 환경에서 정보를 얻는 것이며 무의미한 환경에 의미를 부여하는 과정이다.

아날로그 신호→디지털화→디지탈화→디지털화(최종인식)

아날로그 신호는 다수의 디지털 신호를 만든다. 이들 다수의 디지털 신호는 다수결원칙에 의해 상위계층의 디지털 신호로 바뀐다. 즉 과반수 이상의 디지털 신호가 있으면 상위계층에 보고가 된다. 이것도 물론 역치를 이용한 것이다. 이렇게 디지털 신호를 몇 번 거치면 처음의 구체적인 아날로그 신호는 점점 추상화되어 매우 추상적인 개념으로 정립된다.

이런 과정은 인간의 시지각 시스템에서도 쉽게 볼 수 있다. 처음에 눈의 망막에 들어오는 가시광선에 의한 이미지는 아날로그 신호이지만 곧 망막의 시세포들에 의해 디지털 신호로 바뀌고 이 디지털 신호는 계속해서 대뇌의 시각령에 의해서 여러 번의 조작을 거친 후에 삼각형이면 삼각형, 원이면 원이라는 고도의 추상적인 시각정보로 지각된다는 것이 밝혀졌다. 그 자세한 메커니즘에 대해서는 다음 기회에 소개하기로 한다.

의미 정보의 수학화

반복되는 이야기지만 샤논에 의해 태어난 정보이론은 주로 통신과 관련된 것으로 의미에 대한 것은 일체 생각하지 않고 있다. 물론 샤논 자신도 그것을 깊이 알고있었으며 정보의 의미를 수학적으로 파악하려고 노력했지만 그다지 성과가 없었던가 보다.

정보의 본질은 신호가 무엇을 의미하는지에 달린 것이다. 아무리 빠르게 잡음 없이 신호가 잘 전송된다고 해도 그것을 해독하여 의미를 잡아내지 못하면 무슨 소용이 있는가? 이것은 암호전쟁에서 분명히 부각된다. 적군이든 아군이든 공중전파를 모두 수신할 수 있다. 그러나 그 수신된 신호는 암호로 되어 있기 때문에 암호해독 체계를 갖추지 못하면 불필요한 잡음에 불과하다.

앞에서 얼룩말과 사자의 관계에서도 풀은 얼룩말에게 먹이라는 정보이지만 사자에게는 무의미한 존재이다.

이처럼 정보는 그것을 받아들이는 정보해석시스템과 항상 함께 생각해야 한다.

정보해석 시스템

정보가 기호로 표현되는 이상 해석되지 않으면 정보가 되지 않는다. 같은 정보라도 여러 가지 기호에 의한 표현방식을 가지고 있다. 예를 들어 지금 국제호텔에 불이 났다는 정보를 한국어로는 "불이야"하고 표현할 것이다. 미국어로는 'Fire', 한자로는 '火'라고 각각 표현한다.

이런 표현방식을 해독할 수 없는 시스템, 즉 타국인에게는 아무런 정보도 주지 못한다. 단지 잡음일 뿐이다. 다른 예로 매킨토시 컴퓨터로 작성된 데이터를 IBM 컴퓨터로 읽는 경우와 같은 것이다.

즉 불이 났다는 정보를 다음과 같이 각국의 국민과 각 나라의 국어의 순서쌍으로 나타낼 수 있다.

〈한국인, 한국어〉, 〈미국인, 영어〉, 〈일본인, 일어〉, 〈중국인, 중국어〉, ……

이렇게 같은 정보를 나타내는 순서쌍들의 모임을 수학에서는 동치류라는 이름으로 부른다. 각 나라의 언어를 이해하는 사람은 일종의 정보처리시스템이다. 즉 정보처리시스템이 처리할 수 있는 기호를 접했을 때 그때 정보가 발생한다. 이상의 내용을 추상해서 의미론적인 정보를 수학적으로 정의할 것이다. 의미론적인 정보가 수학적으로 정의되면 이제 본격적으로 정보수학이라는 새로운 학문이 등장하게 된다.

미국의 키드 데블린(Keith Devlin)은 (의미)정보수학을 탄생시키려는 수학자 중의 한 사람이다. 우리나라에도 번역된 『논리와 정보』라는 책에서 의미정보에 대한 수학적 이론을 구축하려고 시도하고 있다. 필자는 이 책의 내용을 다시 쉽게 풀이해서 약간만 소개하고자 한다.

2. 정보수학

정보의 수학적 정의

수학은 무엇이든지 직접 정의하려 하지 않는다. 간접적으로 정의하는 경우가 태반이다. 즉 집합을 직접 이야기하기보다는 집합을 이루는 원소를 나열함으로써 집합을 간접적으로 이야기하거나 또는 집합을 이루는 모든 원소의 공통된 특성을 이야기함으로써 집합을 설명한다. 즉 집합 그 자체를 수학에서는 다룰 수 없는 것이다. 따라서 집합을 무정의 용어로 사용하기도 한다.

정보도 이것이 '정보'다 하고 직접 정의하지 않고 빙 한바퀴 돌아서 정의하고 있다. 정보의 본질을 그만큼 파악하기가 어렵다는 의미이기도 하다. 정보수학도 정보를 직접 정의하기보다는 같은 정보를 나타내는 모든 표현법과 그 각각의 표현법을 해독하는 시스템을 하나의 순서쌍으로 한 것으로 정보를 정의한다. 즉 〈정보처리 시스템, 기호〉의 동치류를 정보로 정의한다.

이 정의는 매우 잘 정의된 것으로 우리가 생각할 수 있는 모든 정보가 이 정의에 합당하다는 것을 알게 된다.

데블린은 정보처리시스템을 인지체로 표현하고 있다. 그리고 인지체에게 주어진 제약으로서 곧 경험의 정도를 말한다. 어린이는 어른보다 경험이 적기 때문에 같은 현상을 보아도 거기에서 아무런 정보도 얻지 못하는 경우가 많다. 하지만 전문적으로 교육받은 사람은 곧 많은 정보를 읽어낸다. 예를 들면 달에서 주워 온 돌멩이를 우리가 아무리 면밀하게 조사해도 달에 대한 어떤 정보도 알아내지 못할 것이다. 하지만 미국 우주국인 나사(NASA)에서 근무하는 과학자라면 그 돌멩이로부터 달이 언제 태어났는지 달의 주성분이 무엇인지 달에 지진이 있는지 없는지 등등 수많은 정보를 읽어낸다.

이렇게 인지체에 주어진 제약에 따라 창조되는 정보는 크게 달라지는 것이다. 더욱 자세한 이야기는 『정보수학』이라는 책에서 하기로 하겠다.

자기인식 시스템

이제까지 시스템은 환경을 인식하는데 주된 노력을 하였다. 하지만 시스템도 일종의 환경이므로 시스템 자신의 인식도 필요한 것이다. 손자병법의 지피지기 백전백승을 인용하지 않더라도 우리는 우리 자신에 대해서 알아야 한다. 그거야 알아도 그만 몰라도 그만 아닐까? 아니다. 그렇다면 '죽어도 그만, 살아도 그만' 이라는 말밖에 되지 않는 것이다.

시스템이 시스템 자신을 인식의 대상으로 삼았을 때는 자가당착의 모순에 빠지기 쉽다. 즉 눈은 결코 눈 자신을 볼 수 없다. 뇌는 결코 뇌 자신을 인식하지 못한다.

인간의 뇌는 어떻게 환경을 인식하고 거기에 적응해 나갈까? 컴퓨터는 가질 수 없는 상식의 세계에 살면서도 상식을 거부하기도 하는 자유의지는 무엇일까? 자유의지를 인공적으로 만들어 낼 수 있을까? 필자는 자유의지의 본질이 자기인식에 있다고 본다. 자기를 인식할 수도 없는데 자유의지가 있다는 것은 말이 되지 않기 때문이다. 물론 그 반대는 반드시 성립한다고 할 수 없겠지만 말이다.

그러나 자기인식은 모순이다. 논리적인 모순이다. 이 때문에 자기인식시스템을 인공적으로 제작하는 것이 불가능하다고 믿는 것 같다. 하지만 자기인식은 논리적인 모순일 뿐 현실적으로 존재할 수 없는 것은 아니다. 인간은 본래 불합리하고 자기모순적인 존재이다. 남들에게는 정직하라, 근면하라 하면서도 정작 본인은 좀처럼 그렇지 못한 존재이다. 그런 불합리한 모순덩어리의 존재가 분명히 이렇게 서 있는 한 인공적인 자기인식시스템도 있을 수 있다.

필자는 그 가능성을 내다보았다. 논리에는 시간이 배제되어 있다. 논리의 세계는 시간이 존재하지 않는다. 하지만 현실은 시간이 존재하며, 닭이 먼저이든 달걀이 먼저이든 누군가 하나가 먼저 있기만 하면 된다. 그리고 시간 축은 그 뒤에 일어날 논리적인 모순을 간단히 해결해 버린다. 엣셔의 두 손은 분명히 모순이다. 그것이 모순으로 보이는 이유는 두 손이 하나의 평면 위에 있기 때문이다. 서로 꼬리를 물고 있는 두 마리의 뱀도 마찬가지다. 하지만 이것들을 각각 다른 평면상에 두어 보라. 마치 나선계단 모양으로, 나선계단을 바로 위에서 바라보면 모순이지만 옆에서 바라보면 모순이 아니다. 논리는 평면적인 사고이다. 입체적으로 보아야 할 것을 평면적으로만 보려고 하니 모순을 느낄 수밖에 없다.

이런 이유로 필자는 자기인식시스템을 구상하였다. 자기인식시스템은 가상현실이다. 과거 컴퓨터 발달사를 살펴보면 컴퓨터는 인공지능을 개발하는 방향으로 맹렬히 돌진했다. 하지만 곧 불량설정문제라는 커다란 벽에 부딪혀 주저앉아버렸다. 그리고 컴퓨터 연구는 가상현실로 대신해 간다. 컴퓨터로 인공지능을 구현하기 어렵다면 그 가운데에 인간을 집어넣겠다는 속셈처럼 보인다. 컴퓨터가 만드는 모든 정보를 결국 인간에게 집중시킨다는 것이다.

필자는 여기에서 큰 힌트를 얻었다. 즉 가상현실을 이용한 자기인식시스템의 구축인 것이다. 지금의 가상현실은 공간적인 모델뿐이다. 하지만 시공적인 모델로 자기인식시스템을 설계하면 완벽한 독립적인 자기인식시스템이 등장하며 적어도 고양이 정도의 인공적인 IQ를 얻을 수 있다는 것을 확신한다.

지금의 컴퓨터는 동어반복(tautology)만을 할 뿐이다. 즉 입력된 정보를 가공해서 형식만 바꿀 뿐 내용의 변화는 없다. 하지만 자기인식시스템은 정보를 창조하는 능력을 갖추게 된다.

생명은 새로운 정보를 창조하는 능력을 가지고 있다. 환경으로부터 정보를 발견하기도 하고 스스로 고안해내기도 하여 새로운 정보를 창조한다. 새로운 정보를 창조해 내는 자만이 즉 아이디어가 있는 자만이 살아남는 시대가 도래하고 있다. 모두들 정보수학에 관심을 가질 때이다.

마치면서

이 책은 새로운 과학에 대한 이야기이다. 이제까지의 과학과는 여러 가지 면에 다른 새로운 과학은 우리에게 신선한 충격을 준다. 인간에게 가장 큰 쾌락은 새로움에 있다고 생각한다. 새로움은 다름이 아니다. 즉 다르다고 새로운 것이 되지는 않는다. 새로움은 기존의 것을 포용하는 보다 발전적이고 확장된 것이다.

이 새로운 과학은 이러한 새로움의 조건을 만족하고 있다. 기존의 과학을 단순성의 과학으로서 포용하면서도 보다 폭넓은 시야를 우리에게 주고 보다 폭넓게 우주를 이해할 수 있게 해준다. 앞으로도 인간은 끊임없이 새로움을 추구할 것이다. 자의든 타의든 더 이상 새로움을 추구할 수 없을 때, 즉 여유를 잃었을 때 인류라는 종은 멸종한다. 아마 이때가 인류진화가 극에 달한 때인지도 모른다.

이제 탄생한 새로운 과학은 광활한 미개척지를 가지고 있다. 한동안은 이 영역에서 과학자들은 새로운 과학을 건설하느라고 바빠질 것이다. 서부개척 시대에 많은 사람이 황금을 찾아 서부로 몰려든 것처럼 새로운 과학에서 부와 명예를 얻고자 많은 과학자들이 덤벼들기 시작할 것이다. 이 책은 개척지에 들어가려는 젊은 과학자들에게 지침서가 되었으면 하는 것이다. 물론 필자도 아직 미개척지를 다 돌아보지 못했기 때문에 부족한 점이 많다. 때문에 앞으로 계속된 탐험을 통해 자료가 축적되는 대로 새로운 정보로 보완할 것을 약속드린다.

복잡성의 과학

지은이 장은성

인쇄 2016년 01월 05일
발행 2016년 01월 10일

펴낸이 손영일
편 집 손동석
펴낸곳 전파과학사
서울시 서대문구 연희2동 92-18
1956. 7. 23. 등록 제10-89호
TEL. 333-8877(8855)
070-4337-4944(4945)
FAX. 334-8092
홈페이지 www.s-wave.co.kr
E메일 chonpa2@hanmail.net
블로그 http://blog.naver.com/siencia